国家社会科学基金一般项目"语境论科学观的编史学意义研究"（11BZX023）的阶段性成果

山西省高等学校哲学社会科学研究项目"当代西方科学史观的语境评析及其认识论意蕴"（2012302）的最终成果

本书出版得到国家社会科学基金项目（11BZX023）和山西省高等学校哲学社会科学研究项目（2012302）资助

广义语境中的科学史观

李树雪 ◎ 著

科学出版社
北京

内 容 简 介

本书以科学史发展历程中两个比较大的科学史事件为节点,划分了科学史观的发生与发展的历史阶段,将科学史观的历史演进过程置于广义语境中,用语境的分析方法全方位地对科学史观的历史演进过程进行系统扫描,总结和分析了不同时期科学史观的发展特征,同时基于语境要素评述了不同时期科学史观产生的条件及意义。另外,在对科学史观进行分析的同时,对不同时期的科学史著作进行了整理和分析,从中也透视了科学史的发展历史。

本书可以作为教学参考书和工具书,供从事科学技术史的研究人员和研究生参阅,也可供对科学技术史理论研究感兴趣的人士阅读。

图书在版编目(CIP)数据

广义语境中的科学史观/李树雪著.—北京:科学出版社,2015.9
ISBN 978-7-03-045731-8

Ⅰ.①广… Ⅱ.①李… Ⅲ.①科学史观-研究 Ⅳ.①N09

中国版本图书馆 CIP 数据核字(2015)第 223330 号

责任编辑:杨　静　陈　亮/责任校对:赵桂芬
责任印制:张　倩/封面设计:黄华斌　陈　敬
编辑部电话:010-64026975
E-mail:chenliang@mail.sciencep.com

科 学 出 版 社 出版
北京东黄城根北街 16 号
邮政编码:100717
http://www.sciencep.com

中国科学院印刷厂 印刷
科学出版社发行　各地新华书店经销

*

2015 年 9 月第 一 版　　开本:720×1000　1/16
2015 年 9 月第一次印刷　　印张:13　插页:2
字数:267 000

定价:72.00 元
(如有印装质量问题,我社负责调换)

杨序

春天，是个美好的季节。

前些天，树雪从美国发来电子邮件，告知他最近完成了一部书稿，嘱予序之。在电脑屏幕上，一页页翻阅着这部厚重的文稿，欣喜之情油然而生。望着桃红柳绿的窗外，思绪也飞到了似水流年的往昔岁月……

初识树雪，是 15 年前的事了。也是一个春天，树雪正在办理调入山西大学的手续。当时，他也正在山西大学攻读硕士学位，是我的好友高策教授的高足。后来调入山西大学后，树雪任科技与社会研究所行政副所长。忙里偷闲，树雪每每挤出时间，参与高策教授和我关于"艺术中的科学"的课题研究，其从晋文化视域下对山西古代艺术诸如壁画、雕塑、青铜器等中的科学的发掘尤见学术潜质。再加上日常行政事务上的共事，我们成了好同事、好朋友。2005 年，树雪成了我在山西大学科学技术哲学研究中心的博士生。从此，我们亦师亦友，共同探讨学问，累月经年，乐此不疲。

今天，人们爱用"华丽的转身"来形容抉择与美好人生的关系。事实是，也正是 10 年前的两次抉择，成就了树雪后来充实的学术之路。首先，经过审慎的考虑，树雪放弃了很有前途的行政之路，毅然选择了清苦寂寞的学术之路；其次，树雪在博士论文选题时，放下了他颇有积累也较为顺手的山西地方科技史方向，毅然选择了科学编史学这一国内外都少有人涉足的前沿新领域。为此，2005 年下半年，树雪申请到了赴英国访问的机会，在卡迪夫大学（University of Cardiff）悉心搜集、整理了大量西方科学编史学的资料，并着手翻译和研究，开启了他钻研科学编史学的学术之路。经过长达 6 年的不懈努力，2011 年 6 月树雪的博士论文"语境论科学编史学研究"以"优秀"的等级顺利通过了博士学位论文答辩，并在当年以博士论文为基础成功申报国家社科基金项目。博士毕业后，树雪没有片刻驻足，而是向着科学编史学的"青草更青处"进发，并利用一切出国高访——如2011年后半年在日本国立横滨大学，特别是2013年7月至今在美国凯斯西储大学的访学机会，把握国外的前沿，搜集尽可能全面的资料，对科学编史学的具体问题，即科学史观进行"小题大做"的钻研，其成果就是今天摆在读者诸君眼前的这部著作。

记得树雪最爱引用科学哲学大家拉卡托斯的名言："没有科学哲学的科学史是盲目的，没有科学史的科学哲学是空洞的。"树雪的科学编史学研究也是这样做的。树雪的博士论文将语境论引入科学编史学，提出了语境论科学编史学，构建了其独特的编史纲领，从而将科学哲学和科学史很好地融汇起来，得到了学界的瞩目，该书也不例外。科学史观作为科学编史学的一个核心概念，在树雪的博士论文中多有提及，只是当时关注的重心不在科学史观上，所以未对科学史观进行深入拓展。该书则将科学史观相对剥离出来，置于广义语境中进行系统的分析和研究，具体而微，小中见大，洋洋20余万言，几未有冗余之论，委实难能可贵。非但如此，该书在语境论的哲学思想框架下，始终以中外科学史的丰富且生动的案例铺陈和支撑，做到了科学哲学和科学史的很好结合。正因为如此，该书在对科学史观的历史进行梳理时发现，科学史观从产生到发展再到今天劳埃德爵士的新科学史观，其演进路径本质上正是语境化的不断凸显和与时俱进。科学史观的语境化，不仅是哲学上的判断和结论，而且是科学史上的反思和总结。正如当年黑格尔在对近代科学革命从哥白尼到牛顿这一辉煌历程的总结时提出"历史和逻辑相统一"这一论断一样，科学史观的语境化无疑也是"历史和逻辑相统一"的产物。

在对科学史观的语境化予以系统揭示的同时，该书对语境化的内涵及其意义也提出了新的理解。对科学史、科学史观的语境化解释，不单纯是一种反辉格史观。语境化解释，较之反辉格史观的解释，视角更多元、层次更丰富、要素更完备、信息更全面，因而我们眼中的"历史"才更真实、更立体、更清晰、更生动，从而也更可信，更具当代意义。孟子云："充实之谓美，充实而有光辉之谓大。"科学史是一部"无尽的探索"的宏大史诗，人类科学史观的演进也同样波澜壮阔，未有穷期。语境化的科学史观之所以具有弥足珍贵的创新性与前沿性，我想一个重要的原因可能就在于其不仅融汇了科学史的"充实"之美，而且沐浴了语境论的哲理"光辉"，从而成就了其伟大之所在。

历史，不仅是彼时的当代史，也是今天"时过境迁"的事。"时过"则"境迁"，这就注定了任何科学事件都是当"时"语"境"下的产物，科学史研究的语境性也决定了科学史观的语境化趋势，而语境化的科学史就形成了语境论的科学史观。所以，对科学史观进行语境评述的真正意义，就是建立语境论的科学史观，这是一次对传统科学史观在综合中的变革，而这也正是该书的宏愿与目标之所在。

树雪的这部大作，从学科史入手到真正意义上的科学史出现，以及后期科学史研究的分化等几个节点，全面系统地梳理了科学史观的历史演进过程，材料翔实丰富，论证有理有据，观点合情合理，史论结合，立意清新，雅俗共赏，文笔流畅，是国内目前第一本系统论述科学史观主题的专著，足见树雪的志向与付出！在以往的科学史观研究中，国内外学者也做了不少探究，但大多数是对某一位科学史学家的科学史观所做的介绍和评述，没有像树雪这样系统全面的研究。因此，从某种意义上说，这部著作另辟蹊径、集零为整，哲思与史实共襄，理论与实证互举，具有填补空白的意义，尤其是面对国内科学史理论研究相对薄弱的现状，树雪能十年如一日地醉心于清苦的学术研究，以苦为乐，志存高远，也是中国科学史界走向国际化的一个生动的例证。

中国的科学史研究需要走向世界，这是大势所趋。英国已故学者李约瑟博士的中国科学技术史研究沟通了东西方文化的交流，其方法与视野明显不同于我们国内的一些研究，这从很重要的一个方面说明中国科学史的研究需要在一个更大的平台上与国际对接。实现这种对接，理论上的探讨是不可或缺的。只有寻找到对接研究的理论和方法，才有可能将这种对接从愿望变为现实。十年磨一剑，树雪的努力无疑为国内学人开了一个好头，也为尽早实现与国外科学史研究的全面对接打下了一个基础。

事实上，国际上的科学史观研究也是在为数不多的学者中进行的。譬如，早在1963年阿伽西提出走向编史学的研究，就涉及了科学史观的内容；再如，2000年克拉夫所著的《科学史学导论》，也关注到了科学史观的研究，但这些都不是一种系统研究。科学史研究走到今天的科学思想史与科学社会史并行的局面，或是说内在主义与外在主义阵营并存的现状，急需新的科学史观来指导科学史的实践研究。以史为鉴，以史为师，研究历史是为了展望未来。树雪的这部大作，正是在对传统的科学史研究进行归纳、整理、评析与研究的基础上，呼唤一种新的科学史观并自觉指导今后研究的有益尝试。这种新的科学史观，就是树雪在其博士论文中明确提出来的语境论科学史观。这一新的科学史观，势必将引发新的科学编史理念的变革，以期为今后科学史的实践研究指明一条新的路径，而这也正是我们所期待的！

年年岁岁花相似，岁岁年年人不同。10年，在人生的岁月长河中，不算短，也不算长。10年前，树雪的两次选择，以及选择后坚守的执著与不懈的耕耘，结出了可喜的果实。希望树雪能从今天再起步，相信下一个 10 年后的春天，我们定能看到树雪更丰硕的学术成果。那时，也一定是中国科学史研究繁花似锦、春色满园并全面走向世界的美好春天。

窗外，春意正浓……

杨小明

2015 年 4 月于上海

自序

产生对科学史观系统研究的想法,是源于我博士论文答辩后,中间休息时与赵万里教授简短的几句聊天。因我刚答辩后的心情较为激动,所以他的原话记不清楚了,只记得大体意思:你博士论文中的一些内容可以再展开进行更深入、更宽泛的研究,这样更有意义。但由于博士毕业答辩时的欣喜,并没有及时对赵老师的提法进行论证。过了半年多,到 2012 年 3 月山西省重点研究基地项目申报开始,我在琢磨申请个什么题目时,忽然想到了赵老师说过的话,开始对我的博士论文进行再思考,想从中找出哪一部分可以进行进一步的拓展。在重新审视博士论文后,我觉得在科学史观部分还可以做进一步的研究,所以说本书也是在我的博士论文基础上设计的。

在经过一番认真的思考后,根据在撰写博士论文时所掌握的文献资料,我觉得从语境论的角度,对科学史观的历史演进过程做一个详细的评述不失为一个很好的选题,依照这一思路,马上着手进行论证。经过仔细分析发现,科学史观的演进历程确实很漫长,也很复杂,有时表现为显性的,有时表现为隐性的,有的表现为科学史学家通过论文的直接描述,有的则是在科学史学家所写的著作中有所体现,所以说不同的情形有不同的科学史观。有些科学史学家的思想还会随着其研究的不同阶段,产生不同的想法,也就是说他的科学史观会发生变化。比如,库恩的科学史观在不同时期就有变化,阿伽西的科学史观也发生了一些变化。但是从掌握的史料来看,这样的个案还是占很少的一部分,所以就没必要单独列出来对其进行分述。依照这样的思路,课题的设计内容是这样的:第一,对传统科学史观的系统梳理;第二,对传统科学史观进行语境评析;第三,从认识论的角度对科学史观进行再认识,分析科学史观的语境化趋势。这样的设计是出于国内外没有一部著作系统地对西方科学史观的历史演进过程进行分析和评述。当时申请的课题名称为"当代西方科学史观的语境评析及其认识论意蕴"。本书是这一课题研究的最终成果，也是我的国家社科基金"语境论科学史观的编史学意义研究"的中期成果。

课题是这样设计的，但是在实际研究过程中，我发现科学史观毕竟是理论抽象的观点，不像具体的科学史研究那么直观，有些甚至有些不好理解。所以，对科学史观的研究就应该放在科学史的历史语境中去说明，将科学史观的历史演进与科学史的实践研究结合起来，才能对科学史观的演进历程真正理解和把握，才能对其进行切实的评述，而不是盲目臆断。这样就不可避免地会在适当的地方对科学史的历史进行一定的描述，所以本书的一个暗线就是科学史的历史，通过本书基本可以对科学史发展历史的轮廓有一个清晰的了解。

所以，本书所完成的内容，是在原课题设计内容的基础上，在广度与深度上都进行了调整，远远超过了原来规划的内容。同时，这一课题的研究也与我的国家社科基金的个别内容有共同的地方，主要是在语境论科学史观上有共同的地方。这两个课题在研究到中期时，因学科建设的需要，我于2013年7月到美国凯斯西储大学的科学史与科学哲学项目进行学术访问。在这里，除了听几门课和参加学术报告会外，几乎所有的时间都在办公室，查阅资料并对其进行分析和整理，以及写文章。因为我一直做科学编史学研究，尤其是对一些科学史的理论研究感兴趣，所以查了很多科学编史学、科学史观的文章，在大量阅读这些文章的基础上，又查了一些科学观、语境论和科学哲学的文章，也阅读了一些通史方面的资料，以提升自己史学与理论方面的修养。

正是对这些文章和书籍的阅读，使我对科学观、科学史观、科学编史学、科学哲学及科学史等有了一个更清楚的认识，消除了我以前的一些模糊认识。在以前的研究中，总认为它们之间有严格的界线，但实际上，在一个大的科学史与科学哲学学科群下，它们之间的联系很紧密，只是内涵的侧重点不一样，而在外延上有很多彼此无法分开的地方，从而深刻领悟到了拉卡托斯所说的"没有科学哲学的科学史是盲目的，没有科学史的科学哲学是空洞的"这句话的真正内涵。从西方科学哲学的发展来看，科学哲学正是在吸纳了科学史的研究基础上发展起来的，真正的科学哲学离不开科学史，那么科学史也同样离不开科学哲学的理性分析，它们之间是互相推动的。这样，对科学史观的理解，不论你从哪个角度出发，都永远绕不开科学哲学与科学史的语境，离开这个语境，所有的理解都是片面的。因此，本书在写作时，有时会触及到科学哲学，有时会联系科学史，希冀能够做到对科学史观进行较为全面的语境解析。

这种希望是好的，但是在具体的研究中，面对这种宏大的叙事模式，有时却难以从整体上把握，所以还得在适当的地方以狭义的理解方式去处理。从科学史观的概念讲，最简单的定义是科学史学家对科学史的认识、看法与观点。这些看法是怎么产生的？这又涉及科学史中的"科学"是什么的问题，那么其标准是什么？哪些可以归为科学史的研究范畴之内？科学史要研究或是应该研究什么样的"科学"的发展历程？这又涉及科学观的问题，不同的科学观对待科学的态度不同，对科学的理解也不同，那么写出的历史也不同。因此，面对这种循环问题，在不能做循环论证的时候，只能用语境分析方法做静态处理，也就是说，看当时的语境是不是科学，这好比如果一个人现在说哥白尼的日心说是科学真理，那肯定马上会有人反对，但是在16世纪的语境下，它确实是科学真理，而且是敢于挑战权威的科学理论。这是因为科学面对的是不同的语境，有不同的合理性，过去是合理的是基于过去的语境，现在不合理是由于语境变了。

不做这样的处理，似乎会导致"不可知论"而无法对相关的科学史观进行分析。所以，本书在面对一些科学史学家的科学史观的时候，尽量考虑当时、当地的语境，尤其是在对其科学史观进行评述的时候，充分考虑到要与其本人的科学史著作结合起来。因为大多科学史观都是科学史学家结合自身研究的科学史实践得出的，那么如果撇开科学史的语境进行纯评述，则是不合理的、不全面的。这正如当年库恩研究亚里士多德的物理学一样，不放在其本人当时的语境中是无法理解的。

科学史观是对科学史研究实践的抽象，不免因其本身的抽象性而不好理解，本书在对待这一点上，尽量做到具体化，避免使用晦涩难懂的语句去描述科学史观的内容，或是在评述中使用太多的哲学语言。因为我觉得史学论著就应该是史论结合，但是在"论"的时候不能太抽象、太形式化、太随意化，而是要在适当的语境中展开。另外，在叙事时，本书尽量做到以"故事"的风格展开，在语言上争取做到阿伽西所说的语言风格，即做到像陈述一个迷人的故事一样去叙述。

依照上述思路，本书的内容是这样设计的：第一章主要是论述科学史观的产生及其语境化态势。科学史观并不是随着科学史的研究立刻产生的，而是在科学史发展到一定阶段后科学史学家理性思考的结果，并逐步走向语境化。第二章重点是对科学史观发展的最初阶段进行语境分析，这一阶段的总体特征是自发的、功利的和实用的。第三章对感性分析阶段的科学史观进行了语境分析，这一时期的科学史观基本呈一元时代，即以内史论为主的科学史研究。第四章则对多元化的科学史观的发展演进进行了充分的论证，这一阶段的科学史观呈现出一种批判性的综合态势，各种思想对科学史的研究产生了很大的影响。第五章试着从 21 世纪的角度对科学史观的发展提出新的想法，因为人类刚进入 21 世纪时，劳埃德爵士将自己的研究成果进行总结后提出了新科学史观，这一科学史观与前人的明显不同，是对百年来科学史观的一种理性反思。进入 21 世纪后的科学史观，明显有一种语境化的趋势，也就是说科学史的研究越来越呈现出语境敏感与语境依赖，任何科学事件都是一定语境下的产物，科学史研究的语境性决定了科学史观的语境化趋势，语境化的科学史就形成了语境论的科学史观。所以，本书最后一章，是对科学史观语境化的认识，这是我的一些想法，同时也对应原课题设计的"认识论意蕴"部分，也就是说对科学史观进行语境评述的真正意义，就是建立语境论的科学史观，这是一次对传统科学史观的综合。

总的来说，本书通过对科学史观的历史演进进行最全面、最系统的评析，以及对科学史的历史进行较为清晰的梳理，以达到对科学史基础理论核心问题的全新解读，以此作为对科学史学理论研究有兴趣的研究人员的参考书和工具书，则我的写作目的也就达到了。

李树雪

2014 年 12 月 3 日于美国克里夫兰

目录

杨序
自序
绪论

第一章　从学科史到科学史
　　第一节　学科史的兴起 ································· 5
　　第二节　综合科学史的发展与认识 ············· 9
　　第三节　理论科学史观 ····························· 20

第二章　科学史观初期演进的语境分析
　　第一节　科学史观的初端 ························· 40
　　第二节　实用功利科学史观的语境分析 ····· 50
　　第三节　实用功利科学史观的特质 ············ 58

第三章　1837年后的科学史观发展的语境分析
　　第一节　实证论科学史观的思想来源 ········ 62
　　第二节　实证主义科学史观演进的代表 ····· 71
　　第三节　感性分析科学史观的语境评析 ··· 114

第四章　1962年以后科学史观演进的语境分析

第一节　批判理性科学史观的语境溯源 …… 124
第二节　批判理性科学史观的代表思想 …… 132
第三节　批判理性科学史观的语境分析 …… 159

第五章　科学史观语境化的认识论意蕴

第一节　语境及其分析法 …… 165
第二节　科学史观语境化的合理性 …… 170
第三节　科学史观语境化的特征及意义 …… 177

参考文献 …… 185
后记 …… 196

绪 论

随着 20 世纪自然科学的飞速发展，学科间的交叉、学术间的综合与融合等多元态势给人们带来了全新的认识，这不仅仅体现在科学发展本身的变化，更主要的是人们观念的变化，观念的变化会导致人类对自然的认知发生很大的变化。因而人们的科学观、科学史观都发生了显著的变化，尤其是科学观的变化使人们对科学的态度和认识产生了非常大的变化，由原来的崇尚科学、科学是万能的、以科学为中心而变为科学与人文的"二元"对立，即便不是二元对立，也是主张科学与人文的并举。由此，人们对科学史观的认识也发生了巨变，不再主张科学史是与其他历史一样的学术行为，而是认识到科学是"一种特殊的人物从事的特殊事业"，从而认识到科学史不能只是简单地描述科学成果的产生过程，而是要对科学事件作出立体的、整体的、多元化的解释，这与原来的平面线性关系描述有了质的不同。那么，对科学史认识的不同历程，体现了科学史研究实践的发展和变化，同时也体现了科学史观逐步演进的过程。

诚然，不同时期的科学史著作中所蕴含的科学史观完全不同，这是由于不同时期的科学史，其时的学术倾向不一样，当时的社会诉求不一样，当地的社会语境与文化语境不同，导致作者写作的角度与出发点就不尽相同，其观点自然不同。系统地分析 19 世纪以来的科学史观的演进态势，不仅可以看出科学史观的历史演进，也可以看出科学史研究的基本走向，所以从语境论的角度出发，用语境的分析方法系统、全面、有代表性地去分析科学史观的历史演变，其目的是显而易见的。

其一，厘清当代西方科学史观的历史演进，探寻科学史观的历史走向与发展趋势。

并不是有了科学史著作就产生了科学史观，而是在读者对科学史著作的评判中逐渐产生了对科学史的理性思考，从而促使科学史学家或是科学家对科学史研究进行反思，形成对科学史的研究对象、研究内容、研究方法等的看法和观点，进而形成科学史观。因此，科学史观肯定滞后于科学史的实践研究。不同时期的科学史观代表了不同时期科学史研究的旨趣、动机、方法，同时也反映了不同时期科学史理论研究的总体水平。那么，深入分析当代西方科学史观的历史演进,不仅可以厘清不同时代科学史观的发展脉络,还可以看出科学史的发展历史,并通过对有代表性的科学史学家的科学史观进行语境评述,为新的科学史观提供合理的、符合逻辑的、历史的思想基础。

其二,寻求新科学史观构建的思想来源,寻求现代科学史观的理论支撑点。

科学史观不仅受科学观的影响,同时还接受科学史研究实践的理论诉求,其实科学史的研究实践对其理论的诉求从没有间断过,只是有时是显性的,而有时是隐性的,不同的阶段会有不同的表现,所以才有了"没有科学哲学的科学史是盲目的,没有科学史的科学哲学是空洞的"这样的结论。① 这就是说,科学哲学对科学史的指导是通过科学观对科学史观的影响实现的,因此随着科学观的变化,科学史观一定会产生同步的演变。人类进入20世纪以来,科学哲学发生了"语言学、修辞学与阐释学"三次大的转向,相应的科学史观也随着这三次哲学转向有很大的变化,这些转向其实也代表了不同的哲学观念对科学的不同看法。这就需要我们在此基础上去做历史演进分析,从历史演进分析中,我们可以对不同时期科学史观的理论做剖析,从中发现有价值的思想与理论,这些思想无疑会对现代科学史观产生重要影响,也将是这些思想的重要理论基础与依据。

其三,丰富科学史的理论研究,提升科学史基础理论研究的水平。

科学史的理论研究始终滞后于科学史的研究,其实也正是这种滞后性才体现了科学史理论对新的科学史实践研究的指导作用,或者也可以说是指导科学史实践研究的不断修正与完善。以法国为代表的年鉴学派首先形成了科学史理论研究的先河,他们所形成的研究风格还在影响着现代的学术研究,也就是说他们主张的研究方法现在还有学者在用。所以说一个学科的发展离不开理论的具体指导。就拿我国目前的研究来说,我国的学者没有像西方国家的学者那样形成自己的科学史观,这是一个需要我们深思的问题。从科学技术发展的历史来看,我国的科学技术发展与西方有很大的不同,所以我国对科学技术的研究就不能完全按照西方的一些理论观点去研究,而应该有我们自己的理论支撑,这样我国的科学技术史研究才能走出自己的一条道路。但是我国在科学史的理论研究方面相对匮乏,到目前为止还是停留在传统的实证方法,从古典的文献中寻找科学技术发展的记载,然后用现代的语言去诠释。我们知道,一个学科如果没有理论支撑,那么这个学科会始终处于浅学科,难以深入发展。所以,通过对科学史观的演进分析,可以极大地丰富我国的科学史理论研究水平,不

---

① 拉卡托斯著,欧阳绛等译.科学研究纲领方法论.北京:商务印书馆,1992:141.

仅可以缩短与国际研究水平的差异，更重要的是，能让我们理解西方科学史观的历史演进过程，从其发展的脉络中寻求理论的突破点，从而使我国科学史研究逐步走向世界，与世界真正接轨。这是本书研究很重要的一个目的。

为了实现上述这些研究目的，基于科学史发展的重大事件，去划分科学史观的演进历程，是本书采用的分期方法。从科学史的发展来看，第一个阶段是从学科史的产生到综合科学史的产生之前，即从1837年的《归纳科学史》的出现，可以明显看出此后的科学史风格与以往有很大的不同，因此把这一时期的科学史观作为以朴素的、实用的和功利的为特征的科学史观去处理；第二个阶段从这以后到1962年库恩的《科学革命的结构》产生之前，这段时期的科学史观以实证主义为主，相当于是内史论科学史观占主体的阶段；第三个阶段是在1962年以后至今，库恩的"范式"理论导致历史主义在科学史研究中不断渗透，以及20世纪60年代的科学社会学风格式的科学史出现，各种理性批判主义科学史观开始出现，所以科学史观逐步转向以外史论科学史观为主体。以这三个节点将科学史观的历史演进进行分期，然后去分析不同时期的科学史观的演进特征，并对其进行语境评述，可以深刻认识科学史研究实践中的不同路径对科学史观的影响，也可以揭示不同时期科学史观对科学史研究的认识论、本体论和方法论的意义，尤其是面对当今科学史研究的语境化、综合化趋势，更能彰显其研究的意义和特色：

第一，对科学史观的演进进行语境分析，有助于在某种程度上加深人们对科学史元理论的理解和认知，掌握元理论在各种科学史观中的意义与特点。就科学史研究的实况而言，元理论问题不是一开始就有的，而是在不断的研究过程中产生的。最初的科学史研究不会涉及"科学史的本质是什么"，"科学史怎么样去研究"等这类问题，这些问题的产生是在面对现在人们认为不是科学的东西或是面对"是科学又不是科学"的文献或是事件时怎么去处理才出现的。那么，由于不同时期科学史学家的理论背景不一样，研究实践不一样，科学史观就出现了不同主张，对科学史的一些元理论问题也有不同的看法，比如，对于科学史的学科性质、研究对象、研究方法等这些问题，不同的科学史观有不同的主张，尤其是在科学编史方法论上更难以有一个合理的、统一的理论，因而会对科学史的认识和理解产生很大的偏差和不合理性。因此，我们应对当代西方传统科学史观的历史演进过程进行细致的梳理，探讨科学史的不同看法是如何形成的，不同的科学编史学思想是如何形成的，怎样才能建立一种相对合理、比较成熟的科学史观。

第二，有助于解决科学史理论研究中的核心问题，发展科学史的元理论研究，为科学史研究提供新的分析视角和方法，从而进一步丰富、完善、发展国内的科学史研究。科学史观是科学史理论研究的核心，是一切理论研究的出发点与立足点。科学史观会直接影响科学史的研究，因为科学史观决定了科学史实践研究对材料的取舍，因此没有科学史观指导的科学史研究是无章法、不系统、不全面的。我国学界对中国古代科学技术史的研究为什么没有李约瑟等一些学者研究得深入，其核心原因就是缺乏科学技术史的理论指导，从这一点上来说，进行本书的研究更具有现实意义。通过对西方科学史观的演进研究，可以让我们从中发现西方的科学史观是在什么样的语境下提出的，结合自身我们需要什么样的科学史观去做我们自己的研究，我国科学技术史的研究应该走出一条什么样的路子，怎样走出一条与西方不同的科学技术史研究的路子，进而形成自己的特色，所以说本书可以为今后我国的科学技术史研究提供理论可能性。

第三，有助于拓宽我国科学史的研究疆域，形成科学史理论研究新的增长点。传统科学史观的主要观点是把科学史看成是普遍的、抽象的、客观的、价值中立的科学活动的历史，通过对百年来传统科学史观历史变化的系统研究，我们可以在一个新的层次上认识什么是科学，什么是科学史，从中发现传统科学史观历史演进的进程。所以说中国科学史的研究一直处于一个描述的层面，而没有形成一个解释的层面。尽管吴文俊先生对数学史的研究提出了"还原"或是"复原"的主张，但是离真正做到还有很长的一段距离。如果能够做到对我国古代数学史研究的解释，那么我国的数学史研究疆域将得到极大的拓展，从研究内容到研究方法都将出现一个新的局面。从数学史的研究拓展到一般科学技术史的研究，将会产生新的科学史研究的增长点，同时其理论研究的增长点也会同步进行。

第一章　从学科史到科学史

纵观科学史的发展历程，不难看出科学史研究的起步阶段是以自发式的学科史形成出现的，经历了一个相当长的时期后才由学科史转为综合科学史与学科史并存的局面，直到现在仍是如此，只是现在研究的深度与广度比以前有了很大的进步。科学史的研究已逐步由过去单纯的线性描述转向以解释和说明为主的综合史研究，从而实现了由过去的以科学事件为中心、以人物为载体的研究范式逐渐向超越具体的科学事件去探讨科学发展的内在逻辑和动力的转变，以分析和揭示科学的发生、发展及其与社会、政治、经济、军事、地域、文化等诸多因素的关系，同时也在深入探讨它们之间的互动机制。由此，科学史的本真研究也从历史和科学的维度转向超越特定的历史人物和具体的历史事件，多维度地去考察科学发展的方向、速度、动力及制约因素，达到透过历史表象揭示科学发展的脉络、人文背景、规律的目的。之所以能出现这样的结果，完全是由于学界在长期的科学史研究实践中，深刻总结科学史的基础理论，尤其是对科学史观的研究，从而使科学史的基础理论研究逐渐由隐学发展为显学，学界对其的研究也逐步兴盛起来。总的来说，从学科史、科学史到科学史观的研究，这一由实践到理论的发展历程是一个较为复杂的过程，那么厘清这一过程就显得尤为重要，这对探讨科学史的研究边界或学术范畴，明晰科学史的研究内容、学科结构、特征、性质等问题，以及规范学科建设，有很重要的理论和现实意义。

第一节　学科史的兴起

从科学史基础理论的角度来讲，要研究科学史观就要将其放在科学史研究的语境中，才能做到真正的理解。科学史观的产生要比科学史的研究滞后很多，也正是这种滞后性才会对科学史的研究有指导作用，因为不同的科学史观会产生不同的编史方法，用不同的编史方法会写出不同的科学史。因此，科学史观是科学史理论研究的核心问题，而且研究科学史观就应该先从科学史研究的起步阶段开始。

一、学科史的简史

从人类的发展历史来说，在相当长的时间内，科学史的研究与一般历史的研究混在一起，因为现在称为科学的东西并没有从自然知识体系中分离出来，人们对科学发展的描述只能在一般历史的发展中进行。而且在具有概括意义的"科学"一词出现以前，科学史是以学科史的形式出现的，或是说是以专科史的形式出现的，大多表现为我们现在称为某一学科的一段简史，不肯有解释性，只是一种线性描述。比如，早在公元前5世纪，古希腊的希波克拉底就已对那个时代医学的发展进行过描述；5世纪，普洛克劳斯曾写过关于欧几里得几何学的历史。中国古代的墨子在他的《墨经》中也记载了很多科学现象，有些是他自己的认识，有些是他对以前一些技术的记载，比如，他对当时各种兵器、机械和工程建筑的制造技术的记录就相当详细，尤其是《备城门》、《备水》、《备穴》、《备蛾》、《迎敌祠》、《杂守》等篇，详细地介绍和阐述了城门的悬门结构，城门和城内外各种防御设施的构造，弩、桔槔和各种攻守器械的制造工艺，以及水道和地道的构筑技术，等等。这些内容对后来研究军事活动有很大的帮助，特别是对我们今天研究古代的军事技术有很大的参考价值。

上述的古代学科史，从某种意义上说似乎不应该算是科学史，但是从广义的科学史来说，尽管它们在形式上是以片段形式出现的，但是应该是科学史的内容，同时也是科学史必须研究的内容，这是科学史的最初形态。因为从这些记载中，我们可以了解到不同时期科学技术发展的一些基本状况。尤其是科学，特别是自然科学，作为人类认识和改造自然世界的特殊工具，我们不能从狭义的角度去理解它，而应该将其放在广博的历史语境中去理解。所以说，在一个相当长的时期内，科学史的研究表现为一种自发性、朴素性，而不是一种有组织的行为。从科学史来说，真正的学科史是在中世纪以后，特别是在13世纪以来，伴随着阿拉伯人对历史学的兴趣，一些埃及学者才对科学史的研究产生了兴趣。[①] 丹皮尔在《科学史及其与哲学宗教的关系》一书中很客观地指出：在13世纪时，人们的观点发生了一个重大的变化，这与当时随着托体僧的出现而产生的人道运动是同时发生的，而且或许还是有关联的。正是这种观念的变化，使得人们开始转向对托勒密的《光学》，亚里士多德的《动物学》、《形而上学》与《物理学》等相关书籍的研究，从对这些书籍的研究中可以看出，当时人们

---

① Sen S N. Changing patterns of the history of science. *Science and Culture*，1965 (5)：215.

的观念产生了很大的变化，对后期文艺复兴有很大的作用。

真正学科史的大量出现与社会的科学的诉求有很大的关系。当科学发展到一定程度时，人们逐渐认识到了科学对人类社会发展的巨大推动力，所以一些"科学家"开始转向学科史的研究，目的是为科学的发展作辩护，关于这一点在下一章中会详细介绍，这里只对当时出现的一些著作进行列举。16—17世纪，丹麦化学家和医生博瑞修斯（Borrichius）的《化学史》(1668)，英国数学家沃利斯（Wallis）的《历史的和实用的代数学》(1673)，沃顿（Wotton）的《对古代与近代学术的反思》(1694)等著作，比以前的著作史学特性明显了一些。到了18世纪以后，伴随着近代科学的发展，人们对科学的关注多了起来，对学科史的关注也随之多了起来。当时，人们普遍认为科学是唯一推动人类历史进程的事业[①]，科学所做的一切事情都是对人类有贡献的事情，那么将以往科学上发生的情况记录下来，也是很有用的，会让人们更好地认识科学。因此，这时的科学史的研究方法主要是选取一门学科，以编年史的方式，记录该学科在什么时间、什么地点发生了什么事情，这也标志着学科史的基本成形，但这时还没有对科学的发展作出全盘的考虑。比如，英国化学家普里斯特利（Priestley）的《电学的历史与现状》(1767)和《关于视觉、光和颜色发现的历史与现状》(1772)，法国天文学家巴伊（Bailly）的《古代天文学史》(1775)和《近代天文学史》(1779—1782年完成)，以及法国数学家蒙蒂克拉（Montucla）的《数学史》(1758)，德国格迈林（Gmelin）的《化学史》(3卷，1791—1799年完成)，还有很多，鉴于篇幅，不一一列举。到了19世纪，学科史更趋于细化，如德国菲舍尔（Fischer）的《物理学史》(8卷，1801—1808年完成)，德国贝克曼（Beckmann）的《发明与发现史》(4卷，1784—1805年完成)。到19世纪后期，出现了一些很出名的学科史，如马赫（Mach）的《力学史评》(1883)和《热学史评》(1896)，坦纳里的《希腊几何学》(1887)和《古代天文学史》等。这里列举的一些学科史著作，基本代表了在19世纪及其以前出现的，从这些著作可以看出，在18世纪时出现的一些科学史著作在分类化的专史方面已是较为详细了，一些学科史出现了多卷本，这充分说明当时对某一学科的考量已向系统化的方向发展了。

在1837年，惠威尔撰写的《归纳科学史》，可以说是具有划时代的意义，是全世界公认的第一部综合性的科学史著作，其所描述的不仅仅是某一学科的发展史，而是第一次以一种理性的方式将科学的发展与人类认知整体进步结合

[①] 这里"科学"的概念是广义的科学，也就是说是大科学的概念，其中包括技术。

起来，它试图以科学事业对当时社会的发展所做的贡献来为科学的建制化发展进行辩护，这部书的目的就是要为科学事业寻求社会地位，使科学的发展得到极大的解放，因此，其产生了相当大的影响。在这部书中，惠威尔所采用的推理模式是：科学在进步，而人文学术不存在进步，因此，社会进步是由科学进步导致的；因此，社会应大力发展科学事业。在下一章中，本书将对这部书及惠威尔的思想做详细的语境评述。

这样一来，科学的社会地位得到了极大的认可，尤其是借第一次工业革命之机，人类更认识到了科学技术对人类社会发展的巨大推动力，到19～20世纪，科学取得了突飞猛进的发展，当代都称其为知识爆炸的年代。伴随着科学技术的飞速发展，学科细化、交叉等相继出现，对科学史的研究出现了多样化。不仅有科学通史出现，还需要学科史去作较为细致的记载，因此直到现在都是一种通史与专史并存的局面。由于这两个世纪的科学史著作相当多，在这里无法一一列举，所以放在以后的章节中逐步作出评述。

所以说，从学科史到综合科学史，再到科学通史与专史并存，不难看出学科史对于科学史观产生的现实与理论意义。

二、学科史对科学史观产生的意义

学科史的逐步完善，使人们对传统科学发展的认识逐渐加深，人们开始感觉到科学的发展与人类是如此接近，没有科学的发展就没有人类的进步。这种观念促使人们不断地总结科学应该如何发展才能更大程度地为人类服务，而且从社会中要争取科学的地位。因此，学科史对科学史观的出现有很大的作用。

第一，学科史的不断完善是科学史观产生的必要前提。从科学史理论研究的角度讲，以什么样的态度和观点对待科学的历史是科学史观的核心内容，这种态度和观点决定了科学家或科学史学家以什么样的方式去研究科学史。从学科史产生的语境来看，在远古时期的学科史还算不上真正的历史，因为它不肯有系统性和逻辑性，只是对某个学科的某个片段的记载。直到13世纪以后的学科史，才具有一定的历史与逻辑性，而且从这以后的学科史明显地带有一定的思想倾向，表现出一种目的性和功利性，这种特征在下一章会专门论述。那么这种功利性其实就是自发的科学史观的具体体现。

第二，学科史促进了对科学发展的反思，这种反思带有科学观和科学史观的双重属性。以不同学科的发展历程写出的学科史，在其论述过程中自然或是不自然地带有一种强调自身学科重要性的思想，当时的科学家们试图通过对某一学科对社会的贡献来争取社会对其的认可度，这是由独特的语境造成的，也正是这一思想使得科学成了"万能",过分强调科学对社会发展的作用而没有考虑到科学技术带给人们的副作用,导致了后期科学主义的盛行。所以,在某种程度上说,当时一大批学科史著作其中既表现出了科学史,也表现出了科学史观。

第三,学科史是科学史发展的必经阶段,只有经过学科史的发展,才会出现综合科学史,进而归纳出科学史观,成为后期科学史研究的理论预设。从科学史公认的事实来看,"科学"一词的出现也是近代的事,科学的出现把分科之学统一在科学的大旗下,这比欧洲长期使用的"自然哲学"更明了,正是这种统一使得学科史被归到科学史的内容下,出现了较为综合的科学史。如果没有学科史那么就不可能产生科学史,没有科学史就不会产生科学史观,这是由科学史发展的内在逻辑决定的。所以说在出现了真正意义上的科学史之后,才有了人类对科学史研究的理性思考,这种理性思考就是科学史观。

第二节 综合科学史的发展与认识

可以这样说,惠威尔的《归纳科学史》通过对学科进行归纳而写出的综合史,无不渗透着一种思想——科学史是一般人类历史的一个内在组成部分,科学史不能仅仅只写科学的发展脉络这些线性的东西,还要涉及科学发展的社会环境、各学科之间的关系、科学家的传记、科学的交流和传播等内容,而并不能把科学史写成是各门学科史的一种汇总或合集。因此,综合科学史的出现表面看是一次由学科史到科学史的"转型",但实质上是一次对科学史的理性思考。所以说科学史的出现似乎是对如何进行科学发展的研究已有了一定的感性认识,已不再只是单纯为了描述一门具体的学科是如何发展的这么简单了,但是当时对科学史的概念还没有一个清楚的认识。因为当时的学者不会考虑怎样使用科学史这个概念,而是对科学史应该有哪些内容进行了一个概括,这是由其语境决定的。真正的科学史是到萨顿时代才形成的,实现了对科学史进行真正意义上的综合,并形成了一门独立的学科,并发展到现在。

一、综合科学史形成的社会与历史语境

上文已述,公认的综合科学史著作是《归纳科学史》。这部著作的出版,虽然并没有结束学科史的研究,但是这部书为科学史的范式研究指明了方向,成为对科学事件由描述到说明和解释的转折点。《归纳科学史》的出现并不是偶然

的，而是有其独特的语境。

　　从语境分析的角度来讲，在分析一个科学事件的发生与发展时，首先要研究引发这个事件的主体。《归纳科学史》的作者是英国皇家学会的会长，他深知各学科的发展情况，可以对当时已知的所有学科进行综合，综合后的科学史从写作方式改变了此前由科学家撰写的科学史论述的写作方式，它不再只是关于某一学科或某一研究领域的历史发展的单纯描述，而是在归纳的基础上对整个科学发展状况和历史进行的一种宏观论述。这种论述已带有一定的解释性，虽然还不是对科学史较为系统、全面的说明和解释，但其综合性已足以说明对以前科学史的修正与风格的转变。在这部著作中，惠威尔通过设计科学发展的模型，向世人描述科学是如何发展的，是以什么方式发展的，可以说惠威尔的理论合理解释了许多学科的发展情况，对科学史的发展具有里程碑的意义。惠威尔形成了自己独特的归纳主义，通过对各分科学的归纳，将科学技术的发展与人类的进步紧密地结合在一起，实现了对科学发展的社会价值辩护，这是其核心目的。为什么他的思想是源于这一目的设计，这与当时的社会语境有很大的关系。

　　《归纳科学史》成书于1873年。历史地看，19世纪前叶，国王乔治三世和乔治四世分别统治英国，受拿破仑的影响，英国长期处于对外战争状态，国内处于工业革命时代，社会变革正以前所未有的方式进行，民众的生活受到工业革命的影响，有了很大的改善，不论是在农村还是在城市都发生了非常大的变化。比如，随着农业革命的逐步完成，农业商品化程度得到了很大的提高，使农民的生产积极性得以提高；在城市中，中产阶级逐渐兴起，城市小资产阶级也取得了一定的地位，工人阶级也得到了巩固，人们的生活水平得到了很大的提高。尤其是在1837年，乔治四世去世，他的女儿亚利山德拉·维多利亚继位英国国王是为维多利亚女王，她在位63年（1837—1901）。在维多利亚时代，英国完成了工业革命，并向海外拓展殖民地，建立了庞大的英帝国，号称"日不落"帝国，被认为是英国工业革命的顶点时期，也是大英帝国经济和文化的全盛时期。在这一时期，英国的资本主义生产完成了从工场手工业向机器大工业过渡的阶段，是以机器生产逐步取代手工劳动，以大规模工厂化生产取代个体工场手工生产的一场生产与科技革命，后来又扩充到其他行业。而所有实现这一切的前提就是科学技术的发展，尤其是对技术的改造，比如，在18世纪瓦特改进蒸汽机的基础上，这项技术在19世纪被应用到工业上的很多行业，极大地提高了工业的生产力，使人力得到了很大的解放。再如，印刷术的改进与发展，这是19世纪英国具有深远意义的一项技术变革，其不仅促进了一些技术的传播，同时也促进了文学艺术的空前繁荣，这些意识形态内容的传播，对促进当时的男女平等和种族平等等进步观念起到了非常大的作用。

一系列技术上的重大突破，使得在维多利亚时代，英国的政治、经济、社会都取得了深刻变化，尤其是英国的工业生产能力比当时全世界的总和还要大，这足以证明其成为全球帝国的局面。也正是因为国内工业的高度发达和商品的极大丰富，英国的对外贸易额超过了世界上其他任何一个国家。这样的结果使得英国不仅在经济上处于世界领先地位，也使得其社会制度得到了根本改变，以前的一些制度已不能再满足当时社会发展的需要，所以通过议会英国确立了现代的政府制度、文官制度、司法制度、议会选举制度等，这些制度的修正也为社会的规范化发展提供了基础。

从社会的所有变化来看，如果没有科学技术的飞速发展，那么一切都是不可能实现的，这个社会语境就是科学为寻找社会根基辩护的前提条件。科学技术要得到更大的发展，就需要社会为其投入更大的关注、更大的支持，这样才能更大程度地为社会服务，这是一个良性循环。那么要引起社会上的重视就需要对其历史进行归纳和总结，通过科学技术的发展历史来说明科学技术在哪些方面对社会的发展作出了贡献，对推动人类社会的进步起到了什么作用。因此，综合科学史为什么首先在英国出现是有其社会语境与历史语境的。

二、综合科学史的发展

在《归纳科学史》这部著作的影响下，人们开始转向真正意义上科学史的研究。从当前的观点来看，只有深刻地分析科学史的历史，才有可能真正掌握科学史的研究实质，同时也才能真正理解科学史观的实质性内涵。从一般理论来说，狭义地理解科学史的历史研究，就是从在科学史作为一门完整独立的学科形成后，发展到今天其所走过的历史，这就是科学史的历史（history of the history of science）的基本定义。依据这样的基本定义，国内有学者将其译为"科学史学史"，这种译法其实是将"history of science"译作"科学史学"，这样的处理容易与"historiography of science"的翻译产生混淆，一般来说，"historiography of science"要译作"科学史学"。所以这种译法有点欠妥，应该译作"科学史的历史"，尽管有些拗口，但是更为妥当、直观一些。广义的科学史的历史研究，或真正意义上的科学史的历史研究，就是要研究科学史本身发展的历史及对其规律性的把握和认识。其中包括学科史的历史，它重点考察科学史基础理论的发展过程、科学史知识的积累过程和科学史观的演变等内容。因为科学是一个不断进化、不断发展、不断创新的开放体系，并不断地修正自身不合理的地方，并不是一个凝固、僵化的封闭空间，它包含着理性思维、方法选择、工具创造和技术操作等各种智力和非智力的活动，科学史作为可能还原这些科学活动的研究，也应该在不断总结自身历史的过程中修正自身。只有这样，科学史的研究才能与科学的发展相适应，才能从自身历史的研究中寻求规律，不断地改进和完善，达到科学观与科学史观历史、逻辑的统一，真正认识什么是科学史。

所以说综合科学史是一大批科学家、科学史学家、科学哲学家、科学社会学家等经过几个世纪的努力，而使其成为今天相对成熟的一个学科的，其历史一定是生动的、丰富的、充满传奇色彩的。虽然在不同的语境下，不同的学者看待科学史的角度不同，得出的结论不同，形成的科学史观也不同，形成了不同解释语境下的科学史研究，那么正是由于有这种差异性，对科学史的历史进行研究才具有独特的价值。

总体来说，在《归纳科学史》的影响下，科学史的研究改变了以前主要由科学家来完成的局面，出现了一些专门研究科学史的科学史学家，更重要的一点是，出现了理论指导下的科学史研究。因为一门学科要具有独立性，没有自身的理论是走不远的。因此，面对当时科学史的研究状态，能够出现一些科学哲学家的相关理论去指导科学史研究，是非常不容易的！在惠威尔的归纳主义科学史之后，第二个对科学史影响很大的是孔德（Comte，1798—1857）。孔德在其《实证哲学教程》中，将科学定义为只是描述经验、现象或事实之间的联系，观察、实验和比较，是科学研究的主要方法、手段，贯穿在这些具体方法中的基本原则就是坚持统一的科学观，即认为社会同自然并无本质的不同，没有必要在自然科学和社会科学之间作出划分。同时，他也非常明确地提出了后来被认为是"科学史思想"的思想：一是像《实证哲学教程》这样一部综合著作，如果不紧紧依靠科学史是不可能完成的；二是为了了解人类思想和人类历史的发展，就必须研究不同科学的进化；三是仅仅研究一个或多个具体学科是不够的，必须从总体上研究所有学科的历史。① 正是基于这样的思想，使孔德成为正规科学史的"鼻祖"，同时也使法国成为科学史的发祥地，以致后来的法国出现了好几位科学史的大师。比如，另一位法国学者坦纳里（Tannery，1843—1904），被认为是孔德思想的直接继承者，这位企业家出身的数学史学家，在科学史方面的知识比孔德更丰富。萨顿对坦纳里的评价非常高，认为他是当时世界上最了解科学史的人，由他撰写一部科学通史是最合适的，可惜的是他去世

---

① 张晓丹. 一个值得重视的学科：科学史学史. 史学理论研究，1994（3）：104.

太早，未能完成这一事业。

如果说坦纳里是孔德实证主义的继承人，那么萨顿就是孔德思想的实践者。萨顿对科学史的贡献是里程碑式的、不可磨灭的，他成立了国际科学史学会、创刊了 ISIS 杂志、主持撰写《科学史导论》，争取到了连孔德都没有获得的科学史教授的席位……所有这一切使得科学史的研究"合法化"。萨顿规定了科学史学会的组织原则，其主张的新人文主义思想也与实证主义思想有所不同，使科学史的研究走上了独立发展的道路。另外，萨顿的工作也使得科学史的研究中心由法国转向了美国，特别是在第二次世界大战以后的 20 世纪 50—60 年代，伴随着美国一批职业科学史学家的出现，科学史的研究逐渐兴盛起来，这与萨顿的奠基是分不开的。

默顿（Merton，1910—2003）在萨顿指导下撰写的博士论文《十七世纪英国的科学技术与社会》，开创性地将社会学的研究方法引入到科学史的研究中，引发了科学史研究的极大分化，相当于是一次"裂变"，从而使科学史的研究视野得到了极大的拓宽。库恩在 20 世纪 40 年代末期将研究兴趣由科学哲学转向科学史，而他对科学史的研究更具开创性，比如，在 1957 年出版的《哥白尼革命：西方思想中的行星天文学》一书中，他通过对哥白尼"日心说"理论引发的科学革命，总结了科学革命应具备的要素，重点考察了哲学思想与科学革命之间的关系，同时也看到了外部的精神条件和经济条件对科学实际发展的作用。随后，在 1962 年出版的《科学革命的结构》的"导言"中，库恩明确批评了"把历史不仅仅看成是一堆轶事和年表，就会根本改变今天仍然支配我们头脑的关于科学的形象"的传统观念，指出撰写该书的目的是"要勾画出一种大异其趣的科学观，一种可以从科学研究的历史记载本身浮现出来的科学观"[①]，以及后来出现的社会建构论的主张等。

这些不同的主张，导致了科学史的研究不断分化，也就是说，使得科学史从以前的纯内史研究走向了两极分化，出现了内在主义与外在主义两个不同的阵营。从研究风格来说，科学史的通史研究也出现了一定程度的分裂，一些科学史学家认为，科学通史是很难完成的一项事业，虽然从理论上可行，但是从实际写作上来说，面对浩瀚的史料处理是非常难以把握的。所以科学史不得不又转向通史与专科史并存的局面，现在依然如此，而且伴随着科学史解释的出现，各种理论更是层出不穷。

---

① 库恩著，李宝恒、纪树立译.科学革命的结构.上海：上海科学技术出版社，1980：4.

三、对科学史的认识

对科学史进行分析和认识,是科学史基础理论的必然要求,没有对科学史的充分认识就不可能达到对其的理性分析,也就不可能形成科学史观、科学史的编史方法。那么通过对科学史历史演进的分析,我们发现科学史的研究并不是一蹴而就的,科学史观的核心思想也不是科学史一贯的主张,面对同一个"科学事件"的研究,之所以不同的学者主张不一样,就是因为对科学史的认识不一样,对科学事件研究的出发点与立足点不一样,或者是说是科学史观的不同导致的,所以认识科学史是科学史观建立的首要问题。简单地说,当时孔德提出实证主义思想后,对科学史的研究产生了很大的影响,人们不会想到这种思想后来会受到批判,会被别的科学史观代替。尤其是在库恩的历史主义科学史观指导下的科学史研究,科学史不仅在研究风格方面发生了很大的转变,而且理论研究也出现了极大的丰富,这充分说明了面对"客观实在"的"科学事件",不同的主体能动性的发挥程度是不同的,从而形成了科学史研究的多元化发展,彻底打破了长期的一元化格局。另外,通过对科学史的认识和分析研究,会发现科学史的研究中心也在发生着转移,最初是在法国出现了一批科学史学家,后来发展到了美国。这种中心的转移也展示着研究风格、研究特点的不同,但不管怎样变化,其研究的主体是不变的。

所以,对科学史的历史进行分析,就是要揭示科学史的历史与科学史观的演进有怎样的联系,科学史观的演进过程又是怎样影响科学史的研究的,影响的程度有多大,因而从中探讨科学史的研究到底需要不需要理论指导。要回答这些问题,就要从科学史的客观性入手,在了解了科学史的客观性之后,自然就很容易理解科学史观产生的原因了。尽管科学没有一个全方位的定义或者说没有一个很让人认可的定义,但是科学是对客观世界认识的理论描述这一点是公认的,因此科学所反映的内容是客观的,那么对这些客观内容的理论描述也应该是客观的,这就是一种逻辑的自洽性。往往只有对这种客观性的发展历史进行描述时,才会发现我们所面对的学科史或科学史却无法实现对这种客观性的描述,因为不论什么历史都是"时过境迁"的事,今天去描述与解释过去的事,只能依靠所掌握的"史料"进行实证分析,由于掌握史料的程度不同,描述者所站的立场和所持的观点不同,这种分析和解释就会出现不同的内容和方式,对这种描述与解释方式的理论研究,自然就形成了不同的科学史观。科学史观就是对科学史的学科性质、研究方法、学术主张等方面的一种理论主张。所以说要了解一门学科的本质,就必须透过它的历史去洞察,没有对其历史的真正掌握，就不可能形成一个很好的史学理论，没有一个科学合理的理论研究，这门学科的发展也会受到很大的影响。

但是，不论从哪个角度来看，任何科学都是人类理性思维综合体现的结果，是对世界发展规律认识的理论描述，只是由于认识程度的不同，描述的深度不一样而已。那么，科学史就是关于这个理论结果描述的历史演进的说明和解释过程，学科史是单一对这种发展状况的描述，而综合科学史是对科学怎样发展的一种归纳性描述。在对科学史的认识方面，可以说萨顿是第一个对科学史有较为全面认识的学者。所以说，真正意义上对科学史的认识是20世纪初期的事，是萨顿将科学史的研究引入了规范化发展的道路。

在萨顿之前的科学家或是科学史学家，几乎没有人先对科学、科学史等以定义和定理的方式进行研究。这就是说当时存在着对什么是"科学"、什么是"非科学"、什么是"伪科学"等方面认识不清的问题，对上述问题很难给出一个确切的定义，因而就出现了什么可以当科学史来写，什么内容不能作为科学史来写的一种现状。为了解决这一问题，萨顿从科学的实证主义出发，从人类改变世界的认知活动这一角度出发，认为这类认知活动是由系统的诸多活动组成的，"科学活动是这些活动中唯一具有一种显而易见和无可怀疑的积累性与进步性（的活动）"[①]。所以萨顿将科学史定义为"科学史就是对系统的实证知识发展的描述和说明"。这是典型的实证主义观点。同样，类似的定义在另一处，萨顿又给出了更深刻的说明："科学的历史也许可以定义为客观真理的发现史，人的心智逐渐征服自然的历史；它描述人类漫长而无终结地为思想自由、为思想免于暴力、专横、错误和迷信而斗争的历史。"[②]

萨顿对科学史的这一综合性定义，包含了两层含义：其一是人类改造自然的科学史；其二是人与人之间的科学史。如果从人类社会发展的角度来看，这也正迎合了当代的自然科学史与社会科学史的内容，似乎是比较合理的。但是我们应该看到的是，在当时当地的语境下，尽管经过了19世纪科学的大发展，但是在进入20世纪后，科学还没有以一种几何级数的方式增加，同时对史料的发掘也没有得到极大的发挥，因此以这种方式去认识科学的发展历史是有其合理性的。但是从科学史的解释角度来看，科学史绝不是对个别事实的单纯描述，重要的是对科学事件意义的说明，在描述这个科学事件的基础上深刻阐明一个

---

① 萨顿著，陈恒六、刘兵译．科学史与新人文主义．上海：上海交通大学出版社，2007：13．
② Sarton G. *A Guide to the History of Science*. Waltham：Published by Chronica Botanica Co., Mass, 1952：26．

个科学事件背后的意义。因此,如果以萨顿这样的一种方式去撰写科学史的话,难免就是一部发明或是发现的英雄或是精英们的个人或是集体传记,这不是科学对待自身历史真正"科学"的态度。因为不论东方还是西方,科学活动一开始并不是一种相对独立的活动,而是与其他一些活动相关联的。就拿中国古代来说,当我们以现在的眼光去审视中国古代有没有科学这个问题时,我们就会发现,如果以现在萨顿的科学定义去看待中国古代科学的话,中国古代就没有科学了,但是中国的中医学绝对是一门科学,还有类似的中国古代天学也是科学,虽然当时没有理论支撑,但是其描述的认识程度已达到了科学的程度,那么这就是科学。所以,我们要对科学史进行认识和分析,必须基于一定的语境下才能做到真正的理解和认识,否则就是一种错误的认识。在今天看来是非科学的东西、与科学是对立的两极的东西,但在当时当地的语境下却与科学的发展有着不解之缘,没有这种相伴,科学就不会发生。这正如炼丹术与化学的关系一样,中国的炼丹术没有发展成为现代意义上的化学,与诸多因素有关,但其无疑是化学的前身,这一点是不能否认的。而西方的炼金术发展成为现代意义上的化学,与西方的文化传统、制度等诸多方面有很大的关系,所以说科学的发展与其他因素间存在着某种必然的联系,如果割裂与科学的发生发展相伴随的东西去做科学史,那么就失去了科学史的生动性和真实性,也达不到对科学史的合理解释。

  不过,从萨顿对科学史的定义来看,此前的科学史研究一直处于一种无序的状态,或者说是一种不规范的、自发的态势。直到萨顿才将科学史建立为一门真正的学科。为什么这样说?因为一个学科的建立,至少应该从三个方面的标准来衡量:一是有固定的学会,形成一种机制性的组织,定期或不定期地召开学术会议;二是有固定的学术刊物,同行可以通过此平台进行学术交流,学术成果可以在相关的刊物上进行传播;三是有一个大学或是研究机构,有相关的教授或是研究员、副教授、讲师等席位,以形成一定的梯队,将研究成果代代传播。科学史的研究发展到20世纪初期时,这三点已基本实现,科学史成为一门学术相对独立、学科性质比较明显的学科。但在后来科学史的发展中,由于萨顿的实证主义风格逐渐使人们认为科学史就是一部真理史,因而受到一定程度的质疑,尤其是伴随着"外在主义"在科学史研究中的不断渗透,科学史出现了极大的分歧,对科学是什么的认识出现了诸多见解,那么对"什么是科学史"这样一个很简单的问题又变得复杂起来。不同的科学史观对科学史的影响逐渐加大,尤其是当面对科学哲学的三大转向时,一些科学哲学家将目光投向科学史的案例研究,通过个案研究去分析综合科学史,试图给出一种科学合理的科学史观，来全面地指导科学史的研究。

所以，在这里笔者想简单地介绍一下与萨顿对科学史认识完全不同的另一位科学史学家的认识。也就是说，如果我们不从"是什么"的角度去定义科学史，而是从科学史"不是什么"来对科学进行规范，那么日本著名的科学史学家村上一郎对科学史的认识就有一定的代表性。他在《科学史的哲学》一书中这样描述科学史："科学史不是关于科学发明、科学发现的描述，也不是发明者和发现者的英雄列传。"[①] 这样的定义正好与萨顿的真理史相区别，他试图将科学发展过程中本真的一面揭示出来，也就是说科学史不能光描述科学家的历史，也应该描述一般的历史，其实它隐含着对科学事件作出解释的方法论导向。因此，虽然这种认识有一定的可取之处，但以这种非定义的方法写出的科学史，会有很多失去科学史特征的地方，也就是说如果科学史不是对科学发现和科学发明的描述，那么它是什么？应该从什么角度、什么立场等去描述科学事实？从语境的角度来看，对于任何历史的记载，大多科学事件都是以人物的活动过程记录下来的，如果把这一点去掉了，怎么去研究？因此，科学史的研究如果放弃了对科学事件主体——人物的研究，那么科学史一定是一部失败的历史。我们放开思维去想一下，如果中国古代的《史记》记载的好多事都是以列传的形式记下来的，没有对史记人物的研究，中国古代史就不可能有那么丰富。同样的道理，没有对人物的研究，科学史必然会失去其真实的一面，这也是最先学科史没有注意到的一点，只是一种编年史的形式，是不会被真正的科学史所采纳的。这是因为存在一个不可否认的事实：科学发展过程中的很多发现与发明正是诸多科学家努力的结果，没有了科学家就没有了科学，没有了科学就没有了科学史，没有了科学史就没有了科学史观。因此，科学史的工作就要对这些人物有一个客观的介绍与评价，这正是当代西方科学史学家着力研究的，也正是认识科学史就是为了更好地理解科学史观的真正含义。在20世纪后半期的科学史研究中，正是夏平（S. Shapin，1943— ）通过对牛顿和伽利略的人物研究，才将社会建构论的思想引入到了科学史的研究中，形成了自己对科学史的一种新认识。

在这一点上，可以这样来理解：当与夏平同时代的拉卡托斯提出科学史是被规范地选择和解释的历史时[②]，我们再回过头来看当年萨顿的科学史研究，就会发现如果历史不被选择的话，就无从写起，当年萨顿没有完成他的宏伟构想，

---

① 邱仁宗. 科学史的概念. 自然辩证法通讯，1993（3）：61.
② 拉卡托斯著，兰征译. 科学研究纲领方法论. 上海：上海译文出版社，2005：108.

就是因为在史料的选择上无法作出抉择，才不得不只写到14世纪的科学就放弃了后续工作，因此他的《科学史导论》到今天也再没有人敢去问津。因此，对科学事件的理解不同，其选择材料的出发点不同，对科学事件的解释也就自然不同，对科学史事件意义的阐述也显然不同，这是非常容易理解的。所以，社会建构论者对科学知识坚持一种相对主义的观点，他们对科学史材料的选取完全是站在社会学的角度，否认科学发展的内在统一性，而主张科学知识是特定文化背景下社会建构的产物，是一种利益驱动，当没有利益的时候就不会有科学的发展。这种观点对于一些特定的案例也许是合适的，但对于全部的科学显然是不合理的，有极端的相对主义性质。

其实，这种思想也许正是在归纳主义科学史之后一种真实思想的写照。过去的学科史就是为了寻找科学的社会地位，那么在得到这个社会认可后，科学的发展速度得到了超常的发展。但是科学的发展不是一蹴而就的，在古代的发展中，这种社会利益驱使非常小，甚至可以说近代的科学家大多没有受到利益的驱使。所以这种建构主义对科学史的认识而言有很大的局限性。这一点在以后的行文中会进行详细的论述。

所以说，如果我们真正地回归到科学的本真去认识科学史的话，通过上述对科学史的历史的追溯和对科学史的分析和认识，我们就会发现，由于不同时期不同的人物对科学的理解不同，或者说语境不同，就难以对科学下一个准确的定义，没有对科学的准确定义就不可能对科学史作出准确定义，因此不论什么科学史观只能从相对主义的立场，对科学史从理解的角度作出一个合理的判断和分析，只能给出相对定义。从这一点上来讲，本书对科学限定"在特定的时空下由特定的人物所完成的"、被"当时大众所接受的人对于自然、世界认识的理论体系和形式化的陈述"，这样的一种定义是基于科学的语境理解，也就是说在特定的历史时期，一个科学家或共同体提出一个对于人类当时对世界的认识的理论，在那个时代被人们普遍接受了，这就是科学，尽管以后可能被认为是错的或是不合理的。所以，语境论科学观认为，科学就是人类对客观世界认识的无限逼近，而不是到了绝对真理的停止不前，真理只是对科学认识世界的一个"程度"表述，或者说是"逼真度"表述。比如，"地心说"统治人类1400多年，那时人们没说它是不科学的，到了1543年，随着"日心说"的"合理性"表述的普及，人类对地球、太阳的运行规律有了更进一步的认识，彻底打破了"地心说"的统治地位，所以会发生科学革命。而科学发展到今天，我们都知道"日心说"也是不准确的，太阳也不是宇宙的中心。但在当时，"日心说"对宇宙的认识更为逼近，更为合理地解释了一些自然现象，所以它替代

"地心说"而成为"科学"。科学史就是要描述这样的一个或一批特殊人物在特定的时间和空间（地点）完成的科学事件发生的历程，用形式化的语言表述出来的知识体系。因此，科学史具有"语言性"、"知识性"、"整体性"和"系统性"，尤其是语言的使用是科学史表述中最为重要的，任何解释倾向都是通过语言的使用（语用）实现的。有语言就有语境，只有把科学、科学史放在语境中才能做到合理地认识。

基于对科学史这样的认识，规范地选择材料是科学史研究的前提和基础，怎样才能达到合理地描述一个个的科学事件呢？怎样才能做到对科学事件的解释？这是科学史目前急需解决的问题，对这一问题的解决就是科学史的合理性重建。通过对科学史的历史，以及对科学史的认识和分析，科学事件文献材料的合理性选取、基于语境的分析、综合的分析判断等是解决这一问题的关键。或者说，从什么样的科学史观出发去认识这一科学事件是关键点。比如，在科学史的外在主义科学史观看来，科学的发展应该从外部因素去理解，其对科学事件的描述就应该在科学的外部选取材料；而内在主义科学史观却认为，必须从科学发展的内在逻辑去选取材料，外部的东西不属于科学史。在对科学史难以下定义的情况下，我们可以从科学史的研究本真去规范科学史的研究，回归到科学史的理性思维上。在此，我们从以下几个方面规范科学史的研究内容，这也是科学史观需要讨论的核心方面。

第一，科学史的基础理论研究。传统的科学史研究不会涉及基础理论研究，其实这是提升科学史整体水平最重要的途径，没有理论研究的学科，是没有生命力的学科。

第二，科学史的历史研究。科学史在研究科学是如何发展的同时，也要加强对自身历史的研究，这样才能研究得更好，走得更远。

第三，科学家思想研究。没有科学思想就没有科学的发展，对科学家在从事科学活动时的方法、手段、思想的传承进行研究，并对他们的所作所为进行客观的评价，给出其意义。

第四，科学发现与发明研究。科学就是由一系列的科学发现和科学发明组成的，每一个科学发现或发明都是科学史上的独立事件，对这些事件给出其内在逻辑的演进历程，进而从影响其发生、发展的社会、文化、经济等因素出发，用合理的方法进行分析，并给出事件意义。

第五，学科史研究。这是科学史的有机组成部分，但学科史不能代替科学史，也不能说成是科学史的分支。

第六，科学史与其他学科的关系研究。任何一门学科都不会单独存在，都与其他学科有着一定的联系，比如，物理学与数学的关系，研究物理学史就要研究物理学在什么地方用到了数学的方法或手段等。

上述六个方面基本规范了科学史怎样去研究，研究什么等一系列的内容，这是科学史观在面对科学史的具体问题时的基本出发点和立足点，也从另一个角度回答了科学史是什么的问题。

第三节 理论科学史观

通过前面两节对学科史和科学史的分析和认识，结合21世纪的科学-文明史这一大的语境基点，重新审视科学史观的发展历程时，不难看出，随着对科学认识的不同，科学史的研究也呈现出纷繁复杂的局面。人的主观因素和社会的综合因素对科学史的影响逐渐凸显出来，尤其是后现代思潮对科学史的不断渗透，使得科学社会学、科学学、科学哲学等学科群向科学史提出的问题，强烈地刺激着科学史由过去的以历史为重的研究范式逐渐向多元化的方式转变，或是说科学史已逐步由描述科学史向解释科学史转变，同时科学史的理论性研究比过去丰富了很多，尤其是在进入20世纪以后，随着科学史学科的建制化发展，科学史观较以前得到了极大的丰富。

波普尔曾说"科学是从问题开始的"，也就是说科学是从解决我们面对自然界和社会时出现的问题为起点的。然而，直到今天，科学也只是解决了人类认为最重要的问题，但并没有解决人类所有的问题。因此，它仍在发展着，只是在不同的发展阶段，科学发展的水平不一样而已。在人类历史的发展长河中，不同的阶段所表现出的科学内涵不同，然而"科学的思维模式的内在逻辑经过世纪的过渡和文明的来去一直保持着不变"[①]，这种不变就是本体的、客观的。正是这种科学思维内在逻辑的不变性，才使我们可以区分不同国度、不同时段科学史的特点，才会对科学史的本质有所把握。那么科学史是否是客观的，科学史的研究对象是什么，其学术结构怎样构建，这如同哲学上回答世界的本体由什么构成的问题是一样的，是从本体论的角度对科学史本质的揭示。从理论上讲，科学史观就是对这一系列问题的看法和理解，是科学史学研究的核心问题，因为科学史学具有集经验性、理论性、实在性和整体性为一体的多层次、

[①] Sambursky S. *The Physical World of Greeks*. London: Routledge and Kegan Paul, 1963: 203.

交叉的内容，形成了一个立体网状的结构系统①，那么科学史观同样具有经验性、理论性与整体性。从理论上讲，科学史观要对科学史的元理论问题作出分析和研究，是科学史学的研究基础和核心，但大多数科学史学家都不可能在下述方面都有自己对科学史的看法或认识，因此下述的几方面主要是针对理论科学史观的讨论。

一、科学事件的客观性问题

科学史是否具有客观性，这是一切理论研究的前提。对于一个没有客观性的研究对象而言，主体是无法从理性的角度去剖析和研究的，只有在客观性客体的基础上，借助理性思维，才能透过现象去把握事物的本质。那么科学史的客观性就在于，在特定的时间和空间科学事实是客观存在的，科学史所从事的就是对这些事实在描述基础上的解释。尽管这些事实或许在当时不能得到合理的说明，但其确实存在于某种语境中，只是这些事实我们不能直接观察，难以得到实践的有效检验去验证其真实性，但不能说其不是客观存在，因而语境是实在的。我们知道，科学知识是客观的，其之所以具有客观性，是因为它是人类通过理性思维对当时观察到现象的客观解释，但随着科学认识的不断深入，这种认识越来越远离人们的主观经验，越来越需要借助工具，没有一定的科学手段和工具就不会认识到微观世界的本质。因此，科学史一方面临着不能直接观察、难以用实践检验而进行还原的本体论认识问题，另一方面面临着探讨研究方法尽最大努力还原科学发展的真实历史的方法论问题，介于本体论与方法论间的科学史观便是一个认识论问题。现举一个关于科学发现的例子，就可以看出科学史还原的争论。中国古代的数学史研究中的"杨辉三角"是一个众所周知的中国古代伟大的发现，杨辉在南宋景定二年（1261）所著的《详解九章算法》一书中，记载了杨辉三角图形，就是研究二项式指数展开的一种三角形几何排列，这在当时绝对是一个很了不起的发现，肯定有其独特的发现语境，但这种语境已难以还原，我们只能通过一些文献去解读。在《详解九章算法》一书中，他自注："出释锁算书，贾宪用此术。"也就是说，这个三角图最先出现在《释锁算书》中，是贾宪先发现的，但《释锁算书》早已失传，是不是贾宪（约1200）所著的也无从查考。在贾宪以前是否也有人这样研究过更无从查起，从这些记载来说，可以肯定的是杨辉三角不是杨辉发现的，是别人发现的，但却是杨辉记载下来的，因此称为"杨辉三角"。这种情况在中国古代是非常普

---

① 郭贵春. 科学史学的若干元理论问题. 科学技术与辩证法, 1992（3）：6.

遍的，中国古代很多著作是没有作者的，或是只有年代而没有作者，这也许是和当时的社会有关，有时候作者不敢署名是怕统治阶级追查责任。对于同一个研究，法国数学家帕斯卡（Pascal）在1653年开始应用这个三角形，并发表在1665年他的遗作《算术三角形》中，所以杨辉三角在欧洲被称为帕斯卡三角形。由此可见，在数学史上，对杨辉三角的发现及应用，外国人至少比我国晚了近400年。在这里，有一个科学事实是确定的：多项式$(a+b)^n$打开括号后的各个项的二次项系数的规律是客观的，而发现它的贾宪、杨辉、帕斯卡这三位科学家也是客观存在的，对这些发现过程的描述我们只能做到相对客观，但是在没有找到新的证据之前，科学史就是客观的。因此，可以说科学史的客观性是一种相对客观，而不是绝对的客观。诚然，在古代的东西方，之所以会出现对同一对象的不同研究，就是因为信息不发达，科学家间的沟通与交流非常难。如果是现在的话，就不可能再出现这种情况了，因此科学的优先权问题等都是传统问题了，今后绝不会出现这种类似的问题了，当然这些问题不是本书要讨论的内容。在上述例子中，就其意义来说，除了中国比法国早了近400年发现这一定量的描述是客观的外，还有其引申的意义，如当时中国的数学就是比国外先进，中国人比外国人更早地揭示了一个数学上的规律，这些意义只有放在特定的语境下才有意义，这个问题在以后的论述中会研究到，这里只分析科学史的客观性。

在这里，不论是中国古代的数学还是法国的数学家，他们都揭示了一个数学上的规律，这个规律是有客观性的。因此，科学知识的客观性决定了科学史的客观性，但是有一个问题没提到，那就是他们在什么情况下发现了这一规律？或者说为什么他们要寻找这样一个规律？也即发现这个规律背后的故事是什么？这就是科学事件的还原问题，也即知其然与知其所以然的问题。要回答这些问题，我们只能从史料的实证中，回到当时当地的语境中去寻求答案。尽管我们在研究中对材料的确定是某种选择过程的结果，而且很可能会受到主观的影响，但这一事实不会使资料变得不那么真实或者不怎么客观，其最多也就是降低了材料的意义或趣味性。① 所以说，面对同一个科学史事实，之所以会出现"辉格式解释"就不难理解了，但科学史的客观性是不能动摇的。

诚然，历史是不可还原的。作为真实的科学，其发生、发展的情境是不会重演的，我们无法回到过去，更无法体验当时的生活，但它是客观存在的，这

---

① Kragh H. *An Introduction to the Historiography of Science*. London: Cambridge University Press, 1987: 51.

一层次也许我们永远都无法达到,只能借助于"相对客观"的认知来实现,这是必不可少的。只有这样的相对认知才可能是客观的:当一个特定的参照系和研究目标已经确定的时候,我们便由此确定了一个选择历史材料的自定的判据,这个判据会因给定了参照系而不可能再是武断的、主观的,而是具有客观的性质。① 这个参照系是由写作者自行设计的,其判据也是如此,因此说不同的学者是从不同的角度去揭示科学事实的客观性的。这个客观存在的科学史,是科学史研究的第一个层次,也是科学史客观性的内在表现。

那么,根据史实材料加工分析而写定的科学史是一种描述性的科学史,是历史与逻辑的高度统一,是感性认识与理性认识的高度统一,是社会语境与历史语境的高度统一,是人类理性的思维对科学客观性发展历程的深刻揭示,也是科学史客观性的外在表现,即语言层面的表现,使人们知道科学的发展历程,这是科学史研究的第二个层次。第二个层次的科学史由于撰写人各种因素的限制,会出现史实失真或史学观点不一致等问题。这是因为撰写科学史著作的作者,一是科学家,二是科学史学家或科学史工作者,现在我们统一将这些学者都称为科学史工作者,他们的旨趣、立场和为谁服务的目标等因素决定了其写作的方式和解读科学史的角度,因而不论谁写的科学史都存在或多或少的主观性。只有用客观的方法才能杜绝这一点,但这是很难的。因为科学史"并不是纯粹事实的汇编,资料的选择已经含有某种主观性的元素在内……,尽管科学史学家自己的政治、教育、社会、民族、宗教背景以及个人性格会不可避免地产生这种影响,我们还是坚决主张客观性的理想。然而,正如所有不可能达到的理想一样,它会使我们对自己怀有神圣的不满"②。这种不满就是后人或笔者对传统科学史作出的理性批判,怎样才能实现这种客观性的"理想"? 要想科学史的第一层次与第二层次间的差距最小,就需要科学史的理论研究,即寻找两者间合理的、逻辑的、历史的通道,即理论的科学史——科学史观。现在较为热衷的科学编史学,其中很大的部分就应该研究科学史观,科学编史学就是以科学史为研究对象,进一步考证第二层次的准确性、写实性,寻求上述两个层次间的逻辑通道。科学编史学就是要在全面反思科学史研究的基础上,在本体论层面上全面阐释科学史,在认识论上给科学史以说明和解释,在方法论上给科学史的研究以指导。特别是库恩在 1962 年出版《科学革命的结构》一书以

---

① Mandelbaum M. *The Problem of Historical Knowledge*. New York: Books for Libraries Press, 1971: 162.

② Hooykass R. Historiography of Science: its aim and methods. *Organon*, 1970 (7): 48.

后,科学编史学的研究受到了历史主义和历史哲学的影响,从而越来越受到学界的重视,成为一门与科学史相伴相随的学科。因此,可以说科学编史学是科学史客观性的必然选择,科学史观就是科学编史学中的核心内容。从理论上讲,科学史观就是要对科学史的客观性进行深刻挖掘和研究,如果科学史失去了客观性,也就失去了科学史解释和说明的基础。

二、科学史的分期

科学史与一般的历史一样,也有一个时间的界限问题,即科学史的分期问题,这个问题处理不好,就会影响到科学史的写作逻辑。但科学史的分期又不能像人类社会的历史进化一样去按年代划分,因为科学事业与人类社会其他事业不同的地方是,科学史是一类特殊人物的活动,并不是一般人物的事情,而且只占人类历史长河的一部分,况且不同时期其发展的内容、速度、方向也不一样。所以,从理论上讲,科学史观应该把对科学史分期的研究作为领域内的内容。从科学史的发展角度来看,不同的研究方法,对科学史分期的看法是不同的,以科学家或科学共同体为主体的创造活动,不是以线性的方式发展的,要受到政治、经济、军事、文化、社会等各方面的制约和影响,世界上几次科学中心的转移以不可辩驳的事实证明了这一点。所以说科学的发展存在地域不平衡性,如果按年代编史就失去了科学的地域性特征和独特性。众所周知,真正的科学大发展是近代的事,古代科学的发展相当缓慢,而且也不成体系,只是在一些方面有所突破,这一点不论是古中国,还是古印度或是古希腊,都是这样的,后期的发展也许是文化的巨大差异造成了不同的科学发展道路。

不同的研究方法有不同的研究进路,对科学史分期也是不一样的。比如,对于实证主义科学史的分期原则,萨顿认为"科学史以建立科学成就和科学思想的起源和它的各个发展阶段为目的,把一切文化的交流以及一切由于文明的进步而对于文明本身的种种影响都考虑在内"[1]。以这样的思想确立的分期原则就是以时代的特征为依据,由于时代的复杂性,这样的分期显然是不合理的,因此在其意识到这种不合理性后,又试图利用以社会历史的主要阶段为分界线和以人类的基本观念为分界线的做法,这也是难以实现的。

在后续的研究中,一些学者提出了不同的分期原则,如同一性原则、简单性原则等,在此基础上也进一步论证了分期的依据[2],不失为是对科学史分期理

---

[1] Sarton G. Introduction to the History of Science. Washington and Baltimore, Vol. I, 1927: 65.
[2] 邢润川、孔宪毅. 关于科学史分期理论的探讨. 科学技术与辩证法, 1991 (2): 44-49.

论研究的深刻认识。那么，传统的科学史研究往往是在史前与史后先划了一条界线，这是因为学界认为，史前没有什么书面的材料可供我们去研究，然而史前有好多实物可让我们去推测当时的科学。比如，在山西挖出的陶寺遗址，初步考证是距今约 4500 年前的天文观象台，如果复原了，可以测量出二十四节气的变化，这足以窥探当时中国的天文学水平了。对历史的分期是按照世纪的更迭去进行的，这有一定的道理，但不是最佳的分期原则，还有待于进一步研究。

其实，对科学史进行分期的实质就是对科学发展的过程进行阶段性处理，以更好地书写科学史，更好地理解科学发展的阶段性特点，更好地把握科学史不同阶段的不同特征，是一种人为的抽象。因为科学在发展的时候没有设定自己的目标，没有规定在什么时候发展什么样的科学，只是主体在认识客观科学事实时发现，如果对科学史进行分期就会很容易地看出科学发展的不同规律，因此这是科学史编史的基本前提和基础。那么对科学史进行分期就应该遵循一定的原则和依据[①]，不同的原则和依据就会出现不同的分期方案，这值得科学史观进行深入的研究。

从语境分析方法的角度讲，科学史要突出对人物的研究，没有科学家就没有科学事业，那么就不应该对科学史进行严格的分期，而是在不同的时代以科学事件为主体，通过不同的人对同一科学事件和贡献和作用来研究科学史不失为一种很好的分期原则。因为大多时候科学事业不是一个人的事业，而是一个科学共同体，尤其是面对当今社会，没有一个互相协作与集团化的作业，很多科研是完不成的。一项理论的创新需要借助各种仪器的测试，这些仪器的设计是集体的作用，所以说在科学越来越远离经验的当代，科学的发展与传统的发展格局完全不同。因此，语境分析方法可以很好地解决传统与现实间的矛盾，不论什么样的科学史，只有放在语境中才能做到对其真正的理解和认识，离开语境则就是另一种理解了。

三、科学史的学科性质

从理论上讲，科学史的学科性质理应成为科学史观必然要讨论的问题。这就是说科学史到底是属于科学还是历史？这是一个有待解决的问题，也是科学史认识论范畴的东西。科学史的发展史以雄辩的事实告诉我们，对科学史进行认识层面的思考是必要的也是必需的。因为当传统的科学史只关注自身发展历史的时候，往往会犯常识性的错误。比如，对什么是科学的认识，由于认识程

[①] 高策、杨小明等. 科学史应用教程. 太原：山西科学技术出版社，2003：56.

度不同，会把一些传统认为是科学的东西拒斥在科学之外，我们在研究科学史的时候也是在对科学存在不同认识的情况下作出的决定，这种决定也许是正确的、合理的，也许是错误的、不合理的。那么科学史的研究到底是以科学为主，还是以历史为主，这是从认识论的角度去反思科学史归属的问题，也就是科学史的学科性质，这是科学史观的重要研究内容。

萨顿在谈到科学史的研究理由时提到了两点：一是纯粹历史的理由，要分析文明的发展，即理解人类；二是哲学的理由，要理解科学更为深层的含义。① 至此，科学史的性质便明朗化了，只是在这里"哲学"的概念不能用我们现在的哲学概念去解读，而应该放在"科学"的层面去理解。在当时的语境下，"自然哲学"其实就是"科学"的代名词。因为在古典哲学时期，自然哲学家往往就是当代所说的"科学家"，如亚里士多德和其他一些古希腊哲学家都是自然哲学家，正如后来的牛顿的巨著也被称为《自然哲学的数学原理》，这其中的"哲学"绝不只是现代意义上的哲学。

从语境论的角度讲，科学是一种特殊的人类活动，具有高度的开放性，那么科学史作为描述和解释这一特殊活动的方式，也是具有高度的开放性的。虽然萨顿已在其研究中规范了科学史的学科性质，但由于各国的研究范式不同，对科学史学科性质的认识也有很大的不同。比如，科学史在国外一般属于历史学，是历史学隶属下的一个分支学科，可在中国是理学的一级学科，与一级学科历史是平行的。那么科学史应该是属于历史学还是属于理学，有一个研究传统的区别，还有待于做进一步的研究。但我们如果从实际情况来看，就会发现科学史是一个科学性、历史性与交叉性很强的学科。

1. 史学属性

如前所述，科学史研究的对象是科学的发展及其与社会的互动关系，但它不同于政治史、经济史、艺术史等社会史。因为科学史本质上是历史科学性质的学科，但其主要功能是在历史的层面上研究科学，这一点正如科学社会学、科学哲学，它们分别是从社会和哲学的角度研究科学的。

这就是说，将对科学史史学性质的理解放置在历史学的层面上去认识，才能对其有一个很好的把握。因为无论科学史研究对象的客观性和规律性有多大，但从学科划分上而言，它仍是属于历史学范畴，这是最基本的。它具有历史学认识的一般性和共性，但也有其特殊性和个性，这种特殊性就表现为

---

① 萨顿著，陈恒六、刘兵等译. 科学史和新人文主义. 上海：上海交通大学出版社，2007：55.

科学是由一些特殊的人物来完成的，而一般历史并不全部是由特殊人物来完成的，一般平民也对历史的发展有贡献。从这一点就可以看出，一般历史与科学史是有很大区别的，但是科学史又具有一般历史的共性，或者说科学史史学属性的主要表现就是科学史的研究主体与研究对象不具有共时性。其一，这一点与一般历史是相同的，科学史是研究主体对已经发生过的科学事件的描述和说明，具有很强的历史性和逻辑性，失去了这一点就失去了科学史的本真；其二，研究对象是已经发生的历史事件，由于时间的不可逆性，所有的历史事件既不能被直接观察，也不能通过任何实验方法对其进行复制和再现，也就是说具有不可还原性，想还原到真正的历史是不可能的；其三，研究主体会发生变化，对研究对象的认识也不尽相同，对于同一事件，认识主体对其含义的理解不同。科学事件是客观的，但对科学的认识是主观的，没有一个标准。正如前面所举的例子，对于同一个科学革命的概念，库恩与科恩的认识态度截然不同，这并不是科学事件发生了变化，而是认识主体的各方面因素造成的。

鉴于此，科学史的研究必须从历史学的领域借鉴可用的理论和实践。比如，科学史的辉格式解释就是巴特菲尔德从历史学中"搬过来"的，后来得到了科学史界的认可。还有一些理论性的研究也是从史学理论中借鉴过来的，如历史主义的一些理论对科学史的研究影响很大，可以这样说，历史主义导致了科学史研究的转向。

2. 科学性

马克思曾经说过，人和动物的主要区别是工具的制造和使用，人类正是在工具的制造和使用中发展出了今天被称为"自然科学"的东西，同时人类也创造了其他形式的存在，比如，文化、文明、政治、法律等"社会科学"的东西。因而不论是自然科学还是社会科学，其最终都是人类理性思维的产物。科学史不是简单的、一般的人类活动史，它是一个多层次的复杂系统在特定的时间、空间中运作、演化的历史，在不同的层面上不同的科学活动的主体分别对应着不同的科学家、实验室成员、科学学派、科学共同体、社会全体成员，而其对应的客体只有一个世界。诚然，这个世界也可理解为我们的物质世界和精神世界，人类的科学就是在认识这两个世界的客观性中发展的，因而这种历史就具有科学性。

然而，面对同一个世界，不同的主体其认识是不同的。比如，中国古代与古希腊都对天文学有所研究，但由于研究的目的、进路不同，最后的归宿也不一样。因此，劳埃德先生的结论是："不存在一条科学必须如此发展的唯一道路。"① 那么科学史就要以科学家和他们形成的科学共同体，以及科学的历史事件为研究领域，围绕科学家和科学共同体的创造活动，考察科学发展的特征和规律，这就是科学史科学属性的直接表现。科学性特征决定了科学史与科学之间有着密切的联系，不能离开科学去谈科学史，而科学是有高度自主的特殊个性的。"因此，科学史研究应抓住科学的'特殊性'或'个性'，应首先指向种种特定历史时空下、与特定历史人物联系在一起的充盈着种种特殊性的种种科学及其运作过程：如是取向的科学史不一定是一定为真的科学史，但忽视历史时空之中的种种科学之各种特殊性或个性的、其他取向的科学史，即便是极富魅力的，也一定为不真的科学史。"②

因此，应将科学的历史理解为在不同层面上、在不同的历史时空下，科学活动都具有不同的科学性特征，充分理解这一特征有助于我们很好地把握体现在其中的主体与客观间的认识程度，这将为我们理解科学及其在历史时空中运行的整体历程提供一个十分经济的基础。

四、科学史的学术结构

任何一门学科必有其独特的学术结构，科学史也是如此，但科学史与其他学科的不同之处在于，科学史是一个比较综合的史学，虽然不能说是各门学科史的集合体，但是科学史也有其自身的学术规范和研究范畴。既然科学史的研究对象不仅仅是"目前"或是"当代"认定的科学的发展历程，那么用什么样的学术结构能把科学事实叙述组织得很合理、很逻辑就成为至关重要的问题了，这也是科学史观需要讨论的关键问题。从本体论框架去规范科学史的学术结构，往往可以深入到科学史的内部，达到透过现象看本质的效果。科学发展的特殊性决定了科学史的特殊性。科学之所以为科学，是因为它是在特定的历史条件下，特殊的人物通过人类活动产生特殊知识体系的过程。这个特殊的知识体系，在当时是正确的，也许过后就是错误的或是不合理的，科学是一种在一定的语境下较为合理的智识体系，因此存在语境修正性。比如，在哥白尼提出"日心说"之前的1400多年，一直是托勒密的"地心说"占统治地位，那么当时的"地心说"就是科学，是正确的，只是后来"日心说"修正了"地心说"中很多

---

① 劳埃德著，钮卫星译. 古代世界的现代思考——透视希腊、中国的科学与文化. 上海：上海科技教育出版社，2008：12.

② 袁江洋. 科学史：走向新的综合. 自然辩证法通讯，1996（1）：53.

不合理的地方，使之变得更完善，能更好地解释日月星辰的变化，就使得后者成了科学，前者就不是科学了，从而引发了一场科学革命。但我们在书写科学史的时候，绝不能不考虑"地心说"的发展和贡献。这样的例子在科学史上还有很多，再如，化学史上的"燃素说"与"氧化说"也是如此，在拉瓦锡提出"氧化说"之前，"燃素说"在人们的心中成为科学已有100多年，当然这与"地心说"不能相提并论。但是在当时当地的语境下，"燃素说"就是科学理论，因为它可以合理地解释大多数自然现象，但是在"氧化说"提出之后，不论从"量"还是从"质"的方面，对一些现象的解释，"氧化说"比上述理论更为合理，尤其是可以解释以前"燃素说"所无法解释的现象。所以"氧化说"便替代"燃素说"成了科学理论，但是我们在书写科学名时，绝不能放弃"燃素说"对化学发展的贡献。

基于这样的逻辑认识，从科学史观的角度来看，科学史的学术结构便不再是单一的历史图景，而是一个立体的树状结构。历史事件是树的主干，人物是树枝，树叶是影响科学发展的政治、军事、文化、教育、经济等诸因素。我们知道，树枝和树叶对树干的成长有很大的影响，离开树枝和树叶，树干也就不复存在了。这就是说科学史的研究主要以科学的历史事件组成，要说明和解释这个事件，首先应从人物的研究开始，再寻求与科学发展相关因素的影响，只有这样才能达到真正的科学史研究，从本体论上讲回归到了科学史的本真，将对科学史的平面描述变为立体的说明，这就是科学史共同的、基本的学术结构。

那么，我们再从科学史的具体学科史情况来看，当"科学史的研究能够给出带有特殊性的科学在空间的分布以及这种分布随时间变迁而变迁的过程，我们便能够了解种种小写的科学是怎样汇聚成某种全球性的、大写的科学的过程"[①]，这种小写的科学史其实就是学科史或专科史，20世纪中期以来，随着大科学时代的到来，科学进入高度分化又高度综合、统一的新的发展阶段，比如，化学分化为高分子化学、分析化学等；但物理与化学结合而形成了物理化学和化学物理，生物与化学结合而形成了生物化学，这就是说学科内部本身在不断细化，出现了不同的分支。但学科间又在走向融合，使科学知识的整体化趋势越来越明显，尤其是量子理论的出现，更是将科学的发展推向了一个新的高度，继而出现了量子化学、量子物理学、量子生物学等分支学科。在这些学科的基础上，量子思维、量子意识、量子心理学等分支或学科也逐渐成为显学而得到

---

① 袁江洋. 科学史：走向新的综合. 自然辩证法通讯，1996（1）：53.

了学界的认可,尤其是用量子意识去解释心物问题、灵魂等方法或理论也得到了长足发展,所以这些知识都是学科间交叉或是融合而形成的。那么面对这种全新的发展态势,科学史在学术内容的构建上,必须有一种全新的视野才有可能达到其合理的学科布局,所以科学史的学术结构在目前看来已是今后研究非常重要的内容。尤其是从学科的角度看,随着资源科学、环境科学、安全科学、城市科学、农村科学、科学学、科学社会学、科学技术哲学、科学技术学与科学史等交叉学科门类和大量交叉学科的兴起和发展,逐步地填平了哲学、社会科学与数学、自然科学两大知识"板块"之间的鸿沟。① 面对大科学时代的到来,科学史的学术结构就变得越来越复杂,它不能再以学科史的形式出现,而应是以综合史的形式出现,而学科史则应该成为综合科学史的有力补充。

在实际的研究中,我们可以进一步放大科学史的研究内容,尤其是科学史的历史,在对科学史本身的历史进行研究的同时,更要对科学史观的历史进行研究,基于科学史观的科学史研究才能达到应该有的深度,而现行的很多著作往往忽略了科学史观的理论指导,因而缺乏一些对科学事件的解释与说明。对于自然科学史来说,可以分为自然科学通史和自然科学专科史,通史的研究着重于归纳与综合,而专科史的研究则注重解释与说明。同样的道理,社会科学史可以分为社会科学通史和专科史,认知科学史可分为思维科学通史和专科史;数学科学史可分为数学科学通史和分科史;交叉科学史可以对一切交叉学科的历史进行研究,计量科学史可以从国别的角度进行统计分析;比较科学史主要是对建立在不同国家或地区间的综合科学史进行比较研究。

五、科学史的研究对象

科学史观最简单的表述是对科学史的看法与观点,那么科学史的研究对象从理论上讲就是科学史观的中心问题。显然,科学史的研究对象是随着人类认识的不断深入而变化的,对科学理论不同的认识就会导致对科学史的研究对象产生不同的影响,科学概念和理论的发展推动着对科学的理解,这是一个螺旋式上升的过程:科学的发展和对科学的认识是一个互动的过程,科学的发展更多地表现为客观性,对科学的认识表现为主观性,这个过程需要科学史去反映与揭示。如果从古代看到现代,科学内涵的变化已非常大,过去是科学的东西,也许到现在早已不是科学,现在是科学的,在古代时则无法想象,因此对科学的认识也有很大的不同。比如,在古代,不论是在古中国

---

① 王续琨. 自然科学史和大科学史的学科结构. 大连理工大学学报(社会科学版),2004(4):59.

还是在古希腊，对科学的认识绝不会想到"科学是社会建制"这样一种观点，因为受当时认识水平的限制，不可能把"科学是什么"理解为"科学"以外的一些东西，将科学理解为"实践的"或是"社会建制的"等，其产生只是当代一些学者通过研究"一些典型知识"的产生历程才得出的。因此，科学史的研究对象就要在关注科学的同时，还要涉及影响科学发展的诸因素，只是我们在书写科学史的时候科学还在向前发展着，科学的发展还在改变着人们对"科学"的不同看法。

这样科学史就不得不关注对科学的认识和理解，从这种认识和理解中去寻找什么是科学史的研究对象。我们既不能把一切关于人类对世界的认识史或者智识史都说成是科学史的，但也不能把一些本应该是科学史的东西排除在学科之外。所以，文明的演进、时代的发展，必将使人类对自己的所作所为进行综合性的反思，越来越清楚地认识到科学不是万能的，也越来越清醒地认识到一个概念不可能穷尽科学的内涵。因为从不同的角度去看科学会得出不同的结论，我们不可能从一个角度出发就可以完全理解科学的全部含义，尤其是面对当代日新月异的科学的变化，更难以对科学概念进行一个清晰的定义，如此才会出现科学哲学、科学社会学、科学学和科学史等学科群，它们从不同的角度对科学作出了不同的说明和解释。尤其是科学史和科学哲学，着重去研究科学观和科学史观。随着科学观的不断变化，就会影响到科学史观的变化，因为科学观与科学史观有着内在的统一性。综合大多数学者的科学观发现，科学具有三个层次的内涵：第一种是描述自然规律的系统化的知识体系；第二种是实践活动；第三种是社会建制。这三个层次有一个共同的内核，就是科学是在描述世界的过程中，让我们理解这个世界；在预测世界的发展中，让我们感知未来；科学就是对世界认识的无限逼近，而不可能是对客观世界认识的终结。以这样的一种方式认识科学，那么科学史上的很多科学争论就不难理解了，如"地心说"和"日心说"、"燃素说"和"氧化说"、灾变论与均变论等，类似于这些争论，以及诸如炼丹术或炼金术对化学发展的贡献等，就都可以从不同的角度去说明和解释，而不应该如柯瓦雷（A. Koyré，1892—1964）的处理方法，对牛顿的炼金术不予以关注是不合理的处理方式。从这三种有代表意义的科学观及科学史观出发，就可以看出这样的科学观和科学史观本身就是历史语境下的产物，带有历史的局限性，是不同的历史阶段对科学的不同认识，这种比较"精确的、科学的和诚实的认识，对于我们社会来说是某种具有头等重要性的东西，因为这种认识是结束一些人的无意义的向往，另一些人的空洞的乌托邦和许多人的憎恨的最佳方法"①。也就是说，科学是一种人类认识世界的最佳方法，没有这个方法，人类就不可能达到透过现象去认识规律的目的，这个过程不仅受科学本身发展的影响，还受到诸多因素的影响。因此，科学史的研究就不能只追寻科学观的变化去研究科学的发展历程，而应该从科学的内在逻辑出发，不仅研究科学的发展史，同时也要研究影响科学发展的诸多因素，这样才能达到与科学观的逻辑的、历史的统一。

这样一来，科学史不能像科学哲学那样只反思科学本身，其研究对象除了自身的发展外，必然还有科学及影响科学发展的诸因素，只有这样才能揭示科学发生和发展的真实历程，也只有这样才能达到"科学乃是一种关于人类、社会、历史、和生态活动的整体研究"，通过科学史的研究寻找到"科学的建制性特征以及它与许多其他系统的相互关系"②。

六、科学史的研究层次

前面已简单提到过科学史的研究层次问题，这一点在科学史观中很少有学者提到，但是从科学史观的理论研究角度来讲，科学史的研究层次也是科学史观应该关注的一部分内容。也就是说，对科学史层次认识的深入与否，将直接影响到科学史研究的深入，因为不同的层次揭示了科学史内容的不同内涵。从理论上讲，科学史具有三个层次的研究内容，事实上，第一个层次"真实的科学史（科学史实在）"的许多东西永远在我们掌握之外，历史是不能还原的，科学史不可避免地成为一种"运用历史行动者术语去分析的历史行为"③，科学史是对科学事件的描述、说明或表征，是对科学史实在的反映。然而由于我们的认识能力所限，所掌握的材料有限，再加上当时记录者记录史料文献的主观性，所以我们绝不可能穷尽所有的史实，况且我们所能看到的史实材料还有记录不全的一面，其中还渗透着人为研究的很多因素，比如，科学史学家的选择依据、价值标准和理论框架等个人原因，从而使科学史实在与科学史事实间有一定的差距，这就是说绝对中性的科学史研究是没有的。

那么要无限逼近绝对中性的科学史，就要从不同的角度去诠释科学事件，

---

① Jaki S L, Genius U. *The Life and Work of Pirre Duhem*. Martinus. Dordrecht: Nijhoff Publishing, 1987: 376.

② Hooker C A. *A Realist Theory of Science*. New York: State University of New York Press. 1987: 304.

③ Shapin S. Discipline and bounding: the history and sociology of science as seen through the externalism-internalism debate. *History of Science*, 1992 (30): 346.

在深层次上构建科学史实在与科学史事实间的桥梁，为科学史的写作提供方法、编史的原则等。那么对科学史进行层次划分不失为一种分析、认识科学史性质的方法，通过这样的研究可以让我们更逼近真正的科学史。比如，丹麦科学史学家柯拉夫关于科学史的两层次划分就很有代表性，他认为第一层次的科学史（HOS_1）是指把关于科学的各种出版物置于历史的框架内，并对其内容进行分析，以探讨科学知识的增长过程；第二个层次的科学史（HOS_2）是指科学活动同其他社会活动之间关系的历史研究，就是要在更为广阔的历史视野下研究科学与社会诸因素的互动关系。现在大多数学者倾向于将科学置于社会的大背景中去研究，认为科学是社会利益驱使的结果，因此，"科学史必定是一个多方面刻画的学科"[①]。

从科学史的研究实践不难看出，柯拉夫的划分方法也有一定的缺陷，他的两个层次都是针对写定的科学内容去研究的，尤其是第一个层次，它是基于科学1（S_1）来实现的，S_1是指关于自然的经验陈述或形式陈述，以及由一定时间内被人们接受了的科学知识所构成的理论和数据的集合，那么如果人们对科学的这一认识发生了改变，这种集合也就不存在了；如果这些东西在一定时间范围内已成了定论，科学史学家也没有必要去对它进行更多的研究，因此，可以说这一层次的内容很多不是科学史所要研究的东西，这是其主要的不足。第二个层次的科学史研究主要是集中在科学活动与社会活动的互动关系上，这无疑是正确的，也是对影响科学发展诸多因素的检讨，但却忽视了科学家的贡献研究，这也是其不足之处。我们知道，如果没有科学家（或科学共同体），也就不会有科学的产生。

那么，从科学史的研究对象出发，科学史写作的研究层次应该在三个层面上展开：一是实在的科学事件，是指那些在科学发展进程中的真实事件，这层历史是一种历史实在，但我们永远达不到；二是史料层面的科学史，主要是以文献资料或实物记录下来的科学事件，这个层面主要在于对历史上科学事件的全面描写，是一种线性的描述；三是意义层面的科学史，是指科学史学家在分析、加工已掌握资料的基础上，结合社会、文化等因素的影响，对已书写的科学事件进行意义说明和解释，这才是科学史的研究关键。从这一点来讲，科学史的研究要不断地回到文本中，对传统文本要多次进行修正才有可能达到真正的历史。所以说，这样的层次划分应该是比较合理的，因为对于认识主体来说，

---

① Kragh H. *An Introduction to the Historiography of Science*. London：Cambridge University Press，1987：22.

我们所能关注到的是以史料形式保存下来的科学事实。而实在的科学事件有时是被历史记录所遮盖的科学事实。由于时间的不可逆转性，它无法直接呈现在认识的主体前面，但我们必须承认它的存在性。这样认识主体的主要任务就放在史料和意义层面的科学事件上，要通过理性的思维，多角度、多维度地考察文献记录的真实性，通过对史料的综合分析，找出史料背后所隐含的事实，从而对科学史作出"科学的"、合理的描述，对每个事件背后的意义给出尽量合理的说明和解释，这是科学史追求的目标。

对科学史进行层次划分有很重要的理论意义：其一，可以更好地体现"史"与"论"相结合的研究方法。我们对科学史进行划分，不是人为地将科学史这一有机整体分割为两个不同的领域，当代的科学史所要回答的不是"是什么"的问题，而是"为什么"、"何以是"的问题[①]，这就是说科学史的解释层次是最重要的，所以这样做的原因也是为了更好地说明史料收集和整理的基础性工作与理论意义说明和解释的必要性。科学史的线性描述是科学史意义说明的前提和基础，没有很好的描述就不会有很深入的说明和解释，更不会有更科学的理论研究出现。其二，可以更好地说明科学思想史与科学社会史的相互关系。科学是一个复杂的知识体系，它以分科的形式存在，科学实践是一个高度自主、动态开放、生动复杂的过程，它不断推动着社会的发展，社会的需要也刺激着科学的不断进步，在与社会的互动中不断演进和发展。因此，对科学发展的"为什么"、"何以是"的解释和说明就应从上述的层面展开，要从科学思想的演进史中深刻把握科学发展的内在逻辑，找到传统科学方法、科学理论的合理性与不足，以便创新理论和方法。其三，就是在社会环境与科学体系的互动机制中找到影响科学方向、内容和速度的诸多因素。这样的研究内核，不论从什么角度出发，以什么研究方法作为指导，都是科学史研究的核心。

七、科学史的研究方法

科学史观对科学史研究方法的关照不属于其核心内容，但是从理论上讲也是应该考虑的一个范畴。科学史观对科学史研究方法的研究主要体现在对传统科学编史方法的研究上，就是要建立科学编史的理论结构与科学史的真实结构的一致性和统一性，从而达到科学史的合理重建。在20世纪50年代以前，还没有什么科学史学家想到当时的科学史研究存在不合理的地方。尤其是法国的年鉴学派，更是觉得科学史就是对科学发展的一种年代线性描述，其他一些国家

---

① 劳丹著，刘新民译. 进步及其问题. 上海：上海译文出版社，1990：168.

的研究也是如此，觉得没有必要对科学史作出解释，这样的结果其实是阻碍了科学史研究的"史"、"论"结合。因此，不同的方法会导致不同的科学史出现，所以，对科学史研究方法的研究也是科学史学家应该考虑的问题。从当前来看，科学史学界在总结科学史发展的基础上，尤其是受西方职业科学史学家的影响，科学编史方法的研究主要集中在如何达到科学史的合理性重建上。之所以集中在这一点上，就是因为科学史学家的研究造成了采用不同的理论思想，就会构建出各不相同的科学史编史方法的纷繁复杂的局面，这些各不相同的编史思想之间的优劣异同会引发不同学者的比较和评论，又会使其提出新的编史方案。然而到目前为止，没有哪一个编史思想能够处于完全合理化的地位，可以成为科学编史的主流思想。正是在这样一幅多元、交叉的史学图景中，才会引发科学编史学的元理论问题，也使科学史的理论研究不断走向深入。从目前的研究来讲，科学史的研究方法主要集中在以下几种方法上，之所以在这部分总结，就是为了寻求更好的科学史研究方法。

一般而言，科学史的研究方法大致是在两个层面上展开：一是内在主义（内史论）的研究方法；二是外在主义（外史论）的研究方法。虽然现在的折中主义的方法试图取内外史之间的研究方法，但是一直没有一个合理的编史方法可以一统科学史的研究方法，而成为一个全面的、合理的、公认的研究方法。从历史上讲，内史论的科学编史是科学史写作中最常用的方法，传统的内史方法主要有编年史、实证分析。

1. 内史论的研究方法

编年史的方法就是一种按科学事件发生时间的先后进行编史的方法，是一种最简单、最原始的科学史研究方法。最初的学科史基本是以这种方法写就的。其对科学事件不做评价，只是叙述。这样的研究方法或是说编史方法，是最为传统的研究方法，同时也是最为原始的方法。其特点就是遵循科学发展的内在逻辑，依年代对科学上发生的大事件去进行梳理，其实这样编出来的历史我们只是会知其然，而达不到知其所以然，换句话说就是达不到解释的层次。

实证方法则是在孔德实证主义哲学分析的基础上创立的科学史研究方法，强调从总体上研究所有的学科史，强调统一的科学和统一的、综合的科学史。这是一种理想化的研究方法，其试图从自然科学的研究方法中借鉴一些可以证实的方法去研究科学史，同时对材料进行严格的实证，其使得科学史的研究与哲学的分析结合起来，过分强调科学，而脱离了历史实际，缺乏历史味。萨顿的风格更是试图将方法论、社会学及哲学与纯科学史融合起来，主张人文主义与科学主义的结合,是一种新人文主义的科学编史方法。他的理念是好的,但在实际的操作中,难以实现,还是在实证主义的方法论框架下,通过他的滴定分析法、引证分析法和集体传记法等去编史,而且他把科学看作是实证的、积累的真理史,所以也失去了科学史的正统研究。在这里需要强调的是,实证与实证主义的区别和联系。科学事件的实证,是从事一切科学史研究的基础,可以说没有实证研究(empirical research)就没有综合科学史,科学文献离开考证就无从谈起,从这一点上来说实证就具有了考证的意味,但是实证与考证是完全不同的。科学史的实证研究是通过直接和间接的科学文献,通过经验研究以量化的方式去撰写的方法,对于科学事件可以进行量化或质性分析的文献、记录,科学史研究人员将质性和量化相结合通过回答实证问题,达到书写科学史的目的。这种方法可以说是完全借鉴了自然科学研究过程中的量化方法,实证方法兴起的时候正是人类通过科学史的书写达到为科学发展辩护的年代,当时刺激了一大批学者以这样的方法去研究科学史,这一点将在下一章中进行详细说明。而实证主义则是一种哲学思想,它强调感觉经验,排斥形而上学,它产生于19世纪30—40年代的法国和英国,由法国哲学家、社会学始祖孔德等提出。1830年开始陆续出版的孔德的6卷本《实证哲学教程》,是实证主义形成的标志,以孔德为代表的实证主义被称为老实证主义,20世纪初期盛极一时的逻辑实证主义被称为新实证主义。新实证主义对科学史的影响是比较大的,因为新实证主义以现象论观点为出发点,拒绝通过理性把握感觉材料,认为通过对现象的归纳就可以得到科学定律。它把处理哲学与科学的关系作为其理论的中心问题,并力图将哲学溶解于科学之中。所以,这样的处理,对于科学的定义产生了新的观点,那么科学的内涵就变了,科学史的内涵也随之改变,因此科学史的书写方法与对传统科学史的态度就会发生变化。在此这一点因不是本部分的重点,所以不展开讨论。

在内在主义的研究阵营中,柯瓦雷的概念分析方法可以说在科学史研究中的影响是非常大的。柯瓦雷与萨顿同时代,但对科学史的研究传统的分析完全不同,他的研究进路与萨顿完全不同,他没有从科学史的外围入手,而是从科学概念入手,对概念的演进过程进行深刻的分析,从概念的演化发展中探求科学发展的规律和科学发展的历程,也开创了科学思想史研究的先河。而且他用这种方法撰写了他的代表作《伽利略研究》和《牛顿研究》,在科学史界产生了广泛影响,也显示出了概念分析方法的巨大魅力。但这种方法过分强调内史,而没有考虑到科学发展中的外部因素,有一定的合理性,但也暴露出了它的诸多弊端,这将在后面的章节中进行详细论证。

2. 外史论的科学史研究方法

外史论的科学史研究方法是随着科学史出现两极分化而出现的。这也说明了一门学科在发展到一定阶段后，必然会出现一个学科间渗透导致学科分化的局面，自然科学如此，社会科学也是如此。在 20 世纪中期以前，科学史的主导研究是讲科学发展的内在逻辑，人们并没有把视线投向科学发展之外的视域，在到了 20 世纪 50 年代以后，伴随着默顿博士论文的出版，人们才真正感到只有从社会、文化、经济等方面去研究科学的发展历程，才能真正理解科学的发生与发展，所以社会学的兴起与对科学史研究的渗透获得了学界的极大认同，也直接导致了科学史的两极分化。之所以出现外史的研究方法，是因为随着科学的发展，尤其是第二次世界大战，人们普遍认识到了社会、文化、经济、军事等因素对科学发展有很大的影响，不仅影响了科学技术发展的内容，也影响到了科学发展的方向与速度。所以，外史论主张在进行科学史研究时，要把科学的发展置于更复杂的社会大背景中，只有这样才能达到对科学发展的描述与解释。这一点在李约瑟编写《中国古代科学技术史》时得到了极大的发挥，他把中国古代科学技术的发展放在中国古代文明的大背景下，不仅写作风格与他人的不同，使用的文献与得出的结论也不一样，所以说外史论的研究方法形成了外史研究这一新的研究传统。具体来讲，外史论的研究方法主要有以下几种：马克思主义的历史分析方法、历史计量分析方法和历史主义分析方法。

马克思主义的历史分析方法是站在运用历史唯物主义和辩证法的立场上，对科学事件进行分析的方法，苏联科学史学家黑森的博士论文《牛顿力学的社会经济根源》及贝尔纳的《历史上的科学》等著作，就是以马克思的历史主义思想写就的，这些论著对科学史外史研究产生了很大的影响。

历史计量分析方法就是将自然科学中的计量分析方法引入到科学史的研究中，通过对文献进行计量和科学论文等方面的计量统计，以量化的形式给出定量与定性的说明；而科学史的历史主义分析方法是由库恩创立的，就是"对科学进行动态的历史分析中引出符合科学发展规律和实际的结论而不脱离实际历史的理性建构的方法"。历史主义的分析方法由马克思将其科学化，是从历史的联系和变化发展中去考察对象的方法，在尊重历史的实际和演变的原则下，以是否推动历史的进步作为判断考察对象的标准。库恩将这一方法引入到科学史的研究中，实现了历史主义的科学史研究。[1]

---

[1] 魏屹东. 科学史研究转向意味着什么. 科学技术与辩证法, 1998 (1): 44.

以上这些外史的研究方法，主要是对科学发生和发展的外部因素进行研究，它们大多不去关心科学的本真是什么，比如，历史计量分析方法，它通过对同类文章的比较，只会得出一个时间段，什么样的科学占主导地位，科学发展的方向是什么，主要内容是什么，对具体规律就不一定明白，不去关心科学发展的内在逻辑，这也是其和内史论有争论的地方。

3. 综合论的科学编史研究方法

综合论是学界针对一种研究态势所给出的一种分析和判断，也就是说一些学者主张采取一定的方法消解科学史研究的内史方法与外史方法，提出走"中间道路"的一种观点，其既要主张科学发展的内在逻辑，也在兼顾科学发展时所受到的社会、文化、经济、政治以及军事等方面的影响。比较有代表性的有拉卡托斯和夏平。拉卡托斯主张要从科学发展的内部因素和外部因素综合的角度去研究科学史，他将这一方法分为内因史分析法和外因史分析法。他认为传统的研究方法就是内因史分析法，而单独运用这种方法是远远不够的。因为科学是一个整体，应同时运用外部史分析法，才能算得上是真正的科学史研究方法。[①] 他的这一方法就是通过科学研究纲领方法论来实现的，但这一研究方法也是在理论上探讨的东西多一些。

真正意义上的综合论是社会建构论。夏平主张的社会建构论试图从科学的社会建构出发，去消解传统科学编史学中的内史论和个史论的主张。这一方法论主张，所有的科学知识都是社会建构出来的，都要受到利益、科学共同体、社会制度等一系列因素的限制。这种极端的社会建构论的科学史的研究方法，过分强调了社会的作用，而对科学发展的内在逻辑考虑得很少，会使科学史失去"科学"的味道。

通过以上对科学史历史发展的线性描述，以及对科学史的再认识，可以看出对于科学史观的研究，是科学史理论研究最重要的部分，有什么样的科学史观就会有什么样的科学史。科学史与科学史观之间既有清晰的界限，又有理论洞察与历史实践的相互依存关系。传统的观点认为科学哲学应该为科学史的研究提供指导，尽管没有科学史的科学哲学是空洞的，没有科学哲学的科学史是盲目的，而事实上科学史需求的理论研究是对自身认识和编史方法的指导，这一点科学哲学是难以实现的。因为科学哲学是站在当代的科学立场去反思科学应该如何发展，而科学史则是通过回头去归纳科学应该怎样发展，这种二元关

---

① 魏屹东. 科学史研究转向意味着什么. 科学技术与辩证法, 1998 (1): 45.

系使得科学哲学对科学史的指导往往不是很到位。只有科学史观对科学史的指导最为直接，它是不同的科学史学家根据自身的实践研究进行归纳总结，以科学史为研究对象，从理论上回答科学史在撰写中遇到的各种问题。

因此，科学史的核心主旨是考察不同时代对"自然现象研究知识"的变化，如果科学史的研究一直按科学发展的自身逻辑发展去研究，则会陷入为了科学而科学的局面，会失去科学发展的趣味性与生动性；如果科学史过多地考虑理论上的社会建构，就会冲淡科学史的本真研究。科学史的本真就是要实现对科学在不同的发展阶段作出合理性的说明和解释，是一门操作性很强的学科，那么如何认识科学史、如何能达到对科学发展的合理解释和说明，正是科学史观的核心议题，其具有经验性、理论性、实在性和整体性的特征。因此，科学史与科学史观是紧密联系在一起的，二者是一种相互依存的关系，同时也不能把现在正在兴起的科学史学的研究内容与其混为一谈，更不能把它们的学科性质相提并论，科学史观是科学史学中最重要、最核心的一部分，它们真正是一种总体与分支的关系。

总之，科学史观的研究关系到科学史事业发展的全局性、整体性、战略性问题，对合理地进行科学史定位，深刻认识科学史的本质，宏观把握科学史的研究内容，精细确立科学史的学术结构，全方位整合研究方法等，都起着至关重要的作用，对科学史的深入发展有突出的研究价值和意义。对于科学史研究，我们必须清醒地认识到，如果不思考科学史的基本理论问题，对前人的研究成果不予以关注，那恐怕就难以达到科学史的真正研究水平，不从历史理论中汲取一定的知识，科学史的理论研究也难以突破。

第二章 科学史观初期演进的语境分析

从人类历史发展的角度看,几乎是在产生了工具的使用后就产生了原始技术,而科学是在技术之后才慢慢出现的。之所以这样,是因为科学是一种理论研究,而技术是一种应用研究。那么产生了科学之后,也并没有出现科学史,科学史的发展有一个比较漫长的过程,在其起步阶段并不是一步到位成为一门学科的,而是一个很长的历史过程,科学史从什么时候算起?对于这个问题不同的学者有不同的看法,但总的来说,在1837年惠威尔的《归纳科学史》出现以前的科学史,几乎全是学科史或者说是片段史,用现在的观点来说学科史是科学史下属的一个分支,不论从什么时候开始的科学史研究,到第一部综合科学史出现前,都表现出一种自发性、功利性与实用的思想和特点。那么这一时期的科学史也就表现为一种典型的自发实用功利性。所以,把这一阶段的科学史观演进的特质定义为实用功利的科学史观,这一时期时间很长,可以从古代的科学技术史片段到学科史,也可以称其为科学史观发展的初期。

第一节 科学史观的初端

在科学史观产生的最初阶段,人们也许意识不到会有科学技术史这门学科产生,因为当时科学家们写出的学科史,也即现在被认为是科学史一个分支的学科史(专科史),而当时学界并没有认为这是一门学科,而是完全以一种自发的、无意识的、只是做纯记录的历史去看的。从语境的角度来分析,当时所要记录的一些科学技术片段并没有想到会是一些为后人研究的史料,只是记录了当时所观察到的一些现象,并试图去用一些知识去解释它,但正是如此,古代留下了一些可供后人参阅的史料。本章将科学史观置于科学史发展的语境中,从科学史的发展去深入研究科学史观的演进。

在此,先以中国北宋时期沈括的《梦溪笔谈》来谈起,英国科学史学家李约瑟评价其为"中国科学史上的坐标"[①],被世人称为"中国科学史上里程碑"[②]。这充分说明了这部著作在中国古代科学技术史占有非常重要的地位。那么现在可以回过头来重新审视一下这部书,我们也许会认为这部书是一部兼科学与科学史的著作。从语境分析的角度来看,我们先从主体人物沈括来研究。公开的资料表明,沈括(1031—1095),字存中,号梦溪丈人,北宋浙江杭州钱塘县(今浙江杭州)人,汉族。在中国历史上,是北宋时期最卓越的科学家之一,亦是政治家、工程师、外交家。从这一点可以看出,他首先是一名科学家,也是工程师,这说明他不仅从事过研究,而且也施工,有实践经验,所以当代对其综合成就的概括为科学家,而且他精通天文、数学、物理学、化学、地质学、气象学、地理学、农学和医学。我们这里暂不论精通这么多学科的评价合理与否,只是就其在书中所记录的事实进行分析。

　　这部以笔记形式写成的、记录古代自然科学技术发展的著作,从总的方面来说,第一是提供了正史不载或被歪曲了事实的资料;第二是大量记述了关于古代礼仪、职官、舆服、科举等方面的知识;第三是全面记述了自己参加的军事、政治和科学活动;第四是对于部分历史事实的考量。尤其是第四点,当时的记录就是沈括亲自去考查,比如,对于化学上记录的石油的发现和命名等;对于科学的贡献,如沈括还制造了测日影的圭表,而且改进了测影方法,然后在其《浑仪议》、《浮漏议》和《景表议》等三篇论文中详细介绍了他自己的研究成果,说明改革仪器的原理,阐发了自己的天文学见解,这在中国天文学史上具有重要的作用。从这个例子来说,沈括的天文学研究已到了很深的地步。书中的内容涉及自然科学的诸多方面,如地理、化学、物理、数学、天文学、军事学、文学、史学、音乐、美术等学科,完全是一本百科全书。对于这样一本在中国古代科学技术的发展中占有重要地位的著作,我们从语境的角度去分析当时沈括为什么要写这部书?他有没有科学史观?若有的话,他的科学史观是什么样的?如果我们从当时当地的语境考虑其出发点,不难理解,沈括肯定没有科学史观,他只是基于一种自发的语境中实现的,其形式以笔记的"实用"方式去写,因为当时不会对自然科学进行分科。北宋时期中国的科学技术发展是一个高峰期,这也是这部书的一个大语境,当时的沈括是一名被"贬职"的主管科技工作的官员,约1088年(元祐三年)前后住润州,在那里修筑一座梦溪园(在今江苏镇江东)卜居,几乎不与外界来往,在这种心境下完成了这部

---

① http://www.guoxue.com/?p=4326&page=2,下载日期2015年4月20日.
② 潘天华. 梦溪笔谈研究的主要内容和与成果概览. 镇江高专学报,2009(4):17-22.

巨著。可想而知，《梦溪笔谈》的成书，完全就是特殊的人物在特殊的环境下形成的专著，完全是一种自发行为。

从《梦溪笔谈》的内容设计来讲，由于涉及的学科众多，几乎是无所不包，所以严格地讲，它并不是一部很好的学科史。这也许与中国古代的文明背景有关，是一种科学——文明背景，还没有对自然科学作出严格的分类，是一种大一统的观点。但是这样的一部著作，从当代的自然科学发展来看，不仅对中国古代的科学发展研究有很大的作用，而且对世界科学技术的研究贡献也是相当大的。从科学史的角度看，在11世纪，西方还没有一部类似《梦溪笔谈》这样的著作问世。西方出现真正意义上的专科史，也已到了17世纪。在这里需要说明的一点是，本部分着重讨论科学史的一些问题，其与技术史还是有一定的区别。所以，涉及技术史的或是技术史观的内容，本书将做一定的忽略，以后的内容也是如此，不再一一说明。

那么，从沈括的著作出发，西方也有类似的学科史著作，我们来考量近代科学史著作的产生，进而去考究渗透在其中的科学史观不失为一种可借用的思路。与沈括晚年有点相似的是弗兰西斯·培根（Francis Bacon，1561—1626），其出身与沈括有些不同。培根出生于伦敦一个官宦世家，良好的家庭教育使培根各方面都表现出了异乎寻常的才智，由于出身的关系，其一直有做法官的愿望。直到1618年，他担任詹姆斯一世手下的大法官（Lord Chancellor），先后被国王封为"维鲁拉姆男爵"、"圣阿尔本子爵"等光荣称号，后来由于国王受贿案被牵连，并被判有罪，最终得到了国王的赦免后，放弃一切从政的念头，开始闭门著书立说。从这里可以看出，培根的晚年生活是比较凄凉的，但正是由于其晚年生活的境况，导致其能够一心从事研究，在学术上卓有成就。其成就主要体现在一部没有完成的科学史巨著——《科学的伟大复兴》上。

虽然这部著作没有完成，但它是培根一生中最具影响力的作品，我们可以从他的著作中去体会其科学史及其对科学史观的看法。《科学的伟大复兴》分为六个部分：第一部分是《科学的进展》，于1605年出版，主要介绍和解释了他自己的很多见解和想法；第二部分是《新工具论》，于1620年出版，通过对科学方法的分析，试图给人类的理智开辟一条与以往完全不同的道路；第三部分是《自然的和实验的历史》，于1622年出版，其作用是将其作为一部哲学的基础；第四部分是《理智的阶梯》，未完成，当时的设计是想论述怎样运用新方法来分析事实；第五部分是《新哲学的先驱和预测》，未完成，主要是针对传统科学发展史和现代科学发展史进行有效的对比、总结；第六部分是《新哲学》，在这一部分，其重点对新自然哲学展开论述，通过全面的假设与研究，最终提出了新的理论体系。在这里需要说明的是，当时的哲学其实就是指自然科学。

通过这样的设计，可以看出培根独特的眼光，从他提出"知识就是力量"这句名言就可以看出，他的所有思想实际上都是围绕着实用主义观点进行的，实则是为科学的发展作出的哲学辩护。从他的《新工具论》中可以看出，他在批判经院哲学观点的基础上，强调"人是自然的仆役和解释者"，人要征服自然，"要指挥自然就要服从自然"，要认识和掌握自然规律，并利用它服务于人类，就必须排除各种成见、偏见和阻碍人们获得真理的虚妄思维和理念。因此，可以说，培根是第一个对学科史模式和意义作出总结、归纳的学者，通过总结学科史的研究而达到弘扬科学的目的。同时，培根对自然哲学进行了更深层次的研究，对科学普通方法的相关应用领域和模式进行了深入的分析，为新科学的研究和探索奠定了坚实的基础。培根作为伟大的科学家、哲学家，对科学史的研究颇有深度，有力地推动了人类研究科学的步伐。

诚然，从培根的思想来看，有一些学者并不认为他是为科学史服务的，而是认为其是为科学哲学服务的，他的很多观点是科学哲学的观点。比如，他的唯物主义经验论，就是哲学观点。他在《新工具论》这部重要的著作中，提出了自己对科学研究的观点和方法——实验调查法，并且号召人们采用这种方法去从事科学研究。在这种实验调查法的基础上，他总结出科学的研究需要一种全新的方法，即归纳法，他认为人们完全依靠亚里士多德提出的演绎逻辑方法，那是荒诞可笑的，而且有些是得不出结论的，所以才需要新的研究方法。他也将这种创新精神用于自己的科学研究中，比如，他对"热"的本质的研究，就是使用这种归纳法的很好的例子。按照他的设想或者说假想，他认为热是由物体的各个微小部分的快速不规则运动构成的。在这一思想的指使下，他采用的方法是把其认为的各种热物体汇总成一个表，再把他认为的冷物体汇总成一个表，还有一些热度不定的物体览表，他认为这样的处理已将所有已知物体的热度全部包括了。培根希望这三个表会显示出物体热度具有一定的规律性和特征，这个规律性就表现在"热物体总有热度，冷物体总无热度，而在热度不定的物体有不定程度的出现"。但是以这样的方法去归纳热的本质却始终没有得出很好的结论，导致他试图得到"具有最低级普遍性的一般法则"的规律的想法没有实现。这是因为光有主观性的推测而没有实验的验证，是得不到这个规律的，况且后来证明用这样的简单归纳也是不科学的。但是他的这种归纳方法，能够在当时当地的语境下得到认可，确有其独到之处。因为当时人们从事研究主要用的是逻辑演绎，归纳法正好与这一方法相对，后来的哲学也把归纳-演绎作为一对范畴去处理。其实后来的实验科学也证明，门捷列夫当时研究元素周期律时，类似的归纳法也是其有效方法之一，只是其语境不同而已。可以从逻辑的角度推断，惠威尔的《归纳科学史》肯定受到了培根的归纳法的影响，所以培根的理论为综合科学史的发展提供了理论支撑。在对科学知识的态度上，培根认为知识并不是我们推论中的已知条件，而是要从条件中归纳出结论性的东西，更确切地说，是我们要达到目的的结论。所以培根特别注意观察世界，他试图从观察中得出有益的结论，号召人们要了解世界，就必须去观察世界，首先收集事实，然后再用归纳推理手段从这些事实中得出结论。这样的思维确实是一种经验论思维，也就是说在收集事实时已有一定的经验在起作用。在后来的发展中，虽然科学家在每一项研究中并不都是遵循培根的归纳法，但是他所提出的对观察和实验的重视与处理方法，对后来的研究起到了相当大的作用，同时也构成了自那时起科学家所一直采用的方法的核心。

所以，培根作为一名哲学家与科学家，他似乎对科学史的贡献并不是很大，但是从另一方面来说，他对科学的态度直接导致了其对科学史采取的态度——提高了科学史的地位。他的系列著作虽然没有完成，但是其章节安排已体现了科学史是统揽其他几部书的主线。从这里也可以看出，他把书命名为《科学的伟大复兴》的真正含义，他正是通过这样一部综合性的巨著，为科学的发展，同时也为新哲学的发展作出辩护。他的这一思想可以说是完全从实用的角度出发的，所有的观点几乎都是围绕"知识就是力量"的真实写照，这样的思想对后来科学的发展产生了很大的作用。他试图通过对科学的历史梳理及对未来的展望，使人与自然的关系处于一种合适的张力之中，旨在表明人从事的科学研究，不能像经院哲学那样，将科学作为神学的奴婢，而应该将科学作为人类认识自然的主宰去看待。尽管其有形而上学的特点，但不失为后来的学科史开辟了道路，同时也为实验科学的更大发展提供了史学辩护。因此，这些著作背后所体现的思想，从现在对其的总结来看就是一种实用的和功利的科学史观，因此有人赞许"培根，这个伟大的人，他真正开启了整个科学事业的新篇章，如今科学事业开始了新的征程"[①]。

受培根的影响，自此以后的学科史，几乎都是实用与功利科学史观的完美体现，其目的就是为新科学的发展寻求社会地位与政策支持。在这里需要提到的一本重要著作是1667年由英国科学家托·斯普拉特（T. Sprat）通过自己的研究而编撰的《皇家学会史》。这部书表面写的像是一个社会组织或是团体的历

---

① Sprat T. *History of the Royal Society*. Jackson I. Cope and H. W. Jones edit. St. Louis：Washington University Press，1959：35.

史，但实际上是一部为科学的发展争取社会地位作出的辩护。那么，为什么会有这样一部书出现？这与作者当时的文化语境与社会语境有很大的关系。

这个前语境首先来自于培根。对于处于 17 世纪的人们来说，可能不会意识到正在发生着一场科学革命，因为这场科学革命是后人总结的，而并非从一开始人们就说正在发生科学革命。所以说，当培根在《工具论》中对于科学的可能发展模式提供了一种构思的时候，他并没有对发生的科学革命有所意识，只是通过这部著作表示对科学的未来所提供的一个可能设计，同时在书中也体现出了他对独一的宗教权威控制知识崩溃后所形成的无秩序状态的担心。因为从当时的语境来看，当经院哲学的制度体系没有受到时代的挑战时，他们所秉持的知识权威占有统治地位，但当经院哲学的制度体系内部面临新教伦理的挑战时，其对知识的权威地位就会受到动摇。随着外部王权力量的逐步强大，经院哲学的权威地位会越来越低。在这一转变过程中，就有可能出现一个类似于"无政府状态"的无序，那么面对这种无序状态怎样去发展科学，这是最需要考虑的一点。正是在这一语境下，从 1645 年开始，一些从事科学研究的人士每周在一个固定的地点进行聚会，重点讨论关于自然的问题。后来，随着其中一些成员移居外地，这些固定聚会的人员分成了两拨，一部分人在牛津，另一部分人在伦敦，从事的议题还是和以前一样的。最后在 1660 年，英国科学家罗伯特·波义耳等人根据当时他们定期活动的情况，建议成立专门的学术研究机构，定期组织一些人士进行聚会与议题的讨论。报告在提交了一年多以后，1662 年 7 月 15 日，英王查理二世正式批准成立学会，即英国皇家学会正式成立，后来的运行证明这个学会对后世科学的发展作出了巨大贡献。所以说，这是一个在人类历史上都可以值得铭记的日子，正是有了这个学会的组织，科学才成为建制化发展的一项事业，当时的科学家们可以在相对固定的地点进行学术探讨，进行研究成果的交流及一些实验的演示等。

其实，这一系列过程的发生，实则是英国对 16 世纪科学精神的传承，即科学理性的传承与发展。因而皇家学会的成立，正是对英国理性思想和科学精神最具体的反映，这种理性精神是从事科学研究不可或缺的，这一点正如古希腊所崇尚的是"自由、闲暇、好奇心"的科学精神一样。后来的科学实践证明，正是 17 世纪英国所推崇的科学理性精神，将英国带到了一个全新的世界，使其成为在经济、社会上的强大帝国。比如，这种理性精神表现在科学研究上就是对科学假说的态度，在当时实验科学兴起的时候，面对一些无法解释的现象，只能先以假说的形式对一些现象作出解释，然后再用实验去验证，这样的研究方法，使得科学研究在短时间内取得了很大的进步。

正是基于这样一个语境,我们就可以看出《皇家学会史》的出版对于科学发展的意义了。在《皇家学会史》中,斯普拉特重点对皇家的传统历史进行了深入的研究,他没有从科学发展的角度去深入研究,而是从社会层面去论述科学对社会发展所起的作用,所以他对皇家学会的发展历程并没有做过过多的陈述,不过从当时来看,其历史确实也不长。但为什么要写这样一部著作,其实就是为了烘托科学的社会作用,其功利性很强。通过斯普拉特的精心研究和探索,为新科学理论体系奠定了社会基础和政策基础。①

这部书确实在当时的社会产生了很大的影响。洪霞曾在《光明日报》撰文写到,伦敦皇家学会的设立宣告了现代科学的兴起,将科学提升到职业声誉的顶峰,并实现了制度化。②文章进一步分析了科学的全面发展给英国带来的巨大变化,首先,人们认为,对科学的追求事关民族声望,科学之伟大就意味着民族之伟大,"为外国人所敬仰"是很多科学家进行科学探索的动力之一;其次,在与欧洲大陆诸民族争夺民族声望的时候,英格兰非常强调科学发现的优先权,因为他们明白这是和其他民族进行文化竞争的武器。文章中进一步说,皇家学会的成立在近代历史上是一个非常重要的转折点,英国的科学精神在举国一致支持的情况下巩固了它的阵地,并向全世界贡献出了牛顿这样的科学巨匠。截至 17 世纪末,英格兰人已经坚定不移地将自己界定为一个科学的民族。正是由于科学的发展受机制的影响这么大,而且学会也顺应了英国当时的社会、经济、文化等各方面对科学的需要,所以这部著作的影响很大,同时这也是 20 世纪 30 年代默顿研究论文主要针对的地方。

这部著作有如此的影响力,以致在后期他人的一些著作中,都以这种思想作为专科史写作的指导,因此可以说这种思想是一种自发的、朴素的、实用的科学史观,被当时的大多数科学家或科学史学家所使用。例如,肖(Shaw)1725 年编的《波义耳著作》,并对波义耳的工作进行研究,以此来突出一个科学家对科学工作的贡献;还有曾任皇家学会秘书的伯奇(Birch)在 1756 年撰写的《伦敦皇家学会史》,再一次对英国皇家学会的历史进行总结,以强调学会对科学发展所作出的贡献和作用。不过这些书籍由于受到前人著作的影响,没有再引起比较大的波动,但是其实用与功利的思想却一直保持着,这与当时的语境是息息相关的。在当时对科学是什么样子没有一个清楚认识的时候,能做到这

---

① Krage H. *An Introduction to The Historiography of Science*. London: Cambridge University Press, 1987: 4.

② 洪霞. 皇家学会和近代英国科学精神. 光明日报,2013 年 6 月 6 日 11 版.

一点已是非常难能可贵了，这也正是科学理性的现实反映。

在这里还需要提到的一本书是在一个世纪之后的1767年，英国科学家普里斯特利编著了《电学的历史与现状》一书。为什么要提到这本书？主要是和作者有关，而且和化学革命有很大的关系。因为这部书的作者普里斯特利最初致力于化学领域，对化学现象和过程的研究颇有深度，而且可以说他是第一个发现氧气的人，可是由于他的固执与偏见，把氧的发现给了拉瓦锡（Antoine-Laurent de Lavoisier，1743—1794），从而使得拉瓦锡发现了氧，并在此基础上建立了"氧化说"，导致了化学革命。所以说，普里斯特利对化学的研究很深，但是他第一本书写的不是化学史类，却写了一本电学史的书，这主要是因为在写电学史的时候，他还不是研究电学的科学史学家，具有一定的戏剧色彩。

在对普里斯特利所写的著作进行分析之前，我们可以先看一下他的生平和对科学的简要贡献，就可以理解为什么他是先写了电学的历史。普里斯特利1733年3月生于英国利兹，1765年获爱丁堡大学法学博士学位，1766年当选为英国皇家学会会员，1782年当选为巴黎皇家科学院的外国院士。作为一个牧师，由于试图融合启蒙理性主义与基督教的一神论，引起人们的争议，但其对教育、政治、科学等方面都有很深的认识，所以后人称其为18世纪英国的自然哲学家、化学家、教育家和自由政治理论家。其一生出版过150余部著作，而化学只是他的业余爱好，并非其一生从事的事业，但就是这种业余爱好也使其对气体的研究作出了重要贡献。他是世界上发现"氧气"的第一人，但由于他坚持"燃素说"的理论，使其未成为化学革命的先驱者。从这一点也可以看出，科学有时由于个人的主观原因会受到很大影响的，我们从他的成长经历中就可以看出这一点。

普里斯特利由于家境不是很好，从小是外公、外婆把他一手带大，他的大部分童年是和外公、外婆一起度过的。在6岁时母亲去世，这更增加了生活的艰辛，他的父亲不得不把他送到姑姑那里寄养。他的姑姑一心想把培养成神父，所以让他读很多书，尽管她姑姑有一个很大的庄园，但也从不让他帮自己做什么事，而是让他把所有的时间都用在读书上。在这样的环境中，普里斯特利读了很多书，正是在神学方面的广博知识，在18岁以后他常常同那些信仰传统宗教的人们进行辩论，为此还遭到姑姑的强烈责备，因为他没能成为神父却成了牧师。后来，他在沃灵顿的非国教高等专科学校里教书，主讲语言学、口才学及辩论等，在讲课的同时他编著出版了《基础英语语法》和《语言学原理》等书籍。由此可以看出，他是一个很聪明的学者，而且有独立思考能力，能够将自己所掌握的东西变成一本本专著，这也就很容易理解他一生中出版150多本书的经历了。

普里斯特利在 29 岁时,与当时英格兰最大的铁器制造商艾萨克的女儿玛丽·维尔金逊结了婚。一般而言,与这样的一个富商的女儿结婚似乎他的日子也应该过得富裕,但其实不然。婚后,普里斯特利仍然从事他的教师职业,1764 年,爱丁堡大学授予其法学博士学位。这样他更有激情从事他的科学研究了,但是到了 1767 年以后,由于孩子越来越多,家庭经济负担越来越重,所以他不得不放弃教师职业,重新当上了牧师。这样一来,不仅家庭收入有所增加,而且有了更多的时间可以从事科学研究。在他对电学完全不懂的情况下,凭借自己读到的电学知识,竟然写成了一部《电学的历史和现状,附原始实验》。普里斯特利利用自己的语言优势,把一些比较深奥的电学理论,以及看到的电现象,用生动、准确的通俗语言描述出来,不仅记录了电学的历史,而且还对电学实验也做了记述。而且他在写书时,遇到很多不懂的地方,不只是记述,而是自己开始做电学实验,尤其是在受到富兰克林的启迪之后,他通过对电学实验的操作和分析,结合自己的实践去写书,这样的方式是很少见的。所以说这部书奠定了他的科学研究基础,同时也开创了他的科学研究未来。为什么这样说?因为他在写《电学的历史和现状,附原始实验》一书的时候,感到自己缺乏化学方面的知识,于是把兴趣从物理学移向了化学。从这里我们可以看出,一个人从事科学研究必有其独特的语境,只有回到当时那个语境中,我们才可以理解其独特的思想。由此可以看出,科学家们无论进行哪一学科的研究,都是针对学科的一个角度出发,对其发展和现状进行深入的分析与探讨,从而体现出科学性的一面,在一定程度上加快了科学的发展。[①]

可以这样理解,一个科学家往往是个人的兴趣爱好决定了其发展方向与内容,就像普里斯特利这样的科学家,由物理学领域跨到化学领域,而且在化学领域作出的贡献比物理学领域更大,就足以说明科学家的发展是一种自发的转型,有一定的实用主义思想。那么对于科学史观来说,也是如此。《电学的历史和现状,附原始实验》不仅仅是一本电学史的书,同时也是一本关于电学实验的书,这样的科学史书是很少见的。也许正是因为在当时独特的语境由独特的人物完成,以后几乎再也没有这样的一本书出现。在化学领域中,普里斯特利首先对空气发生了兴趣,思考着不少有关空气的问题。经过几年的研究后,他于 1774—1777 年,出版了《几种气体的实验和观察》(*Experiments and Obser-*

---

① Krage H. *An Introduction to The Historiography of Science*. London: Cambridge University Press, 1987: 3.

vations on Different Kinds of Air）的三卷本的书。从化学史的角度来讲，这部书的意义非常大。因为在这部书里，他是世界上第一个阐述"氧气"的各种性质的人，但是很遗憾的是，他并没有把这种气体称作"氧气"，而是继续从传统"燃素说"的角度去为新发现的气体命名，称它为"脱燃素空气"（dephlogisticated air）。有史料表明，普里斯特利曾于 1774 年在法国与科学家拉瓦锡见过面，而且就他的实验结果与拉瓦锡进行了交流。后来，拉瓦锡设计了钟罩实验，重复了其实验，于 1777 年将这种新发现的气体命名为"氧气"，并以此提出了"氧化说"，引发了一场化学革命。

从这时拉瓦锡与普里斯特利对氧气的研究表明，尽管他俩一直都在对气体进行研究，而且都不断地有新发现，而且都是通过观察现象而得到理论。但他们对观察到的同一种现象，对现象背后的所蕴含的本质理解不同，就导致了不同的结论。普里斯特利的思想一直是在实验上，这也许与其从事电学实验的语境有关，总不去进行理论上的思考，所以面对一个新事物，他们的态度截然不同，这样的认识就阻碍了他的认识的进一步发展。而拉瓦锡由于受到法国大革命的影响，他的思想总有一种创新的活力，认为新的东西与原来观察到的是不一样的，他不仅很注重实验，而且更关心实验观察到的现象背后的本质是什么，这是他们最本质的差别。这种理性思考，让拉瓦锡从现象上升到理论，所以本应该属于普里斯特利的成果，却成了拉瓦锡引发的化学革命。

上述对普里斯特利及其著作的论述，旨在说明这一时期的科学史著作大多是一种自发的、实用思想主导的结果。其核心目的，一方面是记录某一学科的历史，另一方面是为科学的发展寻求社会地位而作出文本辩护，可以说这是特定语境下的科学发展的特殊历史时期。当然，本书或其他一些书籍在研究这段时间的科学史时都采用了"科学"一词。其实在近代科学发生以前是不能称为科学的，大多是以"自然哲学"的称谓出现，这里用"科学"来处理是为了便于统一化、简单化。不然的话，一会儿是自然哲学，一会儿是科学，会让读者很难理解。

由于篇幅的关系，在此不能穷尽所有的近代科学前后的学科史著作，只能对上述有代表性的经典作出简要的罗列，对一些具有很重要意义的著作进行了简要的分析。从这些学科史研究的进程中，可以看出科学史观随着学科史著作的发展也有所变化，一些著作都以实用为主，而后来的一些著作存在明显的功利性，尤其是《皇家学会史》，更代表了这种功利思想。

在此，我们不得不提出一个问题：为什么这一阶段的科学史观不能称为实用主义的或是功利主义的科学史观？其原因是这一段时期的学科史几乎全是由科学家来完成的,他们对科学史的写作实践还没有由感性上升到理性去思考科学史的学科性质、科学史的编史方法等科学史的理论问题,其大多是以编年史的方法,根据自身学科的特点去书写或者可以说是记录该学科的历史。以培根为例,他本人也是哲学家,所以他设计《科学的伟大复兴》最终也落实到新哲学的新兴上来,而不是以一种科学史的编史方法去书写科学发展的历史。另外,当时的一些学科是新兴学科,不需要对过去的文献进行太多的研究或分析与判断,当时他们并没有想到去书写一部综合性的科学发展史,这是由当时的语境决定的。

第二节 实用功利科学史观的语境分析

在综合科学史出现之前,从狭义的角度去理解的话,学科史或专科史大多是由科学家完成的,当时的语境是不同的学科很难进行交流。因此,撰写史学著作的科学家也难以在如何写专科史、用什么方法等层面上去讨论,大多是为了某种目的或功利去写的,这是科学史发展的一个独特阶段,有其独特的语境。

一、社会语境分析

我们从对专科史的梳理过程中,就可以看出这个阶段的历史语境。在近代科学创立之前,几乎没有严格意义上的学科史,因为那个时期的自然科学还没有系统化,所以人们很难想到去写某个学科的历史。虽然有些专科发展的片段,但是面对很零散的作品,我们不能将其全部纳入进来进行归纳,所以必须选取一本最权威的著作作出评析,否则就会陷入不可知论。从上面的叙述可知,公认的第一本专科史是1622年培根出版的《自然的和实验的历史》一书,在他的研究和探索之下,该著作在一定程度上创下了近代科学发展史研究的先河,真正意义上的学科史也就是从这本书产生的。这里强调的真正意义就是指写作已有一定的目的、比较规范,在一定的思想指导下的著作。尽管在这本书以前也有一些著作出现,但是都没有这本书规范,所以说这本书是最早的正规的专科史著作。从第一本比较系统的专科史出现开始,科学史的研究进入了学界的视野,从此也就开始了科学史的研究。那么我们的语境分析就从这本书的前后时代着手。

从社会语境来讲,西方经历了漫长的中世纪(Middle Ages,476—1453),这是欧洲历史上最为特殊的时代,即自西罗马帝国灭亡(476)到东罗马帝国灭亡（1453）的这段时期。还有一种说法认为中世纪是从西罗马帝国灭亡开始，结束于意大利文艺复兴和大航海时代。在本书中，采用第一种方案。即大约1000年的中世纪时期，其中包括了意大利的文艺复兴时期。在这个时期欧洲的最大特点是没有一个强有力的政权来统治，所以导致封建割据造成的战争不断，从而科技和生产力发展停滞不前，人们生活在毫无希望的痛苦中。这些特点使得中世纪在欧美普遍被称作"黑暗时代"，或是从文明演进的角度来看，是欧洲文明史上发展得比较缓慢的时期。与这一时期对应的中国却是科学技术发展的几个高峰期，不过这不是本书论述的重点。在欧洲黑暗的中世纪，科学技术的发展几乎处于一种为上帝存在而论证的状态，或者说科学是神学的奴婢，不允许有不同的主张存在，比如，阿莫里是巴黎大学教授，1210年因宣扬泛神论被死后追审，墓穴被挖，十个弟子全部被处决。所以，在经历了黑暗的中世纪以后，基督徒敌视一切不合乎《圣经》的东西，包括新思想及科学等，如果有与上帝不一致的地方就会以所谓的异端而被处予极刑。正是由于基督徒的这一思想，很多伟大的思想家及科学家在中世纪以后被基督徒迫害。尤其是罗马教廷的"宗教裁判所"及加尔文的"宗教法庭"等合法机构的出现，成为迫害所谓的"异端"的有效机构。在此期间，比较大的迫害有以下几次[①]：

（1）哥白尼，意大利著名天文学家，著有《天体运行论》，遭到教会的残酷迫害，于1543年5月20日病逝。

（2）比利时生理学家维萨留斯，由于出版了解剖学著作《人体结构》，于1564年被迫去圣地——耶路撒冷作忏悔，归途中遇难。

（3）坚持哥白尼"日心说"的布鲁诺，先被投入监狱，当他听完宣判后，面不改色地对这伙凶残的刽子手轻蔑地说："你们宣读判决时的恐惧心理，比我走向火堆还要大得多。"后于1600年2月17日在罗马鲜花广场被烧死。

（4）伽利略，意大利著名科学家，因捍卫科学真理，于1633年被宗教裁判所迫害，于1642年不幸病逝，其时已双目失明。

上述只是列举了自16世纪以来的一些案例，在此之前还有一些，只是与科学史形成的时间对比太长，没必要一一列举。从这些列子可以看出，在意大利发生文艺复兴以后，冲破了黑暗的中世纪统治，但是还有这么多一流的科学家被迫害，足以看出当时科学与宗教两种势力的斗争，这也导致了长期以来人们一直认为宗教是阻碍科学进步的思想。不过这种思想也是有一定偏见的，因为在后期默顿对17世纪英国的科学技术与社会进行研究时，得出了清教伦理对

---

① http://baike.baidu.com/view/65782.htm［2015-3-12］.

科学是有促进作用的观点,所以不能以偏概全,应该是从语境来看,这也为语境解释提供了一种案例支撑。

从上述来看,在出现为科学的发展寻求社会辩护之前,科学受到了前所未有的迫害,科学如何发展,怎么发展等一系列问题摆在了人们的面前。尤其是伽利略的实验科学以无可争辩的事实纠正了以前一些科学的错误,但还是遭到了迫害。由此足可以看出,没有功利是不行的,科学要发展必须要在一种功利的思想下为自己作出辩护。

二、文化语境分析

从文化的角度来讲,任何一种思想的推行都与当时的文化语境有很大的关系。可以这样说,如果没有意大利的文艺复兴,那么黑暗的中世纪也许统治的时间会更长。当然历史是不能假设的,但是意大利的文艺复兴是先从文学和绘画开始的,文学给人以思想的启迪,绘画给人以视觉的冲击力,这两种力量都是非常直接的。只有这种直观的冲击力才能给人以思想上最大的震撼力,只有这种思想的震撼力才能推动人类冲破世俗观念的阻挡力,只有观念改变了,世人才会有更大的突破。这是科学发展最为有力的文化支撑,也为后期科学史的发展提供了文化语境,也可以说是思想文化语境。

意大利文艺复兴名为文艺复兴,到最后实则是科学技术的发展,但是起步以文学和绘画开始,这也许便是人类社会发展的一种历史"造就"。所以,从这一点上说,前面的文艺是后期科学振兴的文化语境,或者说如果没有这样的语境,科学也许还得有一段时间要处于经院的统治中。在文艺复兴的开始阶段,最有代表的两个人是佛罗伦萨的诗人阿利盖利·但丁(Dante,1265—1321)和画家乔托·迪·邦多纳(Bondone,1266—1337)。对于但丁,恩格斯这样评价:"封建的中世纪的终结和现代资本主义纪元的开端,是以一位大人物为标志的,这位人物就是意大利人但丁,他是中世纪的最后一位诗人,同时又是新时代的最初一位诗人。"[①] 作为文艺复兴的先驱,但丁的不朽名作《神曲》的伟大之处是,把自己作为主角置于其作品中,他并没有脱离基督教的宗教观念,但是在诗中处处能看到其新思想,而且他把这种新思想作为其精华与主流。《神曲》通过他自己在地狱、炼狱和天堂三界的幻游故事,描写了现实社会中形形色色的人物,并抨击了教会的贪婪腐化和封建统治的黑暗和残暴,深刻揭露了黑暗中

---

① 恩格斯.《共产党宣言》意大利文版序言.见:马克思恩格斯选集(第一卷).北京:人民出版社,1995:269.

世纪的各种行为和思想。他通过自己的神游，突出强调了人的"自由意志"，也就是人的主观能动性和创新性，这一点和科学研究强调主体人的作用是一样的。正是他的这一思想突出强调要反对宗教的"宿命论"观点，应该重视人的意志，强调人的个性发展，所以诗中特别歌颂有远大抱负和坚毅刚强的英雄豪杰，他认为这些人是人的"自由意志"的代表。从另一个角度讲，其实他通过诗歌强调，正是有了这些人，人类社会才有了进步，人类才有了发展，所以处处表现出了一种新人文主义思想，也标志着近代资本主义纪元的开端。对其做这一评价是不为过的，《神曲》成为意大利文学发展的一个重要基石，而且人们也把但丁称为标准的"原创天才"，设定自己的规则，创造有地位和深度的角色，超过了以往的作家，不是其他作家可以模仿的。在 19 世纪时但丁的名声越加稳固，在 1865 年时，他已成为西方世界最伟大的文学家之一。[①]

乔托的壁画代表性的有《哀悼耶稣》、《犹大之吻》、《逃亡埃及》、《圣母子》、《玛丽娅和伊丽莎白会见》和《宝座上的圣母》等，这些壁画从表面上看表现的都是宗教内容，所有的内容均取自圣经故事，但实质上描绘的是人的生活、人的情感、人的形象，表现的是现实中的人与人的交往、人与人之间的关系，把神的故事完全世俗化，因此，表达了作者强烈的反封建人文主义思想。因此，通过自己生动又有生命气息的壁画，把中世纪那种僵硬的木偶似的设计明显区别开来，在对真实生动的人物形象和丰富多彩的现实世界的塑造中，一反中世纪宗教艺术的抽象与空洞，把新的人文时代精神通过绘画艺术深刻地表现出来。所以说，乔托的最大贡献在于，推翻了当时在艺术中占统治地位的传统格局，打破了以前的条条框框，倡导人们要面向现实生活，面向大自然，从而使意大利绘画摆脱了中世纪拜占庭宗教的画风，走上了现实主义的道路，为文艺复兴的现实主义艺术树立了楷模。因此，乔托是被后人尊为第一个奠定了近代绘画传统的天才，被公认为"欧洲绘画之父"，他的艺术对欧洲绘画的发展产生了巨大的影响。

从上述的论述可以看出，意大利的文艺复兴从开始就是在思想领域先行的，主要体现在人文主义思想的发展上。在后来的发展中，可以说已不能用文艺复兴来描述其状况了。因为在长达近 3 个世纪的发展历程中，在文学、绘画、艺术、建筑、自然科学、音乐等诸多方面都取得了长足的进步，所以对意大利文艺复兴这一说法也颇有争议，一些学者并不赞成把这一时期称作文艺复兴[②]，尤

---

① http：//zh.wikipedia.org/wiki/%E4%BD%86%E4%B8%81%C2%B7%E9%98%BF%E5%88%A9%E5%90%89%E8%80%B6%E9%87%8C [2015-3-15].

② Brotton J. *The Renaissance：A Very Short Introduction*. Oxford University Press，2006：56.

其是到了后期，科学技术的发展已占了很大的优势，这也成了科学史发展的科学语境。

三、科学的自身语境

在意大利文艺复兴的后期，也是近代科学的起源，从自然科学的角度讲，一般认为从天文学革命开始产生了近代科学。为了简洁明了地了解一些重大自然科学发现，以对科学史产生的自身语境有所理解，这些重大科研成果对人类社会的进步作出了突出的贡献。

（1）天文学。波兰天文学家哥白尼1543年出版了《天体运行论》，在这部著作中，他提出了"日心说"，彻底打破了统治人类1400年之久的"地心说"体系；意大利思想家布鲁诺是"日心说"的积极捍卫者，他在多年观察与研究的基础上，出版了《论无限性、宇宙和诸世界》、《论原因、本原和统一》等书，详细论述了宇宙在空间与时间上的无限性，而且太阳只是太阳系的中心而非宇宙的中心，可以说在某种意义上丰富了"日心说"；伽利略1609年发明了天文望远镜，人类可以借助这一工具观察天体的运行情况，为研究天体的运动提供了第一手资料，于1610年出版了《星界信使》，又经过20多年的观察与研究，于1632年出版了《关于托勒密和哥白尼两大世界体系的对话》，这是一本很有影响力的书，他的理论把哥白尼的"日心说"理论大大推进了一步，为专业天文学家和数学家提供了支持"日心说"强有力的证据；德国天文学家开普勒于1609年出版《新天文学》，在1619年出版的《世界的谐和》提出了行星运动的三大定律，成为天体运行规律的主要定律。

（2）数学。传统地讲，数学并不是自然科学，但是自然科学的研究却离不开数学。意大利人卡尔达诺在他的著作《大术》中，论述了代数学的三次方程求根公式，四次方程的解法由卡尔达诺的学生费拉里发现；1591年法国数学家韦达出版了《分析方法入门》，创造了符号代数学，使数学符号化，这是数学发展的重要里程碑；韦达在他的另一部著作《论方程的识别与订正》中，改进了三、四次方程的解法，还建立了二次和三次方程根与系数之间的关系，现代称为韦达定理；德国数学家雷格蒙塔努斯的《论各种三角形》，是欧洲第一部独立于天文学的三角学著作。

（3）物理学。在物理学方面，伽利略做了世界闻名的比萨斜塔实验，打破了人们对传统思维的迷信，发现了自由落体、抛物体和振摆三大定律，使人们对物体运动有了新的认识；伽利略的学生托里拆利，经过实验证明了空气压力，发明了水银柱气压计，从此人类可以对大气压进行测量；法国科学家帕斯卡发现了液体和气体中压力的传播定律,后人也称帕斯卡定律;英国科学家波义耳发现了气体压力定律,被称为波义耳定律,只是这个定律有时也被人称为是在化学领域的发现。总的来说,意大利文艺复兴时期物理学的发展,表明物理学家的研究已从传统的思辨转向了实验研究,这样的转向告诫人们不能把《圣经》当作科学,科学是通过实验来研究的,所以说观念的变化胜过学科本身的研究。

(4) 生理学和医学。1543年,比利时医生维塞利亚斯发表《人体结构》,这是人类第一次对人体自身结构的论述,在医学史上具有里程碑式的意义,特别是对长期占统治地位的盖伦的"三位一体"学说提出了全新的挑战,动摇了其统治地位;同一年,英国解剖学家威廉·哈维出版了《心血运动论》,在这本著作中哈维提出了著名的血液循环理论,阐明了心脏的功能,指出心脏是血液运动的动力源,论证了心脏的工作原理,这一重大发现解决了长期以来人类对心、血等方面的争论和问题,从而使他成为近代生理学的鼻祖。

(5) 地理学。随着指南针及其他技术在航海中的使用,航海技术产生了质的变化,葡萄牙、西班牙、意大利一些探险家们的远程航海活动,促进了地理的大发现,同时也为"地圆说"提供了有力的证据。比如,克里斯托弗·哥伦布和斐迪南·麦哲伦等人发现的新大陆。

(6) 印刷术。印刷术在15世纪的欧洲发展迅速,15世纪也被称为"印刷术世纪",印刷术的发展大大促进了知识的普及。16世纪初开始用铅做字模,后来又发明了检查错版印刷的方法,发明了双色印刷方法,怎样印刷音乐乐谱,怎样印刷书名页(扉页),这些专门的印刷技术为文明的传播作出了巨大的贡献。

以上只是列举了文艺复兴时期一些重大的发现,还有一些小的发现或是发明没有列举,仅从这些发现中我们就可以明白近代科学取得了突飞了猛进的发展,一些科学技术也与人类的日常生活紧密结合起来,比如,印刷术的发展,就与人们的日常生活有很大的关系。所以,这一时期的科学逐渐从传统思辨科学走向了理性的科学,特别是实验方法的引入,学科的系统化、专业化和规范化都有很大的进步。尤其是冲破经院哲学的束缚之后,科学技术不再是一些自然哲学家的"专利",不再是一些经验的总结,而是一种可以通过实验验证、可"证实"的知识,而且一些科学知识与人类的生活紧密相关,所以科学技术成了推动社会进步的唯一力量,人们越来越意识到科学技术的巨大力量。特别是培根的"知识就是力量"的思想,更是对当时状况的高度概括。在当时的语境下,经过了1000多年的中世纪对自然科学发展的束缚,人们发现只有通过科学技术手段才能解决日常的认识问题,只有通过科学技术才能解决以前不能解释的自然现象。另外,学科间也有了一定的分工,比如,化学与物理的研究领域已各有侧重，地理学、生物学、天文学等学科的规范化程度也越来越高，那么将这些对人类的生活有很大影响的历史记录下来，无疑会对未来的科学发展起到积极的推动作用，而且会让更多的人认识到科学技术的作用。所以，作为哲学家、科学家的培根提出了天文学史、化学等学科史的撰写计划，并将这些计划统一到一个大的结构当中。虽然这部巨著最终没有完成，但是其思想是值得被后人所称颂的。培根当时的目的是为了体现科学技术在人类文明演进中的作用，让人们认识到"知识就是力量"的无穷魅力。对于培根以后的科学史，一部分学者在做学科史研究，而有一些学者是以人物做研究，比如，瑞典学者武尔茨（Wurtz）的《伽利略后期》（1649年）出版后，人们的确认识到了作为一个科学家是如何从事研究的，更加认识到了只有将这些研究记录下来，才能更好地反映科学对人类社会的推动作用。

所以，在这种科学与社会互动语境的刺激下，一些科学家投身到学科史的书写中，其目的就是寻求自身学科的独特价值，从而为科学技术的社会地位与政策支持作出辩护。在这种思想的影响下，出现了一批在当时及对后世都有很大影响的著作，比如，除前面已论述到的很多著作外，还有1725年的《波义耳著作》、1824年的《蒸汽机的历史和轶闻》等，都对当时的社会产生了很大的影响，而且为后来的归纳科学史奠定了基础，有一些著作是具有划时代意义的学科史著作。这一系列著作出现的一个基本前提是，为科学的进一步发展做历史辩护。从实用性或功利性而言，这些著作都是为了争取科学在社会上的地位，以得到社会对科学发展的支持，得到政府对科学事业的支持。同时，希望写出更多的科学发展历史，以此来实现社会对科学的认可。在此，如果用社会建构论的观点分析的话，当时的这些思想实质上是科学利益主导下的产物，是在特殊语境下生成的。那个时候的所有科学发展历史著作，可以严格地说是基于历史语境下的学科发展史，并不是真正所谓的科学发展史。可以说，从语境分析的方法角度出发，这些著作是对学科发展史进行了记述和整理。由于那个时候要进行科学研究和探索，必须要获得社会的认可，只有在社会上站稳脚跟，才能为科学寻找出路，才能发现科学潜在的意义。

从科学发展的本真出发，出现学科史的17世纪，正值近代科学诞生后取得很大成就的年代。生理学使人们认识到了身体结构，使人们对自身的认识得到了极大的提高，自由落体实验使人们认识到科学不是自己的一种"意想"，而是可证实的知识，可以用实验来验证。特别是牛顿在1687年出版了《自然哲学的数学原理》，这部巨著成为经典物理学大厦的基础，把人们对物理学的很多感官认识提升到了一个新高度，也成为近代机械论自然观的基础。所以说，从科学语境和社会语境的角度来看，科学不仅使自身得到了发展变化，更重要的是对人们的社会观念产生了重要影响，为一些哲学家的理性思考提供了自然科学基础，尤其是为18世纪的法国启蒙运动奠定了基础，使得人类进入18世纪后的文化、经济、军事等各方面产生了质的飞跃，尤其是社会文化。18世纪，尤其是拉瓦锡的化学革命，彻底改变了人类对物质世界的看法和认识，以前的很多看法都发生了根本性的改变，让人们看到了物质与物质间的变化是怎么回事。尤其是"氧化说"的出现，使得人们重新对燃烧的本质有了新的认识。因此，化学革命与社会改革结合在了一起，人类的科学发展，极大地促进了人类的观念变化，科学作为促进文化和发展文化的核心因素，将社会与文化有机结合在一起，充分意识到了科学发展的重要性。特别是实验科学的极大发展，人类对实验现象的研究和分析非常感兴趣，通过科学实验来了解自然，认识生活环境，这一系列思维活动和行为意识都被记录在那个时候的科学发展史中。然而，在那个特殊的年代里，科学发展史并没有获得独立的依据和标准，仅仅作为一种学科而存在，主要服务于科学发展。当时正值英国工业革命与法国的资产阶级革命，在那种特殊的语境下，科学技术与社会有机地融合在一起，不断推动社会向前发展，可以证明，科技就是社会发展的动力和源泉。18世纪的科学技术，为社会发展奠定了物质基础和经济基础，通过物质基础来推动经济基础，进而以经济基础来推动上层建筑。由此可以看出，在科学技术发展的推动下，人类的观念和意识得到了创新。在启蒙时期，科学家们察觉到了科学技术能够促进社会发展和人类行为意识的转变，就开始在全社会范围内提倡科学，引导人们认可科学。在近代科学革命发生以后，自然科学的发展极大地刺激了社会的进步，科学技术不断推动着生产力的快速发展和生产水平的有效提升，同时也改变了传统的生产关系，人们的自然观发生了根本性的改变，极大地改变了人类社会生活的全貌。正如前已所述的，培根提出"知识就是力量"的观点后，人们才真正认识到推动人类社会进步的并不是某一群人的力量，而是科学技术，科学技术才是推动人类文明进步的核心力量。可以这样说，此时的社会语境，已让人们认识到了科学技术的巨大威力，但面对那个时代环境的复杂多变，科学是要冲破一些社会因素的束缚。那么只有将一些学科发展的历史写出来，以突出其在人类社会发展中的影响力，才可以为科学的下一步发展寻求新的支持点。所以，当时科学史研究的实用和功利性思想的产生，是可以在社会语境下理解的。

第三节　实用功利科学史观的特质

从前两节的论述中，我们可以看出一个很大的特点，从专科史出现以后，一直到1837年的《归纳科学史》出现之前，这一阶段科学史观的核心主旨是学科史研究的实用性和功利性，这是其最大的特质，同时又表现出一种自发性。也就是说，当时的一些科学家所研究的科学史是一种自发行为。实用性就体现在对学科发展的历史记录有助于后人的进一步研究，功利性就体现在学科史是为了科学的发展进行历史辩护，以得到社会的认可。

一、自发性特质

可以这样说，从当时的语境来看，大多数人并没有意识到科学的历史需要一批专门的人去从事，当时写学科史著作也是为了把当时的一些研究情况记录下来，完全是一种自发行为。在现有一些资料中很难找到描述自己当时是为什么要研究科学史的科学家的思想。只是在后期，有一些科学家在一些著作中谈到关于自己从事学科史研究的一些观点。比如，普里斯特利本人曾表述过他研究科学史的动机，他认为与欧洲文明的其他特征相比，除了它综合性的力量之外，科学更能以进步的思想使启蒙运动让人满意，历史显示出来的这种进步不仅令人愉快，而且更为道德，人们可以从历史中学到，过去的伟大发现并非是无与伦比的天才们的工作，而是由像他们自己一样的人们所做的工作。[①]

所以，从一定意义上说，正是这种自发性的研究，才体现了一种科学家所表现出来的科学精神。当时的科学史实际上被称为科学-历史，也就是说，是一种对科学的发展进行历史叙事的写法。我们从前面的一些科学史著作中可以明显地读出这一特征来。除前文已列举的一些专科史著作外，还有一些专科史的著作，比如，法国数学家蒙蒂克拉（Montucla）的《数学史》（1758），这里需要说明的一点是，这部数学史著作并不完全是数学史的内容，因为当时的数学不像现在的数学，他的分类中包括力学、天文学、光学和音乐等学科，所以这部书也写到了这些学科的历史，这为我们当代再去研究那个时期及其以前的学科史提供了很大的帮助。还有法国天文学家巴伊（Bailly）于1775年写就的《古代天文学史》和3卷本《近代天文学史》（1779—1782）。像这样一些著作在今

[①] 刘兵. 历史发展中的科学史. 科技中国，2005 (7)：13-14.

天的科学史研究中还常常为人们所参考和使用。①

所以说，在人类历史的长河中，科学史作为一门独特的学科，是有其自身的学术价值的，但是在这个时期的学科史研究其实作者并没有意识到其自身的学术价值，他们并没有一种要把专科史当作一门学科去建设，而是出于一种当时当地的需要的一自发行为，所以自发性是这一时期科学史研究的主要特征。

二、实用性特质

科学是客观的，学科史是实用的，那么学科史的目的就是为科学的进一步发展做史学辩护，以寻求更广阔的学科发展及学术地位。这种理论定位是这一阶段独特的历史语境造成的，并不是人为的，而是由当时语境造成的，或者说是一种时代的要求，这是科学史发展的必经阶段。

我们从《皇家学会史》就可以看出，这本书写作目的就是一种实用和功利，是为当时的需要服务的，因此才以一种建制史的角度去写，而并不是以一种学科史的角度去写。不仅这本书是这样的，其他一些著作也是如此，如当时的德国专科史传统，从18世纪末期到19世纪初期，一些德国的学者们对学科史的研究做了很多工作，出版了一些很有影响力的专科史，其中有格曼林（Gmelin）的3卷本《化学史》，于1791—1799年先后出版；卡斯特纳（Kastner）于1796—1800年出版的4卷本《数学史》；菲舍尔（K. Fischer）的8卷本《物理学史》（1801—1808）；贝克曼（J. Beckmann）的4卷本《发明与发现史》，于1784—1805年先后出版；施普瑞格尔（Sprengel）于1817—1818年完成的2卷本《植物学史》。从这几本学科史著作我们可以看出，德国传统的学科史研究大多是一种多卷本的较为系统的研究，与后来法国的年鉴派研究有一定的区别，这种多卷本的学科史著作为后期的综合科学史出现提供了一定的文献资料。

从科学史的初期发展，到成为真正意义上的一门学科，其过程是十分艰辛的，往往需要几代人的共同努力才有可能完成。从上述的论述中可以看出，历史的发展和社会的进步，以及社会语境的转变，在一定程度上也推动了科学向前发展。所以，从语境的角度去评析当时的科学史观，我们需要做的并不是去研究什么才是真正的科学，科学的真谛是什么，而是去探索有哪些科学技术存在，从什么角度去体现其是客观的，并对我们生存的社会有什么样的作用和意义。或是从另一个角度说，就是当时当地有一些什么样的科学家，他们做了哪些工作，哪些工作是科学性的，哪些工作是历史性的，它们之间的依存关系便

---

① 刘兵. 历史发展中的科学史. 科技中国，2005（7）：13-14.

是语境的关联。在这一时期的学科史，其语境与文化语境、社会语境和科学语境相关，但究其实质就是一种科学-历史语境。也就是说，这一特殊时期的学科史或是专科史研究一方面就表现为不科学的，或是用当时的语言说是哲学的，即是自然哲学的；另一方面就表现为一种历史的，这两种学术价值其实一直也体现在当代社会的科学史研究，最先这样描述科学史这两种功能的是萨顿，这一点会在本书后面的章节中进行详细论述。

那么，从语境分析的角度去对这一时期的科学史观进行评析，就需要从语境的角度对这个时期的科学语义进行制约。因为虽然本书前面已说明一直在使用"科学"这一概念，但是当时并没有我们现在使用的这个"科学"概念，比如，数学就包括了天文学和音乐学等。所以，必须依托语境才能消除科学的发展历史对科学进行字面意义阐述时所产生的歧义。但反过来讲，从专科史来看科学的发展，这也构成了一种历史-科学语境。当时的实用性与功利性正是体现在人们通过历史看到了科学所起到的巨大作用，这种作用体现在社会的进步，对人们日常生活水平的改变，以及对人们观念的改变等诸多方面，人们以前认为一些自然哲学家的思想非一般人所为，这种传统思想左右着人们的思维，而随着科学在人们心目中的不断渗透，人们发现其实科学就在我们身边，并不是离人们那么遥远。比如，伽利略的比萨斜塔实验，在当时撼动了现场好多人，当人们看到两个铁球同时落地时，那种轻的物体后落地、重的物体先落地的传统观念被彻底打破了，这种观念上的变革对人们的影响非常大。再如，"日心说"对人们的影响更大。

从语境分析的角度看，当时的专科史研究是不可能上升到解释和说明层次的，只能是一种描述层次。但是能够想到从科学事件的发生和发展中，让当前的学者通过对前面科学家研究的成果进行归纳、分析，从中获得帮助，这显然存在必然的可行性，主要是为科学发展探索前进的道路，让人们看到科学的作用和意义，从而热爱科学，赞同科学与社会的联系。但是这种实用功利的科学史观，只关注某一学科发展的线性描述，而没有关注如何进行解释这一方法论问题，因此其致命的缺陷是非理性主义。

三、编年史性特质

实用功利科学史观表现出来的第三个特质就是其编年史性，这一点非常容易理解。如上所述，不论是单行本的简要学科史，还是多卷本的学科史，它们记事的方式都是编史性的，而且忽视了对某个体——人物的研究，除个别的人物研究外，大多能想到的都是以年代编写的专科史。那么以这种方式写就的科学史必定是线性的，不会形成对某一科学事件的立体网状式的解释，是一种以叙事为主体的形式，是一些文献资料的堆砌，这也是其局限性。这一点在后期萨顿的研究中体现得更加透彻，以致其所倡导的《科学史导论》只写到 14 世纪后便无法继续了，其核心原因就是无法处理浩瀚无边的文献资料。

编年史性的专科史研究，虽然不具有一定的科学史解释功能，但是这样的研究对科学事件的记录却是很珍贵的，可为后期从事科学史的研究提供可以佐证的文献资料，并以此为基础去进行"还原"科学事件的研究。所以，我们站在当时当地的语境看，当时的科学家能够想到记录下来当时的实验状况、学科的发展状况，并能收集以前该学科发展的一些资料，以形成一部学科史，其本身已具有了很大的学术价值和历史价值。这种具有描述与文献价值的专科史研究，在当时当地的语境下是合理的，在特定的语境下为丰富历史研究，为科学的进步寻求社会辩护，为社会的发展寻找到了史学的辩护和政策支持，更主要的是这样的科学史改变了人们的传统观念，更新了世人的思想，也为科学的发展争取了空间，为 19 世纪科学的大发展奠定了坚实的基础。不过，这种功利与实用思想对 19 世纪的科学史发展还有影响，直到一些科学哲学思想对科学史进行渗透后状况才有所改变。

第三章 1837年后的科学史观发展的语境分析

为什么要以1837年为界来划分科学史观的发展历程？其主要原因是考虑到以前是以学科史为主体，在1837年出现综合科学史之后，科学史逐渐以综合史学的形式出现，所以这是个转折点。从此以后的科学史观由自发、朴素走向感性化。这一过程伴随着自然科学的飞速发展，科学史的研究越来越得到学界的重视，越来越多的人投入到对科学史的研究中。尤其是受到实证主义思想影响的科学史研究，其研究进路向采用自然科学的研究方法去研究科学史的方向发展，在当时的语境下取得了一批成果。但从历史演进的角度看，19世纪初期科学史的发展，在初期还是受到了实用功利思想的影响，可以说是一种感性的科学史观。在后期的演进中，由于受到了一些哲学思想和各类社会文化的逐步影响，科学史的研究内容、形式、学科特点等逐步规范化，出现了较为系统化的科学史。在进入20世纪后，学科建制化基本完成，但是也随着科学哲学思想的不断渗透，由之前的内史研究不断向外史研究进行转变。科学史逐渐被划分为内在主义和外在主义两个阵营，尤其是到1938年，默顿的博士论文《十七世纪英国的科学、技术与社会》，打开了科学史外史研究的大门，或是科学社会史研究的路径，这是科学史的内外史两极分化的主要标志。当然，科学史观是一种理性很强的观念或是思想，我们不能严格地说就是某一年到某一年，但可以认可的是科学史观的变化绝不是以这一时间作出了真正的变化，而是一个渐近的过程。这一阶段的科学史观呈现出了不同年代的一种感性分析特质，所以说这一段时期的科学史观是感性分析阶段，体现的总体思想还是实证主义风格的科学史观。

第一节 实证论科学史观的思想来源

从学科史的角度看，早期的学科史研究是严格"考证"的，这就是说，上一章所论述到的一些学科史著作，基本都是一种在考证的基础上来完成的。所以说科学史的研究永远离不开考证,即"史实"考证。离开了对科学事件的考证,科学史就无从写起了,因为其可信度会大大降低。没有可信度的历史事件那就更成了辉格式的解释了,换句话说就是失去了立足之本。所以,科学家写科学史有一个很大的长处,就是科学家书写科学的历史,一是根据前人的实验记录和文献,二是根据自己亲自参与的科学研究。所以,这样的科学史是"考证"的科学史,这样的风格对后来的研究有很大的影响。因此,后来科学史的考证方法,一直是最基本的方法,直到现在这一方法仍是最重要的方法,没有考证方法就失去了科学事实的真实性。以这种方法论作为支撑的科学史就是一种实证主义科学史,其思想表现就是实证主义科学史观,其影响是非常长远的。但这里要强调的是,科学史的考证方法并不等于实证主义,它们是两回事。因为一个是研究方法,较为具体;一个是思想内涵,较为抽象,它们分属于不同的领域。实证主义科学史观的思想来源主要有以下方面。

一、归纳主义思想的影响

现在回过头来总结科学史的发展,以及科学史观的演进历程,不难发现真正意义的科学史是在具有一定哲学思想的基础上产生的。基于哲学分析的科学史研究不仅在学科发展的描述层面有所突破,更主要的是在解释层面对科学史的发展规律、发展特征等方面作出了说明。历史地看,科学史所受哲学的引导首先就是归纳主义哲学的指导。

最早的归纳主义思想其实是培根在《新工具论》一书中提出的,培根作为新兴资产阶级的代言人,在这部书中提出了著名的"知识就是力量"的名言。培根依据当时社会的需要,积极倡导解放思想,大力发展科学技术事业,以此提高生产力,他的言行代表了时代的呼声。培根决心打破经院哲学的束缚,通过改造科学方法达到改造人类对客观世界认识的目的,同时也通过改造科学方法来丰富人类获取知识的手段,以此达到科学的"伟大的复兴",所以这部书也是其宏大思想——《科学的伟大复兴》系列著作的第二部。在《新工具论》中,培根首先论述了制定科学认识方法的必要性,他指出这种新的认识方法就是他所提出的实验的归纳法,他认为归纳法是科学发明应该采取的正确方法,同时也是科学家获取科学知识的真正方法。另外,他突出强调了科学归纳法必须遵循的两条基本规则:一是暂时要放弃传统的概念;二是暂时不要进行最高层次的概括。[1] 这两条基本原则充分说明,要用这一新的方法,就要对过去的方法在

---

① http://www.rxsw.net/swxy/wz.asp?id=6020 [2015-3-20].

一定意义上有所"抛弃",同时还不能归纳成为最高层次的概括,说明要给后续的发展留有空间,这才是科学应采取的最佳态度。最后,培根提出了科学归纳法的基本程序,从材料收集到制表、从简单归纳到理论提升,得到了肯定的结论。在这里需要说明的一点是,培根认为虽然这个时候获得了一个肯定的结论,但其还是一个尚待证实的假设性结论,而不是一个真正的科学理论,需要做进一步的证实。这个证实过程可以是实验,也可以是其他一些证实方法,只有经过证实的理论才是真正的科学理论。但不论什么样的证实方法,都是在得出令当时的社会认可的科学理论之前进行的步骤,所以说他的这一相对思想是符合认识的发展规律的。

所以说,正是培根建立在唯物主义认识论基础上的这些思想,赋予了归纳逻辑学以新的内容、新的意义和新的生命,为归纳逻辑的进一步发展和科学化奠定了基础。这也充分证明,培根在批判经院哲学的同时,继承了古代唯物主义和英国唯名论的传统,提出了自己的唯物主义自然观,这也正是其归纳主义的理论基础,也正是这一理论为后世的科学史研究奠定了基础。从这些方面可以看出,在当时的语境下,培根能够认识到人与自然的关系,认为人类只有掌握了自然的规律,才能拥有征服和驾驭自然的能力,号召人们要接触自然,面对事实,通过观察,取得感性经验,然后再进行归纳得出科学理论,这才是获得知识的正确途径。而且他把科学的任务归结为发现和认识自然的规律,可以说从科学的本身给科学"是什么"、"做什么"下了一个定义。培根的这些认识,为科学的发展指明了方向,同时也为科学史的研究提供了理论思考。只是在 17 世纪,自然科学不可能像 19 世纪那样分科明细,但是这也足可以看出其对后期科学发展的影响。培根的归纳主义思想对科学史的影响终于在百年之后得到了体现。

自然科学经过 100 多年的发展,取得了长足发展,各门学科已基本形成了自己的学术规范,专科史也丰富了很多。正如前面列举的一些专科史著作,虽然这些著作的大多数是在实用与功利思想的影响与社会需要的基础上写作的,但从科学史发展的角度来看,这种实用主义科学史在一定语境下有其合理性。尽管其影响也比较深远,但也体现了当时的科学史风格和特点。所以,实用功利的科学史观在惠威尔于 1837 年完成的《归纳科学史》一文中仍被体现,换句话说,就是专科史的实用性特征在一段时期内一直影响着科学史学界的研究。科学史界公认这本书是近代最早的一本科学史著作,它在整个维多利亚时代都保持了经典的地位。① 由此可见，当时这部科学史的影响力之大。这部著作的内容与以前的学科史最大的区别是，它不再以记录某一学科的发展为主，而是通过大数据对总体科学的发展进行描述。惠威尔试图通过《归纳科学史》来体现人类历史上科学与理智的整体进步。所以说，《归纳科学史》同样是一种用科学史来为科学事业的发展做辩护的著作，仍有实用功利的思想在其中。所以，在这里需要对这本书及其作者做个简要介绍。

从语境分析的角度来看，我们先从作者的成长来看其经历。惠威尔出身于木匠家庭，1812 年进剑桥大学，1816 年在数学专业毕业，第二年被选为剑桥大学三一学院成员，由于其突出的成就于 1820 年被选为英国皇家学会会员。惠威尔在剑桥大学任教期间，先教授力学，于 1828—1832 年任矿物学教授，于 1838—1855 年任伦理学教授，1841 年任三一学院院长，1842 年任副校长。由此可以看出，他的学缘结构有数学、物理学、矿物学和伦理学等，可以说他是大文大理的学者，所以在后来成为世界上第一位科技史家、博学者、科学家、哲学家、神学家，也就不足为奇了。这样的跨学科学术经历，估计在当代也没有几个人可以达到，所以他能够写出综合科学史就很容易理解了。

正是由于惠威尔具备大文大理的学术背景，所以他先后出版了很有影响力的科学史著作，主要有 3 卷本的《归纳科学史》（1837）、《归纳科学原理》（1840）、2 卷本的《科学思想史》（1858）、《发现的原理》（1860）等，在其晚年还对孔德的实证主义进行了研究。② 在上述著作中，他的《归纳科学史》最有影响力，这本书是第一次以综合科学史的形式对科学的发展作出了解释。惠威尔在这部书中设计了一个科学发展的模型，并且按照自己设计的这个模型，将历史上科学的发展历程解释为三个阶段：第一个阶段是"序幕期"，在这一时期科学家的主要工作就是依据经验努力建立规律；第二个阶段是"归纳期"，在这个阶段科学家通过归纳提出科学的理论，并根据实验进行一定的验证；第三个阶段为"结束期"，在这一阶段科学家的主要工作是对提出的科学理论进一步验证，并以此来指导类似的研究工作。从这三个阶段的设计来说，惠威尔的理论高度概括了当时自然科学发展的一般规律，合理地解释了一些学科发展的共同特点，他的这一解释，对于今天的一些科学理论也是如此，只不过现在我们的测量手段、观察手段更为先进，有些不需要归纳就可以直接得出结论。所以说，《归纳科学史》是科学史发展的里程碑，其意义对当今仍有启发。

---

① 刘兵. 历史发展中的科学史. 科技中国，2005（7）：14-15.
② Whewell W. Comte and positivism. *Macmillan's Magazine*，1866（13）：353-362.

现在还没有资料表明惠威尔的思想是受到了培根归纳思想的影响,我们若从文本来看,惠威尔认为科学考察的过程不是根据某些规则由经验出发来进行概括的,而是一个发现真理的过程。这一点是与培根的思想有出入,那么从语境分析的角度看,正是对培根思想的批判才会使其产生新的思想和认识,然后再丰富这个理论。因此,惠威尔在培根思想的基础上,把科学发现真理的过程用分析经验事实、综合分析结果、验证综合结果三个步骤来实现,所以他认为归纳只是综合分析结果与验证综合结果这两个环节,并且认为归纳与演绎是相反的操作,普遍命题由归纳发现并由演绎证明。当时作为英国皇家学会会长的惠威尔,其思想无疑将科学知识与其他形式的知识区别与对立开来,使得科学有其内在的逻辑发展,从而达到论证科学是一项不断进步的事业而人文学科则是一潭死水,进而断言社会的发展和文化的繁荣是由科学进步引起的。[1] 从表面上看,这样的逻辑或从科学史的角度去为科学的发展做辩护,也是非常合理的,让世人觉得只有大力发展科学,人类的社会才能进步,否则人类的历史就会止步不前。因此,从《归纳科学史》一书中,我们可以看出他的科学史观:科学的进步推动了社会的发展,社会的发展离不开科学的进步,所以社会要发展就必须大力发展科学事业。这样的一种科学史观,是基于他的一种归纳思维逻辑判断推导而出的。我们需要指出的是,惠威尔在论述科学的进步时,没有强调人文的进步。其实我们知道,人文作为一种文化,随着社会的发展也在不断地发展着,所以其缺陷就是人为地割裂了科学与人文的关系。所以,从这一点上说,这既是他的局限性,同时仍是其功利性的表现,因此我们说在这一阶段初期的科学史观还受功利实用科学史观的影响。不过,如果我们站在当时当地的语境来看,是可以理解的,因为其核心主旨还是为科学在社会中争取地位。所以,他的思想还没有真正地从科学史的实践中去思考科学史的真正目的。而孔德作为一名哲学家,在某种意义上说,其研究领域是科学哲学,但其在认识科学史的本质上做了相当多的思考,因此成为实证主义科学史观的重要思想来源。

二、实证主义思想的影响

作为"社会学之父"的孔德,他对科学发展的研究与思考,正好与惠威尔相反。他是从文化与文明的发展中落脚的,这个立足点与出发点,使其与以前所有的从事科学史研究的学者全然不同。他以其对文化或文明的理解,以及社

---

[1] 刘钝. 科学史的文化功能及其建制化. 在上海交通大学人文社会科学学院成立科学史与科学哲学系上的讲话. 1999年3月9日.

会思想的发展变化，从社会学的角度进行了全新的论述，尤其是对科学的发展历程，进行了很有见地的历史描述。在其历史描述中，他将自己的两种思想引入到科学的历史研究中：一是人类精神发展的三个阶段；二是关于科学的分类或分层次。这种观点真正构成了他的实证主义哲学思想，对科学史的研究产生了重要影响。

孔德首先把人类精神的发展分成了三个阶段，这三个阶段内在地联系在一起。"神学"阶段是人类精神的第一阶段，在这一阶段中，他从上帝和神灵活动的角度对人类的认知，以及日常发生的所有事做了归因分析。"形而上学"阶段是人类精神的第二阶段，基于人类的感性思考，通过一些抽象的概念逐步取代了上帝或神的意志。在第三个阶段，即"实证"阶段，人类实现了科学的解释代替形而上学。不难理解，孔德提出的这三个阶段与我们谈到科学与文明的发展时的思维是有相似之处的。我们认为人类的哲学思维在开始时是由神话或传说构成的，这些思想主宰了人们的思想，然后是感性思维，再者是理性思维的三个阶段。那么这里孔德用这样的一种三阶段规律来描述人类的精神的发展历程，在当时的语境下确实是非常难能可贵的，尤其是到了第三个阶段的实证阶段，正是因实证才得出了科学的解释，才使人类对过去无法解释的现象有了科学的认识，而且这种科学的解释只有在科学的历史中才能展现。

在此，我们可以看出，孔德把实证阶段作为人类精神发展的最终阶段，也就是人类的精神世界也是在实证的，科学的发展推动了人类精神世界的发展，也推动了社会的发展。在此基础上，他提出了自己的第二个思想，就是对科学进行新的分类，具有相当的创新性。他提出了一个分类表，并且有一个原则：一般性不断减少，相互依赖性和复杂性不断增加。这样的分类其实就已预设了一个语境前提：共性的和一般性的寓于特殊性和个性当中，所以会减少，在总量基本不变的前提下，复杂性和依赖性就会增加。在这样的语境下，他认为这种分类系统不仅仅是通过一种逻辑分析得出的，而且是被历史所实证的。[①] 在此语境下，他把数学作为一切科学的基础，然后是天文学，紧接着是物理学、化学和生理学，最后一门是社会学。而且他根据物理学的原理，把社会学又分为社会动力学和社会静力学，最重要的是他对社会学进行了深入的研究，因此被称为"社会学之父"。他以这样的一种分类方式去研究科学的发展，确实有独到之处，因此，1832年他被任命为综合工科学校分析与机械课辅导教师。1833年孔德要求为他在法兰西学院谋求科学史教授职位，遭到了拒绝。在这里需要说

---

① http://baike.baidu.com/view/145665.htm [2015-3-25].

明的是，当时他是在法兰西学院申请科学史教授，而其出身却是机械专业，从中我们可以看出他对科学史研究的重视及成果。同时，我们也可以看出其核心思想在于，他认为所有的科学都是实证的，强调事实的重要性，主张从事实出发，尊重事实，在事实的基础上建立知识体系。这对于自觉抵制神学和纯思辨思维方式的影响，推动科学的发展起到了积极的作用。因此，孔德是第一个倡导要严肃认真和系统地研究科学史的人，连萨顿也赞扬孔德是科学史这一学科的奠基人。

三、维也纳学派的影响

自1837年《归纳科学史》出版以后，揭示科学进步逐渐成为科学史研究的主题，因此一些科学家或科学史学家积极投入到科学史的研究中，出现了一些高质量、高水平的科学史或学科史著作。其中，代表性的有柯普（Kopp）于1843—1847年所著的4卷本《化学史》、达瑞姆伯格（Daremberg）于1870年写成的2卷本《医学科学史》、堡根多尔夫（Poggendorff）于1897年完成的《物理学》和坎托（Cantor）在1880—1908年完成的4卷本《数学史教程》等一系列的学科史著作。特别是在19世纪的后期，德国学者提出撰写多卷本《德国科学史》，一些学者开始写学科史，以作为这部巨著的各分册。在这里需要提到的是，法国的科学史学家皮埃尔·迪昂（P. Duhem，1861—1916）在1913—1916年完成的4卷本《宇宙体系：从柏拉图到哥白尼宇宙学说的历史》，第五卷是在他去世后的1917年出版的。他原计划是用4年的时间写12卷，后来因病没有完成，只完成了10卷，后5卷在1954—1959年由迪昂的女儿监督出版。

上面简单列举的科学史著作，只是当时的一部分，但从中我们足以看出学科史大多以多卷本的形式出现，说明当时的科学发展已经很丰富了。那么一个新的问题出现了，那便是科学史写作的一个首要前提，即科学史要弄清楚"什么是科学"，"科学是怎么发展的"，对此如果弄不清的话，就无法写它的历史。比如，炼金术的发展属于不属于科学的范围？对于牛顿晚年的炼金术研究应该怎样看？类似这些问题便引发人们不得不去思考。再引申的话就是对科学史的定义、科学史的研究内容、科学史的性质、科学史应怎样研究等问题。至此，关于科学观与科学史观的个人的观点，逐渐从隐学变为显学，一批真正的科学史学家诞生了。所以，从科学史观演进的历程中可以看出，20世纪初期的维也纳学派的"学科科学化"思想，以及"哲学的科学化"思想对这一阶段及后期的科学史观产生了很大影响。

面对刚刚由学科史转向科学史的历史语境，维也纳学派对科学史的最大贡献就在于，使科学史面对科学的认识有了一个新的视角，从认识论的角度维也纳学派对科学有了新的认识，极大地影响了科学史的研究。当然维也纳学派也提出了很多思想，但是对科学史产生影响的主要有以下两个方面。

第一是维也纳学派提出的"一切科学的理论、原理和定律都是假设"的思想，对科学史的研究产生了影响。可以这样说，在这种观念产生之前，科学史界几乎没有考虑过科学是假设的观点，因为从语境的角度讲，当时以实验为主的近代科学所产生的以学科史为主的科学史，其科学理论怎么会是一种假设？尤其是莱辛巴赫的观点"一切科学知识都是概率性知识，只能以假定的意义被确认"。这在常人看来是很难理解的。因为当时的学科史是经过严格实证的，有可以参考的实验数据为证据，不应该是假设的。然而，这正是当时科学史"实证"方法的一大缺陷。因为从认识论的角度讲，科学一直是在发展的，当时是可以证实的东西到后来就不可证实了，诚然这是后来应该研究的内容，在这里不做更多的讨论。

第二是对于科学的表述。由维也纳学派主导的"新实证主义"思想，提出科学作为经验世界的典型代表，二者均能够体现出各自的统一性，而二者又是有机结合在一起的。这种观点的实质是要将科学回归到物理学领域，也可以称其为物理主义，其核心主旨是要使物理语言成为普遍的科学语言。也就是说，一切属于科学的任何层次领域的语言，都可以等价地翻译成物理语言。这样一来，在维也纳学派的体系中，就可以将科学普及化。如果站在今天的立场上，这种思想无疑是完全不合理的，但要站在当时当地的立场上，有其很大的合理性。因为自1837年《归纳科学史》出现以来，人们一直呼唤一种真正的科学史，即真正的综合科学史，那么在这个时候，把所有的科学语言全部归结为物理语言，用一种语言去记录其发展历史，比多种描述要简洁得多，更容易使人理解。然而，这只是一种较为理想化的想法。

这是因为维也纳学派认为科学都来自于归纳的经验真理，而归纳真理都不是必然真理，而只是或然真理即假设。那么这种或然的真理就不是一门学科所能揭示的真理，如果用统一的物理学去取代其他科学显然是不合理的。这也正是后来其受到其他思想批判的原因之一。但是，这一思想所带来的对科学的本质的思考却非常深入，因而也引发了对科学史学科性质的进一步思考，到底科学是什么，如何去进行研究，这一系列问题成为当时科学史学家认真思考的问题。对于这些问题的思考，也构成了这一阶段科学史观的核心内容。

四、科学社会学思想的影响

科学史的研究长期处于一种内史的研究，这样的研究风格也被人称为内史研究，主张内史研究的科学史观称为内史论。当然，内史论是后人根据当时的研究特征概括的定义，或者说也是为了与后期衍生出来的外史论相对应，外史论的出现就是因为科学史的研究受到了科学社会学思想的影响。外史论的科学史观思想可以说是从苏联科学史学者赫森（Hessen）的《牛顿〈原理〉的社会、经济根源》开始的，这篇 1931 年在第二届国际科学史大会上提交的论文，引发了科学史研究进路、科学社会学研究权限和科学组织方式等方面的持久争论。[①]有些学者把这一点称为"赫森论题"（Hessen thesis），这是最早把科学置于社会情境中加以考察的观点。赫森认为，把马克思主义应用于科学，可以而且正在为理解科学史、科学的社会功能和作用提供丰富的新概念和新观点。[②] 可以这样说，在当时实证主义科学史很盛行的情况下，赫森能够把马克思主义的思想应用到科学史的研究中，本身就是一种创举，而且还是从社会经济根源去分析牛顿撰写《自然哲学的数学原理》时的问题选择和具体内容方面的决定性力量是什么，进而分析这本科学巨著是如何产生的。其目的是颠覆传统思想对科学家的创造性工作所产生的误解，尤其是要打破一种精英人物推动人类历史前进的"英雄史观"，把科学史"平民化"。尽管赫森在其论证过程中远没有实现这一目的，但是其思想是很深远的。直到 1938 年，默顿的一篇博士论文的发表，可以说是将科学社会学的研究思想和理念带到了科学史研究中，产生了比"赫森论题"更为知名的"默顿论题"。其实这篇博士论文是在 1933—1935 年撰写的，1936 年获博士学位，后修改于 1938 年发表，题为"十七世纪英国的科学、技术与社会"，这部书也可说是科学史外史研究的经典之作。关于这本书，我们不在这里做太多的讨论，我们只讨论默顿提出的方法对科学史观的影响，也就是说，默顿如何在赫森打开科学外史研究的大门后丰富了科学史的外史研究。

在这部著作中，默顿没有对 17 世纪英国的科学技术进行直接研究，而是把其作为一种社会制度去研究。也就是说，他完全没有从当时科学技术的内在逻辑出发去研究，而是从政治、经济、文化、军事、宗教和社会等各角度去看科学技术是如何发生与发展的，这一视角与前人的研究截然不同。前期的赫森也没有从这么宽泛的角度去论述《自然哲学的数学原理》产生的社会根源。所以

---

① 唐文佩. "赫森论点"文本研究. 自然辩证法通讯，2008（2）：59.
② 贝尔纳著，陈体芳译，张今校. 科学的社会功能. 北京：商务印书馆，1982：523.

说，默顿正是通过这部著作开创了其科学社会学研究，确立了科学社会学的基本研究问题。在后来的一系列文章和著作中，默顿逐步完成了其科学社会学研究风格与传统，这些一直在左右着科学社会学的研究。最为关键的是，其理论导致形成了科学社会史的研究范式，使得科学史的研究成为较为规范的两个阵营：一个是科学思想史；另一个是科学社会史。这也是当前科学史的两个主流方向，只是不同的科学史学者在二者间的选择不同，导致科学史的合理重建成了科学史基础理论研究的核心论题。

总之，在以上几种思想的影响下，科学史的研究进入20世纪后，在50年代前呈现出了两个鲜明的特点：一是学科规范化；二是多元化。这就是说，科学史的研究终于走上了正规的发展之路，有了自己的学术规范与学科独立性，比如，全球性的各级科学史学会，不仅有国际科学史学会，也有各个国家的科学史学会；也有了自己的学术刊物，有全球知名的 ISIS 杂志，也有一些国家的科学技术史类杂志；还有一些国家都在大学中设立了科学史系，或是与科学哲学一起成立科学史与科学哲学系。所以说，进入20世纪后，科学史的发展取得了长足发展。另外，伴随着一些哲学思想的影响，科学史的研究也呈现出了一种多元化的发展态势，尤其是外史研究的不断兴起，彻底打破了传统内史研究的格局，使科学史观的研究也随着科学史的发展在逐步演进。一些科学史学家根据自己多年的研究提出了不同的科学史观，极大地丰富了科学史的理论研究。

第二节　实证主义科学史观演进的代表

从科学史发展的内在逻辑来讲，真正出现具备科学史观的科学史学家，是在19世纪末20世纪初期的事。他们往往是根据自己研究科学史的实践，产生了对科学史的看法，逐步形成了自己对科学史的系统观点。所以说在上一章的论述中，我们只是用现代的观点去概括那段时期科学史观的总体特征是实用功利的科学史观，而并不是某一个人或某个团体的科学史观。而在进入20世纪后，才真正出现了对科学史的感性思考，也即出现了真正意义上的科学史观。如果说实用功利的科学史观是出于科学史学之外的某种目的和需要的话[①]，那么在出现以感性分析为基础的科学史观以后，对如何归纳、分析、总结、描述和解释科学的发展等问题的不同回答形成了不同的科学史观，这是科学史理论研究的

---

① 刘风朝. 近代科学史观的历史走向. 科学技术与辩证法，1991（6）：36.

深化与发展。在这一时段内,科学史学家们认为科学史不能仅仅为记录科学而进行研究,而是需要以深刻揭示推动人类进步的科学知识的真正积累过程为其核心主旨,尽管有不同的科学史观,但其核心还是实证主义的。这种思想可以通过以下有代表性的科学史观得以表现。

一、迪昂的科学史观

迪昂是法国著名的物理学家、科学史学家和科学哲学家。如果用后期库恩的话来说,能够成为既是一位科学哲学家又是一位科学史学家是非常难的事情,而且有冒着一世无成的危险,但是迪昂就是这样的一位学者,他不仅没有一世无成,而且在自然科学哲学和自然科学史两个方面都取得了很大的成绩,其科学史观也具有独到的一面。他的《力学的进化》、《静力学的起源》、《物理学理论的目的和结构》,以及没有完成的科学史巨著《宇宙体系》,无不体现了其作为科学史学家独特的功底,而且成了当时无人能匹敌的科学史学家和科学哲学家。他在科学哲学方面的建树直接影响了其对科学史的研究,他把对科学的总体思考带到了科学史的写作中,因而其思想深邃而有远见。从语境的角度来看迪昂对科学史的贡献,我们先分析为什么他会有如此的成就。

(一)迪昂的成长语境

迪昂于 1861 年 6 月 10 日生于法国的巴鲁,后来全家一直定居巴黎。迪昂是家里最大的孩子,在 11 岁之前没去学校读过书,只是在家接受教育,11 岁时直接被送到斯塔尼斯拉斯(Stanislas)教会中学读书。上学后,其表现出了非凡的学习和认知能力,他精通所学的每一门课程,比如,古典语言(拉丁文和希腊文)、现代语言、文学、历史、科学和数学等,每门课程的成绩都是优秀,所以是一名非常优秀的中学生。这些基础课程为他以后从事科学研究工作打下了坚实的基础。尤其是在受到一位有才华的教师穆蒂尔(Moutier)的影响之后,迪昂对自然科学表现出了浓厚的兴趣,这个兴趣驱使他读完中学后从事了自然科学研究工作。

中学毕业后,19 世纪末期法国的社会已非常重视科学技术对人类的贡献,所以面对当时法国的社会状况,迪昂的父亲从今后技术谋生的角度,希望儿子上综合工科大学,通过高等教育掌握一门谋生的专业技术。可是,他的母亲却从宗教信仰的角度出发,不愿意让儿子学工科。因为她认为工科会让其宗教信仰降低,所以让他学习人文社会科学,同意他去读一所高等师范学院。由此可以看出,一个人在一定的时候的抉择是多么重要。最后,迪昂按照母亲的意愿,通过考试于 1882 年进入高等师范学院学习,这是一所在法国相当出名的高等师范学院,当时为法国培养了一批文学和科学的优秀教师。但是由于他对科学研究有浓厚的兴趣,以及他出色的学习能力,所以面对中级科学基础课程,他表现得非常优秀,最后以优异的成绩通过了学士学位考试,并通过了大学教师的学衔考试,然后成为一名教师。

自入学后,由于受到马休(Massieu)、马科斯(Max)、约西亚·吉布斯(J. Gibbs)及亥姆霍兹(Helmholtz)等人在不同年代对热力学势研究工作的影响,他一直在做热力学势方面的研究。在 1884 年,就发表了一篇把热力学势用于电化学电池研究的学术论文,这篇论文表现出了其从事物理学和化学研究的天分。对于当时还是一名大学生的他来说,能够发表有独到见解的学术论文是很不容易的,所以说迪昂的科学生涯是从这一年开始的。随后,他把自己几年的研究整理成博士论文,主要论述化学和物理学中的热力学势的相关问题,向校方做了提交。由于这是他自入学以来的研究成果,而且是在他获得学士学位前就已经开始做的工作,再加上他的天分,所以这是一篇富有真知灼见的论文。这篇论文敢于向传统挑战,推翻了一个权威人士发现的最大功原理,即用反应热作为自发化学反应标准的最大功原理,然后按照自己的研究,结合自由能的概念重新定义了这个标准。

事后证明,迪昂的这项研究和这个标准的制定虽然没给他带来灭顶之灾,但也因此而成为其一生厄运的开始。因为这个最大功原理是贝特洛(Berthelot, 1827—1907)在 20 岁时提出的,当时正是因为这一成就后来当上了法国政府教育机构的官员,他后来在 1886—1887 年任法国公共教育部部长。由于贝特洛占据教育机构要员的位置,所以他对迪昂推翻他的最大功原理一直心存怨恨,总想找到机会报复。迪昂提交了博士论文后,他想了多种方法加以阻挠,最后终于得逞,学位委员会无理由拒绝了迪昂的博士论文,不授予迪昂博士学位。但是迪昂面对这一切却丝毫不示弱,他决心为捍卫真正的科学理论而努力战斗,于是他 1886 年利用单行本发表了他的研究论文——《热力学势及其在化学力学和电现象理论中的应用》,这篇论文也是其博士论文的主要内容。在这篇论文中,迪昂用热力学势的概念与原理重新解释了一系列现象,比如,温差电现象、热电现象、毛细现象和表面张力、溶解热和稀释热、饱和蒸汽、离解、复盐溶液的冰点、渗透压、气态的液化、带电系的电化学势、化学平衡的稳定性等,尤其是对夏特里埃(Chatelier)原理的推广,更得到了当时学界的认可。这些成绩的取得,对于一个 25 岁的年轻人来说,当时引起的轰动效应是可想而知的。这也可以说是迪昂具备非凡的、天才的才能的首次展示,同时也暗示着他未来的发展是不可低估的,必将成为一个很受人注意的人物。而在其本人看来,他认为自己之所以做这些,是因为他是一个基督徒,那么作为一个基督徒就应该不顾个人的安危去捍卫真理,这是一个基督徒的重要职责。所以说他能做到这一点,也许和他的母亲从小对其的宗教教育有很大的关系,这正是他的成长语境造成的。

迪昂认为自己是以一个负责任的基督徒做着自己应该做的事,但是贝特洛却大为恼火,他不认为迪昂修正了自己的最大功原理,从而对迪昂百般为难,由于他具备当时教育界最有实力的权势,再由于当时法国的中央集权制,作为一个教师的迪昂是无法与贝特洛抗衡的,所以只能自己改行。经过几年的研究,他绕开了化学研究,于1888年递交了另外一篇关于磁学的数学理论的博士论文,这篇论文即是物理学的研究范围,是数学在物理学中的应用,实际是相当于用数学工具解决一个物理学问题,这样做的原因是想绕过贝特洛对他的刁难。这次评审他论文的三个专家是物理学家伊德门德(Bouty)、数学家伽斯顿(Gaston)及数学物理学家亨瑞(Henri)。从这三个科学家的身份就可以看出,这是一篇物理学兼数学的论文,最后三个专家都同意授予其博士学位,所以在1888年的10月,迪昂获得了博士学位。

对于迪昂,还有很多关于他从事科学研究的事情,以及其所取得的科学成就,与本书关系不大,所以在这里暂不多提。从上面的论述我们可以看出,有时一个人的研究会受到环境很大的影响,这个环境可能是人为制造的环境,也可能是自然科学研究的环境。在迪昂的成长过程中,几乎从1884年的学术研究开始到1900年离开他所在的省,这16年是他最出科研成果的时候,也是典型的受到同行排挤的人,在法国当代科学史上几乎再也没有人是这样的。所以他先是研究自己很感兴趣的化学热力学,后来没办法改为物理学与数学。从发表论文与撰写著作来判断,迪昂不同时期的研究成果有明显的不同,如1884—1900年,他的研究成果主要在热力学和电磁学方面,这是物理化学领域的研究;1892—1906年,他对科学哲学表现出很大的兴趣,1900—1906年他主要从事流体力学研究,1913—1916年这三年多的时间主要是转向了电磁学研究;其在科学史方面的研究多集中在1904—1916年。虽说他在1895年就发表过科学史的论文,但是这10多年间他的科学史研究最为突出,而且他把科学哲学的一些原理与思想引入到科学史的研究中,也从历史哲学的角度对整个科学发展的历史与人类文明的进化进行了思考。他在科学史观方面提出了当时一些科学家或科学史学都没有思考过的观点,因此,他是法国很伟大的科学家、科学哲学家和科学史学家,这一点也是大家公认的。他之所以取得这么多成就,也和他从事的物理、化学、数学和科学哲学等多门学科有很大的关系，再加上法国的历史传统，这是他最大的成功之处，所以说他的科学史研究既有科学基础，也有哲学的理性基础。

(二) 迪昂的科学史观语境评析

迪昂的科学史观具有明显的科学哲学特征，尤其是在他最著名的科学哲学著作《物理学理论的目的和结构》一书中。为了更好地理解迪昂的科学史观，在这里对这部经典做一简单介绍。这部书共分两编11章，外加一个附录。第一编是"物理学理论的目的"，分别从物理学理论和形而上学解释、物理学理论和自然分类、描述理论和物理学史、抽象理论和力学模型等4章进行论述；第二编是"物理学理论的结构"，分7章进行论述，分别是量和质、原质、数学演绎和物理学理论、物理学中的实验、物理定律、物理学理论和实验、假设的选择。这部著作集中体现了迪昂较为成熟的物理学哲学思想，很多观点对当代的物理学哲学研究都有所启示，这足可见其观点的深邃。他在这部著作中论述到关于假设的逻辑作用，定律与理论的关系，测量、实验、证实和解释在构造物理学理论时的本性，以及物理学理论相对于形而上学解释形式或神学解释形式的自主性等诸多内容，体现了他的独到见解。对于物理学理论，迪昂认为它是对物理现象的描述，而不是一种解释，或不是根本的、最终的实在的解释。这种思想在当时实验科学盛行的语境下是不可理解的，因为大多数人认为科学理论就是对一些现象的解释，科学正是为了解决问题才研究的。从现在语境论的观点来看，语境论的科学观认为科学就是对人与世界的认识的描述，不是终极解释，只能无限逼近，而不能是绝对真理。所以100多年前的迪昂已有了这样的思想，从语境的角度讲是比较合理的。他在谈到物理学的目的时，认为物理学理论是在描述物理实验定律，而不是解释物理实验定律。如果物理学的目的是为了解释物理实验定律的话，理论物理学就不是自主的科学，而是从属于形而上学。从这一点可以看出，迪昂已把理论物理学与实验物理学区分开来，而且更是一语道出了理论物理学的实质。所以，迪昂是通过物理学理论的目的与结构来区分真正的物理学与形而上学的关系的，理论物理学之所以被认为是对实验定律的解释，就是因为物理学家没有对理论物理学与形而上学作出区分，如果对它们进行严格区分的话，就不会是一种解释而是一种描述了。通过对这本书的简单分析可以看出，迪昂的物理学哲学思想是他长期从事科学研究实验和教学的经验总结，并结合其广泛的历史知识及深入的哲学思索的产物。

那么，通过对其上述科学思想与科学哲学思想的分析，就很容易理解其科学史思想了，迪昂的科学史观主要表现在以下几个方面。

1. 科学发展的渐近观

关于科学是什么样的进化过程，不同的科学家有不同的看法。迪昂认为，科学是渐近的进化过程，类似于地质学的"渐近论"，对于这一思想他用一个很自然的涨潮现象来比喻"物理学理论的进化"。他在书中写到，对于冲到海滩的海浪，大家都是看一看而已，谁也不会想到或马上看到海水是在上涨的，而是看到波浪冲上来，然后再退回去，在旧的波浪还没有完全退下去的时候，新的波浪已经冲上来，只是这一次比上一次冲得更远。这样一次次的往复运动从表面上看好像没有变化，但是每一次都比上一次有所进步，只是这种运动对一般人来说觉察不到。从这个比喻来看当时的自然科学发展的话，的确如此，因为对比19世纪与18世纪的自然科学发展，不论是物理学还是化学，生物学还是地质学，几乎每个学科都是如此。新出现的科学家往往是在前人的基础上，逐渐弥补前人的不足，使科学理论不断完善，所以站在当时的语境分析确实是一个渐近过程。因为人类在19世纪的自然科学发展，基本是在经验的基础上通过实验科学来推动的。比如，化学的发展就是如此，拉瓦锡正是在普里斯特利的基础上通过重复实验发现了氧，并建立"氧化说"替代了"燃素说"。这个过程是渐近的，而不是一种巨变，所以对于科学发展的渐近理解是较为合理的。因此，迪昂认为[①]：

> 物理学进化的运动实际上可以分解为另外两个不断相互添加的运动。一个运动是一系列的永恒的变化，在这些变化中，一种理论出现了，在一段时间统治了科学，然后分崩离析，被另一种理论所代替。另一个运动是连续的进步，我们通过这种进步看到，在整整一个时期不断创造越来越丰富、越来越精确的实验向我们揭示的无生命世界的数学表达。

2. 科学的整体发展观

迪昂对于科学是怎么发展的观点，往往是建立在他对物理学相关问题的思考上。正如上述提到的，他的大多数观点是以物理学哲学的思想类推到科学哲学上，再由科学哲学引入到科学史的研究与认识中，所以他的科学史观往往有独到的见解。迪昂认为科学理论是作为一个整体面对经验检验的命题，从这一点上理解的话，科学史的写作就要把科学作为一个整体来考虑，而不能作为部

---

① 李醒民. 迪昂的科学进步观. 科技导报，1996（11）：14-17.

分来描述。迪昂把这种整体论的思想内涵和精神实质概括为以下 8 种[①]：①物理学理论是一个整体，比较只能是理论描述与观察资料两个系统的整体比较；②不可能把孤立的假设或假设群与理论分离开来加以检验；③实验无法绝对自主地证实、反驳或否决一个理论；④判决实验不可能，纯粹的归纳法在物理学中行不通；⑤观察和实验渗透、负荷、承诺理论，物理学中的理论描述和观察资料两个系统以此结合为一个更大的整体；⑥经验依然是选择假设的最终标准，但决断则是由受历史指导的卓识作出的；⑦反归纳主义，即归纳法在理论科学中是不切实际的；⑧反对强约定性，即同意弱约定论的某些与整体论相关的主张。

从这 8 个方面出发来看科学史的话，科学史所要描述和解释的科学理论的发展过程就是要从整体出发，而不能只看到一个局部，比如，要去描述一个物理学理论的发展，不能单就一个方面作出说明，而应该从整体出发、从各方面去解释和说明。正是因为迪昂具有这样的思想，他的科学史研究才会有大的突破。

3. *科学发展的目的观*

一般来说，科学是从解决问题开始的，这已隐含了一个科学发展的目的性问题。迪昂的科学史观强调科学发展的目的性，他认为科学的发展是一种进化，而不是累积，所以有一个从低到高的发展过程，而不是一点点地靠材料的累积。科学理论是一种有目的的发展进化理论，而且发展的目的超越了物质的存在。按照他的这种科学史观来理解科学发展历程的话，我们写科学史首先要考虑的就是这一理论发展目的是什么，为什么要发展这一理论，这一理论是如何一步步进化的，等等。这些问题就成了必须要考虑的问题，尤其是对科学事件的解释更是如此，所以说这样的观点是有一定的合理性的。

4. *科学发展的世界性*

有些学者将科学史分为国别史，无形中就体现出了科学的地域文化。也有些学者将其称为科学的地方性知识，这样的分法固然有其合理性的一面。因为不论什么科学总是在某个地方产生的，但是产生后能否再用地方性去区别，就有了一些争论。在迪昂看来，科学理论是无国界的，科学理论是属于全人类的，这为科学史不能划分为国别史提供了理据。从这一点看，科学史的分类原则就应该是从科学史的内在逻辑出发，分为科学思想史与科学社会史是较为合理的，

---

① http://baike.baidu.com/view/3225699.htm [2015-4-2].

而分为国别史是有争议的。比如，对物理学史的研究，我们不能说是中国物理学史、德国物理学史或是美国物理学史等以国家命名的物理学史，这种说法是不合理的，应该就是一种物理学史，基于全球统一命名的物理学史是合理的。

5. 科学发展的有机观

迪昂认为科学的发展是一种进化，而且这种进化不是机械的发展，而是有机的进化过程。其不仅仅表现在简单的"量"的增长上，更重要的是体现在"质"的变化上。科学理论正是通过"新质"的生成和变化，才能形成一个有结构的、有层次的、有机的理论体系①，这充分表明迪昂主张一种有机论的科学史观。迪昂曾用地球上的生命史来比喻科学史，指出科学正如种子长成开花结果的大树一样，是有机发展着的。也就是说，科学不会一下子就成为一棵大树，而是需要慢慢地生长，那么科学史和生命史一样，也是一种有机发展，不会一下子就那么健全、那么合乎逻辑、那么合理。他还明确指出，伽利略和托里拆利原理的历史为我们提供了一个连续性的显著例子，科学观念通常是连续发展的。我们能够追溯这种发展，就像博物学家能追随有机体的发展一样。②

6. 科学史的价值观

科学史有什么价值和意义，对这一问题的研究可以说是迪昂科学史观最核心的部分。用语境的分析方法来分析当时迪昂为什么会对科学史的价值有如此深入的认识，是很重要的一点。尤其是他对中世纪科学史的研究，改变了当时人们认为黑暗的中世纪似乎没有科学的观点。然而基于迪昂对科学发展的洞察力，自己丰富的自然科学知识，以及当时的社会文化语境和其对法国历史传统的独特语境，使得他能够对科学史价值有很深的认识，这些认识对于今天去分析科学史的学术地位和科学价值也值得深思。

第一，科学史具有一定的认知能力和特殊价值。迪昂指出，倘若我们要对某一种科学做到深入研究和了如指掌，就需要从更深的角度去探索其发展的历史和渊源。从语境的角度看，迪昂研究科学史是在 20 世纪初，当时实证主义科学史正在盛行，人们写科学史大多是为科学的发展做辩护。而迪昂却能够从科学史中去认识该门学科、深入了解这门学科，这样的思想可以说比先前用科学史去为科学的发展做辩护有了更深层次的思考。因此，科学史的特殊价值正是体现在我们可以通过科学史的研究达到"认知"科学，这样的原因才使得我们

---

① 李醒民. 迪昂的科学进化观. 科技导报, 1996 (11): 16.
② 李醒民. 迪昂的科学进化观. 科技导报, 1996 (11): 17.

必须去研究科学史，否则我们就无法理解真正的科学。

第二，科学史的方法论价值。在学科史盛行的语境下，尽管出现了第一部科学史，但是当时不会想到从方法价值去思考科学史的研究价值，所以迪昂能够对这一点作出明确的判断，足可以看出他对科学史的独到认识。迪昂指出，重新追溯经验问题在理论形式首次勾勒出来时自然成长所经由的变化，描述常识和演绎逻辑在分析经验问题中的长期合作，是使学生和研究者了解关于物理科学这个十分复杂的和活生生的有机体的正确而清楚的观点的最佳方式，甚至事实上是唯一的方式。① 所以说，在20世纪初期，迪昂能够归纳出科学史的方法价值确实是非常了不起的。事实上，科学史不仅有方法价值，而且有方法论价值。透过科学史我们可以看到，不论是自然科学还是社会科学，其中必然渗透着各门学科的具体方法，这些具体研究方法的演绎就是方法论。尤其是在实证主义科学史刚刚兴起时，发起了用自然科学的方法去研究科学史，则其本身就体现了方法论价值。所以现在回过头来看当时的学科史研究，在不论是学科史还是科学史其实质就是历史的语境中，能够想到从方法论价值去体现科学史的价值，彰显了迪昂的独到眼光。对于历史方法的启迪，迪昂再一次指出，科学的历史发展首先在物理理论体系中获得健全，并将发挥作用，而且物理学方法本身也需要科学史的指导。这种指导性作用体现在只有把物理学方法与历史方法相对照，才能对科学的发展加以合理性的批判。

第三，科学史具有平衡价值。科学史的真正作用是什么？能在哪些方面起到作用？迪昂用其平衡的观点阐述了科学史的平衡价值。这一观点值得我们现在进行更多的思考。在科学活动中难免会有利益冲突，面对这一问题怎么去解决？这就需要一种平衡。在迪昂看来，科学史就有这样的平衡作用，它可以平衡人与人之间的科学冲突。他认为科学史是一个平衡器，它能使科学家在诸多对立、竞争的思潮、时尚、观念、方法等之间保持必要的张力和微妙的平衡，它或迟或早总会把一切事物和人控制在其真实大小的范围内，从而避免陷入某一片面的极端而不能自拔。② 所以他认为，只有科学史才能使物理学家免于教条主义的狂热奢望和皮朗怀疑主义的悲观绝望。……物理学家的精神时时偏执于某一个极端，历史研究借助于合适的矫正来纠正他。他的这一思想无疑对科学史的学术价值给出了最为肯定的判定，这也表明他试图通过科学史来平衡科学家的思想，在了解历史事件之中把握自己作为一个科学家的判断。对于迪昂的

---

① 李醒民．科学史的意义与价值．民主与科学，1997（4）：27．
② 李醒民．科学史的意义与价值．民主与科学，1997（4）：27．

这一点认识，我们可以马上联想到他自己的经历。他之所以提交二次博士论文，并不是因为第一次的博士论文没有达到要求，而是由于受到别人的迫害。但是他在受到迫害时没有妥协，而是采取斗争的方式，继续研究而且还换了学科去研究，这才有了第二次提交博士论文从而获得了博士学位。他自己就是在自我平衡中从事科学研究的，所以结合他晚年对科学史的研究，就很容易理解他产生这种科学史观的原因了。

第四，科学史的人文价值。迪昂在其对科学哲学的研究中，尤其是对物理学哲学的研究中，深深体会到了科学与人文的并行，并不是像《英国皇家学会史》中所写的那样，科学在进步而人文不进步。他发现，任何科学活动都是人为的，那么人文性肯定是科学活动的主要特征。从语境的角度看，科学活动就是一类特殊人物的特殊活动，当时这类活动也会有"平民"参加，但是组织者或主持者都是一种特殊的人物。比如，人类也只有一个爱因斯坦提出了相对论，尤其是在当时的情况下，大多数人由于不懂相对论而不接受这一理论。所以说研究科学活动，而不研究提出科学理论的科学家是不可行的。在20世纪初期，迪昂基于法国的历史传统，尤其是科学史的年鉴学派的影响，结合自己所从事的物理学、化学和数学研究，对科学史的研究提出这些主张，足以引发人们对科学史的深层次思考，使得人们对科学史的学术价值、学科性质、如何撰写科学史产生诸多思考，因此也有了同时期萨顿的人性化的科学史观。

纵观迪昂的科学研究、科学哲学和科学史研究，我们会发现，他在刚开始从事科学研究时，写过一些科学史的文章，这是为了用科学史的案例支持自己的科学哲学研究，而他所进行的科学哲学研究，则是为了支持他的科学研究。在这一思路的影响下，迪昂成为一个伟大的科学家、科学哲学家和科学史学家，集三种身份于一身，这是一般人做不到的。正是因为他集三种不同的思维于一体，我们可以从迪昂这里去反思科学哲学、科学史之间的关系。虽然迪昂的科学史观没有过多地涉及这方面的内容，但我们可以从字里行间分析出他对这二者间关系的一些观点。例如，他认为科学哲学最终归属于科学史的语言，科学哲学是说明现在的科学是什么，而科学史是说明过去的科学是什么，二者是不矛盾的，但科学哲学中研究的科学也会成为历史，所以是一种历史语言。另外，科学史是有思想的历史，而不应该是材料的堆积，也不应该是累积实证的，这种思想就是一种理性分析，或用现代的语言来说就是要"史"与"论"结合，而目前有一些科学史的著作只有"史"而没有"论"，因而也是不完善的。所以说，在迪昂身上，他的科学史著作和科学哲学著作把他对科学的理性思考与对历史的哲学分析有机地结合起来，是一种对科学史与科学哲学关系解读的"此时无声胜有声"的处理。

尽管迪昂生活在距我们100多年前,但他凭借其非凡的才能、过人的智慧和不懈的工作精神,在科学哲学、科学和科学史的研究中给了我们很大的启示。现在我们的研究一致认为,除科学自身的研究外,科学哲学是从哲学的角度研究科学,而科学史是从历史的角度研究科学,所以说科学、科学哲学和科学史是一个有机的统一体。正如后来拉卡托斯所明确提出的:"没有科学史的科学哲学是空洞的;没有科学哲学的科学史是盲目的。"所以说,通过迪昂对科学史的研究,作为一个现代人就应该体会到科学研究的真谛是什么,这是最重要的。

在介绍了迪昂之后,我们应该再介绍一位科学家,尽管他对科学史的贡献不是很突出,但是在迪昂的科学史著作中有一本1903年出版的《力学的进化》,是一本可以与恩斯特·马赫(E. Mach,1838—1916)1883年出版的《力学及其发展的批判历史概论》相媲美的专著。这本比迪昂的书早20年的著作,可以说是科学史方面史论结合的经典之作,值得我们在这里做一简单介绍,从中可以了解学科史应该怎么撰写,这也是科学史观必须考虑的问题。

二、马赫的《力学及其发展的批判历史概论》

马赫是奥地利-捷克非常出名的物理学家、心理学家、哲学家,也是马赫主义的创始人。他17岁进入维也纳大学学习数学和物理学,在他22岁时获得博士学位,从这一点足可以看出其未来的发展基础。26岁时被聘为格拉茨大学的数学教授,29岁出任布拉格大学的物理学教授,后来还任布拉格大学校长,57岁任维也纳大学的哲学教授,主要讲其归纳科学。从这三种身份的变换就可以看出他的科学功底及哲学功底,所以在他45岁时写《力学及其发展的批判历史概论》(也译《力学史评》),就可以证明他是如何走向哲学研究的,因此他的发展轨迹是科学—科学史—科学哲学。所以,后人认为他对维也纳学派产生了重大影响,就连爱因斯坦也说他是相对论的先驱,足见马赫的思想对科学发展的影响有多大。所以说他造就了科学哲学,而且在20世纪颇有影响力,比如,他认为科学定律之所以要研究,就是为了概括通过实验所得到的事实,通过这些事实让人更容易理解复杂的数据。从语境的角度理解的话,就是在一个特定的语境中,实验可以对观察到的现象进行验证,得到一组组的事实,对于难理解的数据用这些事实去解释,所以说这是基于一定的语境实现的。基于此,马赫认为,科学定律与思维的关系比同现实的关系更紧密。这就是马赫的伟大之处,或者说是其科学哲学思维的一个具体表现,这也值得我们当代人去深思。

《力学及其发展的批判历史概论》共分5章,分别是静力学原理的发展、动力学原理的发展、力学形式的发展、力学原理的推广应用和力学的演绎发展、力学和其他知识领域的关系。这5章可以说对经典力学进行了全面的概括，阐述了经典力学的理论、发展历史及科学认识论问题。其重点是在批评而不是在对力学历史的书写上，或者说这本书的伟大之处就在于"论"，而不是"史"。其与现在的一些科学史著作最大的区别是，现在一些学者不主张科学史在"论"的方面突出一些，只强调"史"，这是不合理的，科学史只有"史"、与"论"结合才可以达到解释功能。在该书中，马赫在第一章和第二章分别在分析静力学和动力学概念的基础上，阐述了力学原理的历史发展，同时也指明了力学发展的社会经验根源。这样写的目的就是要揭示出经典力学的逻辑体系是如何与它的发展历史相矛盾的，通过这种矛盾来批判牛顿在经典物理学中的绝对时空和绝对运动观。因此，马赫在系统地批判经典力学的基本概念和基本原理的基础上，破除了人们对传统力学的迷信，然后通过速度、加速度等重新表述了力学，从而引起了学界对物理学的科学与哲学的讨论。这种批判是对力学自然观的一种深刻检讨，他在批判的基础上，建立起与牛顿不同的质量与力的概念。马赫认为质量是通过物体的力学关系推导出来的，而不是测出来的，所以他提出相对质量的概念。他认为两个物体的相对质量比与相对加速度成负反比关系，即 $M_1/M_2 = -a_2/a_1$。从这个定义我们可以看出，马赫试图重新建立一种新的力学理论而推翻传统的力学理论。但是在这个定义中，他却把力定义为质量与加速度的乘积，这又回归到了牛顿的定义，所以这样的定义直到现在也没有得到科学界的认可，还是在使用牛顿的力学体系。

从当时的语境讲，马赫敢于向经典挑战，提出不同的见解，对一直使用的力学概念进行批判并进行重新定义，揭示了概念是从经验中产生的，强调科学的任务就是对经验事实进行经济的描述，以绝对的怀疑主义和独立性推陈出新，批判了力学的先验论和机械论自然观，试图建立自己的"描述论"科学观，表达自己的思想。

从现在的科学理论来看，尽管马赫所建立的科学观和方法论没有得到认可，但是其怀疑和批判精神却给后人留下了宝贵的精神财富，这往往比自己的一项研究更有力量。他塑造了一种新的科学精神，即科学的启蒙精神、怀疑精神和对事物的洞察力，这些是从事科学研究必备的素质。爱因斯坦正是受到马赫对经典的时间绝对性批判等思想的影响，才把经典力学的一些绝对概念从物理学中剔除出去，创新了狭义相对论。另外，爱因斯坦也承认马赫对惯性本质的理解引导他创立了广义相对论，因此，爱因斯坦对马赫的认可度可以说最高，认为马赫是相对论的先驱。

从语境的角度看，站在科学史的立场来看这部著作的话，它是一部典型的学科史评析著作，而且是以一种哲学的态度去对力学的发展与力学的理论进行批判的大作，这种研究范式是值得我们去学习的。但是从另一个方面讲，要对传统的科学理论进行批判，而且还要在批判的基础上建立自己的理论，这又不是一般人所能为的，因为没有一定的自然科学功底是不可能建立一套可行的科学理论的。回顾100多年前的这部经典著作，马赫的思想和观点给从事科学史研究的人员以一种启发或思考，也就是说科学史的研究范式应该是什么？科学史的学术结构是什么，科学史应该研究什么等问题，对这些问题的思考也是科学史观必须考虑的问题，但是目前还没有几个科学史学家对此类问题有一个明确的回答。那么通过100多年前的这部著作，我们从中应该学到些什么？怎么去从事科学史研究？这确实是我们每个从事科学史研究的人员应该思考的问题。

三、萨顿的科学史观

一个科学史学家之所以成为一个科学史学家必有其独特的成长语境，这个语境是别人不可能复制的。萨顿是比利时人，但是他对于科学史的建树是在美国完成的，这本身就说明了其成长受环境的影响之大。他的巨著《科学史导论》总结了15世纪以前各门科学的发展历程，可见其工程浩大，后来是因为面对极大的文献不好处理，而不得不放弃这一工程的写作。萨顿对科学史的贡献一是创办了科学史刊物——《伊西斯》（*ISIS*，1912年创办）和《欧西里斯》（*Osiris*，1934年创办），以此建立了科学史交流的平台，使之成为科学史研究的主要阵地，直到现在这两个杂志还是科学史研究的最高级杂志；二是建立了科学历史发展研究学会，对其进行了标准的规定与制度的创设，促使其步入正轨；三是促成了届次化的国际科学史大会，扩大了科学史研究在世界上的影响。再加上他提出了一系列对于科学史的认识，成为其人性化科学史观的核心内容。由此，在萨顿的努力下，科学史终于成了一个独立的学科，他因此被称为"科学史之父"。

所以说在科学史的历史发展中，如果对萨顿不了解，那么可以说对科学史就不了解。因此，本部分将通过较大篇幅围绕萨顿的科学史观的产生与发展做一介绍。

（一）萨顿的成长语境

很多人误以为萨顿是美国人，因为经常见到乔治·萨顿这个简写。事实上，萨顿生于比利时东佛兰德省的根特。其父亲阿尔弗雷德·萨顿是比利时国家铁路公司的负责人和总工程师，所以萨顿出身于一个工程师家庭，这样的启蒙教育对他的成长很重要。母亲里欧尼·范·豪勒梅有音乐天赋，但在萨顿还不满 1 岁时就去世了。18 岁那年萨顿进入根特大学学习哲学，由于他从小受到工程师父亲的影响，所以他很快发现自己对哲学没有兴趣，于是他便不再读下去了。回到家后他开始自学，在 20 岁时，萨顿又回到根特大学，改学化学。4 年后，在博士资格考试中，他以"异相体系中的自催化现象"的研究成果，成为当时比利时所有学生中成绩最好的，从而被授予了"金质奖章"，这是年轻的萨顿得到的最高奖励。虽然萨顿在化学方面取得了很大的成绩，但是从这之后他却没有再学化学，而是改学了数学和物理学。从这一点看，其与法国迪昂的经历很类似，而且这样的自然科学基础为其从事科学史研究打下了很好的基础。在大学期间，萨顿可以说不仅成绩优秀，而且也是一个社会活动家，萨顿积极参加一些社团活动，而且自己筹备知识分子社团。正是筹备这个社团活动让他结识了当时非常出名的一些大人物，比如，罗曼·罗兰、莫里斯·梅特林克、亨利·柏格森等著名的文学家和科学家，这些文学家和科学家对萨顿的思想与学习产生了很大的影响。1911 年 5 月，在他 27 岁时，完成了博士论文《牛顿力学原理》，获得科学博士学位。这篇论文可以说是他在受到孔德和迪昂等人思想的影响下完成的，因而也是这篇博士论文引领他走向了科学史的研究。

　　萨顿的父亲是在 1909 年去世的，当时萨顿才 25 岁，但是他却要负担全家的开销。他一边从事研究、要获得博士学位，一边还要挣钱承担家庭的责任，这对于一个 20 多岁的小伙子来说，压力是不小的。从这里我们可以想到萨顿年轻时的艰辛，其实后来他也是很辛苦地从事着科学史事业。27 岁时萨顿与英国艺术家埃莉诺·梅布尔·埃尔维斯结婚，第二年 5 月，埃尔维斯生了他们的第一个女儿，萨顿给她取名为"梅"（May）。女儿出生后，家庭的负担比以前加重了，所以他不得不把父亲留给他的一个著名的酒窖拍卖，所卖的钱一部分用来在根特附近买房子，另一部分用于家庭支出，这样一来他就可以不用去挣钱养家而从事自己喜欢的科学史研究了。所以说从 1912 年，萨顿才真正开始具体筹划和实施科学史的研究工作，最突出的一点是他在那样的经济情况下，要创办一份科学史杂志。在当时的社会，创办一本杂志很费钱，所以说这是萨顿非常大胆的一个想法。历史证明也正是当时办了这个杂志，其科学史的研究才取得了如此大的进步。由于受父亲去世与刚出生女儿的影响，他用古代神话中专司生育与治病的女神"爱西斯"（Isis）的名字作为刊名。由于杂志的创办与女儿的出生是同一年，因此后来萨顿不无自豪地称梅·萨顿和《爱西斯》为他的"两个女儿"。

自 1912 年《爱西斯》创办后，他得到了儒勒·昂利·庞加莱（J. H. Poincaré.，1854—1912）和威廉·奥斯特瓦尔德（F. W. Ostwald，1853—1932）的帮助。庞加莱当时是法国最伟大的数学家之一，也是理论科学家和科学哲学家，他是在高斯之后对于数学及应用数学等全盘掌握的数学家，是具有数学全面知识的最后一个人。他不仅对数学、数学物理有突出的贡献，而且对天体力学也作出了许多创造性的、基础性的贡献。所以说当时有这样的一个权威人士帮助他，就会有更多的人出面支持他，遗憾的是庞加莱在当年就去世了。而奥斯特瓦尔德则大力支持萨顿创办他的科学史杂志，奥斯特瓦尔德当时是德国的物理化学家，是物理化学的创始人之一，主要从事化学动力学和催化方面的研究，1909 年，由于在催化作用、化学平衡条件和反应速率等方面的成就获得诺贝尔化学奖。所以，有这样两位大人物的支持，萨顿的杂志进展很顺利，于 1913 年正式出版。从个人的意义上来讲，萨顿试图把各种观点、视角和方法综合起来进行科学史的研究，所以他想使这一刊物成为提供记录和传播其科学史研究和思想的阵地，这样就可以更好地研究综合科学史。我们从萨顿的一些著作或文章中可以看出，他对分科学史并不感兴趣，而是希望通过综合科学史去认识人类的真理发展史，所以他突出强调综合科学史的重要性。基于这一思想，自 1913 年《爱西斯》正式出版以来，直到 1951 年为止，萨顿一直担任《爱西斯》的主编，长达 40 年之久，并时常以自己和夫人的经济收入来补贴杂志的亏损。而且在长达 40 年的主编生涯中，他对每期杂志都要写一点自己的评论、思想等，可以想见萨顿对这份杂志所付出的辛苦和劳动。这也正如他刚创办杂志时的思想一样，他把杂志当作自己的女儿看待。正是这几十年如一日的辛勤劳作，再加上后期编委会的继承与发扬，《爱西斯》现在已成为国际上最权威的科学史刊物之一。

在《爱西斯》步入正轨以后，其影响力越来越大，于是从 1936 年起，萨顿又主持出版了《爱西斯》的姊妹刊物——《欧西里斯》。萨顿创办这一杂志的目的是为了专门刊登长篇科学史的学术论文，他把这一杂志取名为《欧西里斯》，来自于中古埃及的主神之一，是爱西斯的丈夫，负责掌管已故之人，并可以让万物自阴间复生。这样的取名用意是不是当时的萨顿已想到了科学史的研究到最终的价值就是一种对科学事件的"还原"？这不得不引发人们的思考。

鉴于这两份杂志在科学史界是众所周知的学术刊物，在这里不做过多的分析和研究，而且这也不是本书的重点，所以现在回归到萨顿的科学史研究上。在 1912 年，《爱西斯》在比利时开始创办之时也是萨顿着手研究科学史之际，到 1913 年刊物正式出版，萨顿也着手开始编辑科学史的文献目录，这是萨顿开始研究科学史所做的第一件事。然而，环境往往会让人事与愿违。正当萨顿全身心投入到科学史的研究中时，1914 年 8 月，德国入侵比利时，战争的爆发使萨顿的研究受到了很大的影响。尤其是在同年 11 月，德军征用了他家的房子，由于图书太多太重而难以带走，萨顿不得不将他的图书抛弃，只是将自己记载多年的笔记本埋在后花园中得以保存，与家人匆匆离开比利时。可以想见，对于从事科学史研究的人而言，失去了要研究的资料——图书和文献资料是多么痛苦的事，但是萨顿不得不面对这一切。所以，对于一个要成就未来梦想的人，就是要学会如何在艰苦的环境中做好自己的研究。对于萨顿来说，遇到的困难不仅仅是这一次，后面还有很多，而且很多时候比这一次更难。萨顿带家人先是到了英国，1915 年年初，由于一切都没有稳定，他不得不将家人留在英国，只身一人去美国寻求发展机会。从他对当时的局势看，他认为在美国可以让他有更大的作为，因为美国是一个集多样性、包容性、融合性于一身并有进步精神的地方，在这样的地方他才会有发展，历史证明他当时的选择是正确的。

事情总是无独有偶，正如当时他创办杂志遇到的大人物一样，在美国萨顿又遇到了一位博学的老师——亨德逊（Henderson）的老师，后来这位老师斯密斯（Smith）和他于 1924 年共同创立了科学史专业学会。亨德逊早在 1911 年就在美国哈佛大学开设了科学史课，在 1915 年与萨顿接触后，萨顿向他介绍了自己的研究计划和想法，得到了亨德逊的一致赞扬和认可，从而大力支持萨顿的研究。但是当时的语境是，美国几乎没什么人在研究科学史，像亨德逊这样的人其实也不叫科学史的研究，只是出于个人爱好而从事的一种业余活动而已。所以说像萨顿这样有研究思想和计划的人几乎没有。基于此，亨德逊借助自己在哈佛大学的地位和影响力，积极为萨顿在哈佛大学争取科学史的讲师席位，终于在 1916 年 5 月，亨德逊通过从各种渠道筹资，哈佛大学同意以 2000 美元的薪水，聘任萨顿做一年的科学史讲师。这对于萨顿来说是一次难得的机会，所以他很珍惜亨德逊为他争取来的这一切。实践也证明，萨顿确实是一名出色的科学史研究者，也是一位出色的讲师。

但是好景不长，一年后哈佛大学决定不再聘他为讲师，所以他又面临着失业。在失去工作的一年多时间里，萨顿到处联系能够给他提供工作的地方，终于在 1918 年 7 月，华盛顿卡耐基研究院同意他的请求，并聘他为科学史副研究员，期限是两年，命运又给了萨顿以机会。事实上，萨顿后半生的命运与科学史研究几乎全部与华盛顿卡耐基研究院分不开。虽然是华盛顿卡耐基研究院给了萨顿职位，但是这里的图书远不够萨顿做研究用。当时他从事研究最好用的图书馆就是哈佛大学维德纳图书馆（Widener Library），维德纳图书馆于 1915

年6月24日开放,是现存历史最悠久的图书馆之一,也是世界上规模最大的大学图书馆,萨顿到美国后正值这个图书馆开始使用。但是萨顿不在哈佛大学任职,所以他就不能像以前当讲师时那样利用这个图书馆。

后来为了能够利用这个图书馆做研究,萨顿向哈佛大学校长提交了一份申请,他请求在维德纳图书馆给他一间单独的工作间,理由是他可以不领任何薪水免费为哈佛大学讲一门科学史课。① 这一建议被哈佛大学接受了,从此他又能够在维德纳图书馆查阅资料并开始他的科学史研究了。从这一点可以看出,萨顿后来之所以成为科学史之父也是和他的这份执著分不开的,其实对于任何一个人来说要想成就一番事业,没有这种执著精神和持之以恒的态度是不可能成功的。同时,我们也可以想到当时萨顿做研究时的艰难。

因为第一次世界大战的结束,1919年萨顿得以回到比利时的房子,拿到了他当时埋在后花园的有关科学史研究的笔记本,这是他前几年的精心研究所得。但是他并没有在家里长待,而是及时返回到美国,他认为美国才是他研究科学史的地方。幸运的是,萨顿在1920—1921学年再次担任哈佛大学的科学史讲师,这一职务为他以后的生涯打下了很好的基础。直到1940年9月,在他到哈佛大学20多年后,哈佛大学终于认命他为科学史教授,这才是真正的教授席位,也体现了其对科学史学科建设的认可。但是在这里需要说明的是,尽管萨顿在哈佛大学工作了那么多年,但是哈佛大学一直没有成立科学史系,美国的第一个科学史系是在1941年威斯康星大学(University of Wisconsin)成立的。为什么先是在这所大学成立科学史系,我们在这里不考虑。但是可以介绍的是,哈佛大学于1936年设立科学史博士研究生计划,萨顿是第一个博士研究生导师。第一个博士研究生是土耳其人,名叫爱丁(Aydin,1913—1993),1937年入学,1942年获得博士学位;科恩(I. B. Cohen,1914—2003)于1937年成为萨顿的第二个博士研究生,1947年获得科学史博士学位,他是第一个具有科学史博士学位的美国人。在1966年哈佛大学成立科学史系时,科恩有幸成为第一任系主任。直到现在,哈佛大学与威斯康星大学的科学史系还是美国科学史研究的两个重镇。

在这里还需对萨顿发起的《爱西斯》做一说明,因为战争使得《爱西斯》不得不停刊。在第一次世界大战结束后,在萨顿的努力下,《爱西斯》恢复出版,但是出版经费遇到了很大的困难。所以,当时萨顿获得华盛顿卡内基研究院的副教授职位,则可以从研究院争取到一部分经费出版杂志。尤其是在美国

---

① http://baike.baidu.com/view/451037.htm [2015-4-3].

科学史学会成立两年后，学会把《爱西斯》作为其学会刊物，并用部分会费资助杂志的出版。但是从实际出版费用来看，学会资助的经费远远不够用，长期以来，萨顿每年都要拿出约 800 美元支付办刊的亏损。这笔钱在当时可是不小的数目，萨顿第一次当科学史讲师时的年薪是 2000 美元。萨顿对科学史的研究尽管有很多磨难，但是总能得到一些人的帮助。对于《爱西斯》杂志的经费问题的解决，则得益于他的夫人。在第一次世界大战前，她就是一位杰出的现代家具设计师，具有较高的收入，所以在 1913 年出版《爱西斯》第一期，就是由她设计并自费包装邮寄的。后来在美国出版的《爱西斯》，在经费不足的情况下，也是依靠她教学和从事服装设计的收入作为补贴，从而才使得杂志能维持下去。

正是有了萨顿夫人这样的坚强后盾，萨顿可以说是在第一次世界战后才开始相对稳定地进行研究、教学和写作，也包括对《爱西斯》的审稿、写评论、编辑等诸多工作。虽然当时萨顿教授的学生不多，但是也没有降低他对科学史研究的热情和激情，他把自己的人格魅力和博学融入到科研与教学中，受到了学生的一致好评，他确实是一名优秀的教师和研究员。由于萨顿越来越出名，所以美国的很多大学都邀请他去讲学或演讲，这不仅使萨顿的科学史研究成果得以广泛宣传，也为科学史的学科自主化进程作出了贡献，因为他的这一言行影响了美国一些大学设立科学史系的进程。

（二）萨顿的科学史成果及贡献

萨顿自博士毕业开始研究科学史，直到他去世的那一天。可以说他对科学史进行了长达 45 年的研究，当然这其中也有一些间断，但总的来说几乎是连续的。在这 45 年的研究中，他共写出了 15 部专著、340 多篇论文和札记，编辑 79 份详尽的科学史重要研究文献目录。在萨顿所有的学术著作中，3 卷本的巨著《科学史导论》可以算是最具有代表性的专著。《科学史导论》在极为详细的文献考证的基础上，以编年体的方式记录了从古代到 1400 年的科学发展历程，书中记录了这一时间段几乎所有较重要的人物的生活和工作情况，这部书也为后期的科学史研究提供了丰富的史料。

在这里必须要提到萨顿的另一部"计划性"的专著《科学史》，这部巨著之所以叫"计划"，是因为萨顿设计好了撰写计划，却没有完成。萨顿所设计的《科学史》是取材于他自 1916 年到哈佛大学讲科学史到 1951 年荣誉退休前所讲授的全部科学史讲义。所以，按照他自己的设计，他的《科学史》应通过 4 个部分、8 卷本出版。他把所要写的内容分别对应于科学史讲义不同的时代，而且这4个部分相对独立,每卷都是一个小体系,但是又可构成一个统一的关于科学发展历程的整体。可惜的是,萨顿的心愿未了,他只写了古代部分的两卷便去世了,这两卷就是《希腊黄金时代的古代科学》(*A History of Science, Ancient Science through the Golden Age of Greece*,1952年出版)和《希腊化时代的科学与文化》(*A History of Science, Hellenistic Science and Culture in the Last Three Centuries B. C.*,1959年出版)。那么为什么当时萨顿的《科学史导论》只写到15世纪就不写了,而重新计划写《科学史》呢?这其中的一个原因是,在15世纪后,资料太多,以萨顿那样的编年史方式不好取舍,难以写下去;第二个原因是他的一个学生对他的影响,他在《科学史》第一卷的《希腊黄金时代的古代科学》的序言中写道①:

> 多年以前,在我的《导论》第1卷出版后不久,有一天,当我穿过校园时,我遇到了我以前的一个学生,我邀请他到哈佛广场的一个咖啡厅去喝咖啡。稍微犹豫了一下后,他对我说:"我买了一部您的《导论》,可是我从来没这么失望过。我记得您的那些讲座,它们都生动活泼而且丰富多彩,我希望在您的这部大作中看到它们有所反映,但是我只看到了一些枯燥的陈述,这真让我扫兴。"我尝试着向他说明我的《科学史导论》的目的:这是一部严肃的、一丝不苟的著作,它的大部分根本不是打算供读者阅读用的,而是供读者参考的,最后我说:"也许我能写出一本更让你喜欢的著作。"
>
> 从那以后,我常常在构思这样一部书:它不仅应当再现我的讲座的文字,而且应当再现那些讲座的精神。它首先是为我以前的学生以及科学史家而写的……

由此可以看出,对于一个多年从事科学史研究的学者来说,有时一个大的研究转折缘于一个小小的提醒,这种提醒会促使他的研究风格发生很大的转变。同时,也引发我们思考,科学史的著作或文章是不是也应该写得可读性强一些,以还原科学发展中的一个个迷人的故事,而不是一种枯燥的陈述。

以上是萨顿的科学成就,那么萨顿的科学史研究价值或是贡献体现在哪里呢?这些正是萨顿科学史观的核心内容。

---

① 乔治·萨顿著,鲁旭东译. 希腊黄金时代的古代科学. 郑州:大象出版社,2010:51.

（三）萨顿的科学史观

可以这样说，在科学史的发展历史上，萨顿是第一个对科学史有一个清晰认识并提出自己的学术主张的人。45 年的科学史研究，他通过其不同的学术论著，阐明了自己独特的科学史观，尽管有一些缺陷，但总的来说，为我们指明了科学史的研究原则、方法，同时也阐明了科学史的学术价值和研究意义。总的来说，萨顿的科学史观集中表现在以下几个方面。

第一，对于科学史的学术价值，萨顿认为其重要的是人文价值的体现，主要表现在两方面：一是历史的；二是哲学的。具体表现如下。

首先是历史的价值。也就是说，科学史是属于历史属性的学科，那么我们就可以在说明科学与人类其他活动的多种多样关系中去理解科学，即研究科学与我们人类本性的关系。[①] 从这一点来说，科学就不是一种独立的社会活动，而是与其他一些社会活动有着千丝万缕的关系，要在历史的长河中研究科学的发展。也就是说，要在广博的语境中去理解科学的发生与发展。

其次是哲学的价值。科学史为什么会有哲学价值？这是很多人不理解的一点。因此，萨顿论证道："科学的历史，如果从一种真正哲学的角度去理解，将会开拓我们的眼界，增加我们的同情心，将会提高我们的智力水平和道德水准，将会加深我们对于人类和自然的理解。"[②] 这句话的意思很明确，就是要写出有哲学味的科学史，这样才能真正达到以史为鉴的目的。另一种理解就是，科学史在写作时要有哲学思维，才能体现哲学价值，从而体现人文价值。

科学史的人文价值正是通过上述两个方面，实现科学与人文的沟通的，由此科学史也就起到了桥梁的作用。所以说，萨顿的科学史观在人文价值方面的核心表现就是促进科学史与人文史的融合，关于这一点在出版的未写完的《科学史》中有很好的体现。[③④]

第二，对于科学史的研究内容，萨顿的科学史观主要体现在以下几个方面。

首先，表现在他认为科学史是人类文明史的核心。萨顿在各种场合都强调

[①] 乔治·萨顿著，刘珺珺译. 科学的生命. 北京：商务印书馆，1987：51.
[②] 乔治·萨顿著，刘珺珺译. 科学的生命. 北京：商务印书馆，1987：49.
[③] Sarton G. *A History of science*：*Ancient Science through The Golden Age of Greece*. London：Oxford University Press, 1953.
[④] Sarton G. *A History of Science*，*Hellenistic Science and Culture in The Last Three Centuries BC*. Cambridge：Harvard University Press, 1959.

科学史是唯一能代表人类进步的历史①，这样科学史在所有的历史中就是核心和最重要的，因而也是最有价值的部分。所以，科学史书写的内容就是人类文明怎么进步的历史，他之所以有这样的想法，就是把科学技术作为驱动社会发展的最核心要素。社会的文明就是靠科学技术推动的，因而科学史就是人类文明史的核心部分。

其次，科学史在内容安排上要写出与其他历史的关系。在这一点上，其实萨顿的思想是开放的，他觉得科学的发展与其他社会关系存在着密不可分的关系。因此，在萨顿看来，自然界是统一的，科学技术是统一的，人类是统一的，这三种统一性是同一种统一性的不同表现，也是生命的根本统一性的三个方面。所以，科学史就要对这种根本的统一性，特别是知识的统一性和人类的统一性给予一种持续的说明。②

事实上，上述这两条表明，萨顿的思想是很有远见的。第一条说明了科学史的内在逻辑性，第二条说明了科学与社会的诸多关系，科学史在写作上要实现这两条齐头并进，就是一种整体的、统一的、人性化的科学史观，即主张综合科学史。关于为什么他会产生这样的科学史观，下一节会通过语境对其进行评述。也许正是他的这种思想，才会导致默顿从社会学的角度撰写博士论文。

第三，在对待科学史的分类或是分期原则上，萨顿主张科学史的分期应该以年代为主，而不能以国别为主。他认为以时代来划分科学史是最合理的方法，而以国家、学科或其他方法来划分是不妥当的。从语境的角度讲，这有其合理性的一面，因为科学无国界，这是最大的语境，既然无国界，那么就不应该用科学的国别史来划分。以国别史划分会导致科学发展的西方中心论，其实中国古代对科学的发展也做了很大的贡献。

总之，萨顿认为科学史是综合的、完整的而且是人性化的，科学史要"成为科学与人文两种文化的桥梁"③，就是要强化科学史的人性化，不然的话也就失去了科学发展过程中很有人性味的故事。另外，科学史也不能写成冷冰冰的历史，而是应该写成充满人性的历史。科学是全人类的事业。他认为，科学史是对科学及其发展历程的客观反映，是基于全球的发展，那么就有来自东方的，也有来自西方的。从近代科学的发展来看，来自西方的占主体地位，但是我们

---

① Sarton G. *The Study of the History of Science*. Cambridge：Harvard University Press，1936：5.
② Sarton G. *Introduction to the History of Science*. Huntington，New York：Robert E. Krieger Publishing Company，1975：30.
③ 黄瑞雄. 萨顿"人性化的"科学史观评析. 科学技术与辩证法，2002（6）：46.

不能忽略东方对科学发展的影响，单纯的西方中心主义是应该受到批判的。比如，中国古代的炼丹术就对人类化学的发展有很大的贡献。

（四）萨顿对科学史的贡献及意义

萨顿被称为"科学史之父"，是学界对其所做贡献的一种高度认可。尤其是萨顿终其心愿所设立的科学史的"萨顿奖"，奖励的第一个人就是萨顿本人，这更说明了大家对他的认可。这种认可是建立在他对科学史的巨大贡献基础上的。

第一，萨顿最突出的贡献是创立了科学史学科，并使之学科化、专业化。他的实证主义科学史观也为现代科学编史思想的形成与发展提供了可借鉴的基础。他在 45 年对科学史的研究中，从没放弃对自己事业的追求，以渊博的学识、执著的信念、坚强的信心，撰写了百科全书式的著作——《科学史导论》。虽然这部书只写到 14 世纪，但是它的影响非常大，体现了萨顿对文献不辞劳苦的积累。他的《科学史》虽然也没有完成，但是却为科学史研究转向人性化作出了巨大贡献。

第二，他亲手创办的杂志《伊西斯》和《欧西里斯》，直到今天还是全球科学史方面最权威的杂志，这也是当今世界上高水平的科学史论文研究的主阵地。

第三，萨顿对科学史教学方式的贡献。他在美国哈佛大学的科学史教学实践，也是我们从事科学史教学值得借鉴的教学方式，我们从《希腊黄金时代的古代科学》就可以读懂他的这种人性化的科学史风格，这也是值得我们学习的地方。更为重要的是，正是他在哈佛大学的科学史教学，才使科学史在哈佛大学专业化成为可能。如果他在第一次被哈佛大学解聘后不再作出努力，也许整个科学史的发展就不是今天这个样子了。特别是萨顿进行本学科的教学实践等，为科学史的最终确立起到了决定性的作用。

第四，萨顿第一次明确区分了科学史与文明史的关系，以及科学史与人类社会诸多关系的认识，并以此来阐述科学史的独立学术价值。总体上说，萨顿的这一观点是符合实际的。

第五，科学史的建制化，导致后期美国职业科学史学家的出现，在这方面萨顿做了重要的奠基性工作。就科学史而言，职业科学史学家的出现是学科建立的外在表现，而科学史自主化的编史思想出现，则是学科走向成熟的逻辑标准。一般认为，20 世纪初期，正是萨顿的突出贡献才导致科学史的社会建制化、职业化，科学史的职业化使得科学史脱离了传统的为自身辩护的历史，而走向规范的学术道路。

第六，萨顿的实证主义科学史观，把科学史的研究从传统的专科史发展到综合史，寻找到了科学史研究的方法论进路。他坚持自培根到孔德以来的实证主义科学史主张，认为科学史就是累积实证知识的发展，为强调这种累积实证的整体性，就要以综合史代替专科史来实现。他的两部没完成的巨著，正是将这一主张付诸实践的生动写照。对于这一点，尽管有其合理的一面，但正如库恩后来指出的，虽然后来的经验表明，各门科学其实并非浑然一体，按照一部科学通史的要求，即使有超人的学识也难以把所有的进步都编到一部连贯的历史叙述之中。但是，萨顿的尝试却具有十分重要的意义，可以说他的工作成了现代科学编史学形成的决定性因素之一。①

第七，萨顿提出了"人性化"的科学史主张，成为区别于旧人文主义的新人文主义思想的倡导者。他之所以发起新人文主义，就是要区别于旧人文主义。他的新人文主义思想导致他喜欢描写科学理念的美感和科学家们对科学事业的献身精神，尽管他认为科学史是人类的文明史，科学技术对人类文明产生了巨大作用，但是他却从来没有成为一名"科学至上主义者"，而且，他对科学发展过程中出现的邪恶副产品（evil by-products）拥有一种敏锐的判断力。② 所以，他非常关注科学与人文的分裂与对立，并努力去寻求解决这个问题的方法和途径。他不得不把科学史看作是弥补科学与人文之间鸿沟的桥梁，因此他认为只有实现科学的人性化才是唯一有效的途径，这一思想是其晚年的思想，也许是受到他的学生的影响才突然出现了这样的想法。因为其前期的思想就是一种文献的积累与实证。所以他在晚年时写了2卷本的《科学史》，极力主张创立人性化的综合科学史。他最后所表现出来的主张科学人文主义，为科学与人文的协调统一、共同发展作出了贡献。他的科学史观影响深远，更重要的是，还具有重大的现实意义，对我们今天研究科学史还有很大的启发意义。

总之，萨顿的科学史观有其进步性的一面，也有其局限性的一面，在下节的论述中会对其进行进一步的语境评述。

四、柯瓦雷的科学史观

自进入20世纪以来，科学史的研究出现了两个大人物，其中一位上述已做了介绍，另一位就是与萨顿处于同时代的柯瓦雷。他是一位科学史的内史大师，其影响力不亚于萨顿，只是他们的风格不同而已。基于这两位大师对科学史的

---

① 托马斯·库恩著，范岱年、纪树立译. 必要的张力：科学的传统和变革论文选. 北京：北京大学出版社，2004：110.
② Cohen I B. George Sarton，*ISIS*，Vol. 48，1957（153）：298.

贡献，从事科学史的研究人员若对他们的贡献不熟悉，那便是对自己的不负责任了，下面会对柯瓦雷做一比较详细的介绍。还有一点，就是这两位大师也真是奇怪了，在世的年龄是相同的，只是出生的时间不同。

从时代上来说，柯瓦雷只比萨顿晚8年出生，可以算是同时期的人物，但是在研究路径上却有很大的不同。柯瓦雷的概念分析、语境分析和实验思想移位的方法，对科学史的研究产生了重要影响，其影响力不亚于萨顿，只是因为他们在不同的地方开始科学史研究，所以影响力不同，但不能说谁的贡献大，只能说谁的较为合理或是在什么语境下较为合理。总的来说，柯瓦雷开创了科学史内史研究的另一局面，而且形成了自己独特的风格和研究方法，被称为内史大师，开创了科学思想史研究的先河。

（一）柯瓦雷的思想轨迹

与萨顿不同的是，柯瓦雷是俄裔法国科学史学家，早年在德国哥廷根随胡塞尔（Husserl，1859—1938）学习现象学，并随希尔伯特（Hilbert，1862—1943）等学习数学和物理学，然后到法国跟伯格森（Bergson，1859—1941）等学习哲学。我们从其学习经历可以看出，他的知识架构也是理科，然后再具备哲学思维，这也许就是从事科学史研究并取得一定成就的基本素质。

柯瓦雷也是一位百科全书式的人物，但是与萨顿"百科全书式"的研究风格不同，柯瓦雷的科学史研究是基于哲学、宗教和历史的研究，站在人类"思想统一"的基底上，这也许是受法国史学传统的影响，对科学史的事件或人物分析深刻透彻，见解深入细致有高度。在柯瓦雷的影响下，在第二次世界大战以后的20多年，科学思想史的研究占据了科学史研究的主流地位，吸引了一大批年轻的学者参与到科学思想史的研究中。从学科发展的角度讲，科学思想史的研究规范了科学史的研究，也是与后期科学社会史并驾齐驱的两辆马车之一。从这一点上讲，可以说其与萨顿的贡献相当。

与萨顿完全不同的是，柯瓦雷并不是一开始就研究科学史的，而是始于宗教思想史的研究。他从德国学习之后，自1922年在法国高等研究实用学院任教，直到他去世都没有离开过这个学院，所以说他的科学史研究主要是在法国完成的。虽然在20世纪初期交通不是很便利，而且柯瓦雷的研究工作主要是在法国，但并没有影响到他的学术交流，尤其是在后期，柯瓦雷与美国的科学史交流也多起来了，1956年被普林斯顿高等研究院聘为研究员。普林斯顿高等研究院是1930年成立的，位于美国新泽西州的普林斯顿，是一个相对独立的研究机构，和普林斯顿大学没有任何关系。普林斯顿高等研究院汇聚了各个领域的一流学者，没有任何教学任务，只做最纯粹的尖端研究。后来，他又被芝加哥大学、约翰-霍普金斯大学、威斯康星大学等校聘为客座教授，从这一点上来说，柯瓦雷的学术交流主要是在法国和美国，而且还是比较多的。

正是通过研究宗教思想史和哲学思想史，柯瓦雷发现要把这二者分开是很困难的事。他在《我的研究倾向与规划》一书中明确指出：将哲学思想史与宗教思想史分离成为相互隔绝的部门似乎是不可能的，前者总是渗透着后者，或为了借鉴，或为了对抗。① 于是在经历这样的思想史研究之后，他发现不论是哲学思想史还是宗教思想史，都离不开科学的发展，所以他落脚于科学史的研究，形成了自己的一派风格——科学思想史。简单地说，柯瓦雷的研究经历主要有三个阶段：第一个阶段是研究圣安塞姆（Anselmo，1033—1109，意大利神学家和哲学家）和中世纪的哲学；第二个阶段是研究帕拉塞尔苏斯（Paracelsus，1453—1541，炼金术士）和16世纪的神秘主义思想；第三个阶段是对哥白尼、笛卡儿、伽利略和牛顿的科学思想进行研究。从这三个阶段可以看出，不论是研究宗教、哲学还是科学史，柯瓦雷都是从人物开始着手，从人物着手就可以通过其成就看其思想，所以说，产生了人类思想的统一性这种理念，或者说在他看来，上述这三种思想是统一的。他在研究16—17世纪哲学思想史的过程中，开始考虑哥白尼的《天球运行论》对当时的哲学和宗教的影响，于是1932年他开始翻译哥白尼的《天球运行论》并作出评注，从此进入天文学史的研究领域。此时，他已深刻认识到要深入理解中世纪和近代思想，对科学思想的考察是不可或缺的，从此便转向了科学思想史的研究。

在从事科学思想史的研究中，柯瓦雷依旧从人物开始，这从其经典著作的成书时间就可以看出来：《伽利略研究》（1939）、《从封闭世界到无限宇宙》（1957）、《天文学革命》（1961）和《牛顿研究》（1965），其中《从封闭世界到无限宇宙》虽然没有以科学家的名字命名，但他通过梳理17世纪科学革命的主线，阐明了天球的"破碎"和宇宙无限化的过程，也即价值世界与事实世界分离的问题。在这一分离过程中，上帝的角色发生了转变，从中也体现了哲学思想与科学思想的相互影响。所以说，科学思想的演进过程与哲学的、宗教的思想有着紧密的关系，科学的发展绝不是单一的事情，而是与语境相关的，要理解科学是怎样发展的，就要回到提出这个理论的科学家当时的思想和精神氛围之中，考察其所思、所想，然后才能考察其自身的合理性问题。而不是用当下科学的标准来简单地区分是科学或不是科学，只有这样才能把握科学思想发展

---

① http://ge.cupl.edu.cn/zrkxs/detail.php?id=383 [2015-4-6].

的原貌。为了达到这一目的，他运用概念分析法，对科学概念进行语义、语形和语用的分析，通过科学概念的演进来揭示科学观念的变化，以及其与哲学的、形而上学、宗教等思想间的关系，从而梳理出科学观念在哲学的、形而上学和宗教的语境中的演化与变革。所以说，柯瓦雷的概念分析法，实质上是一种对概念的语境分析，这个语境就是其宗教语境、哲学语境与社会语境。

（二）柯瓦雷的科学史成就

柯瓦雷对于科学史的贡献主要可以从两方面进行概括：一是理论方面；二是实践方面。在理论方面的贡献：首先，形成了科学思想史的研究学派，也可以说成是一种研究风格，而且这种研究风格一度成为科学史研究的主流，直到科学史外史研究的出现，这种格局才被打破，成为现在的科学思想史与科学社会史并行的局面。其次，形成了独特的"概念分析法"，而且把这一方法用于科学史的研究，不仅创新了研究方法，更重要的是揭示了科学理论的基础概念间的关系，同时也由此揭示了科学思想与宗教思想、哲学思想及形而上学之间的关系，为他的人类统一思想的观点提供了理据。最后，对科学的认识，对后人研究科学史指明了方向和内容。柯瓦雷认为，科学在很大程度上是一种理智事业，表现出了很强的理性思维，而且科学事业具有内在的进步性和逻辑性，科学革命就是科学的内在进步性所体现出的人类理智的进步，科学革命史就是一部人类理智发展的理性史诗。从这里我们可以看出，对于科学、科学史和科学史研究方法，柯瓦雷具有很清晰的认识，他没有从科学的整体性出发去研究科学史，但是他的研究却揭示了科学的发展是一种思想统一的历史，其实也是一种整体性的表现，这样的研究风格无疑比萨顿百科书式的研究要简洁、经济、明快，而且也易于把握。

其在实践研究方面的贡献主要集中在4部著作上，即《伽利略研究》（1939）、《从封闭世界到无限宇宙》（1957）、《天文学革命》（1961）和《牛顿研究》（1965）。这4部著作都是对17世纪科学革命的史诗重建，只是从不同的层次和角度全方位地描绘了当时科学革命的发生与发展。下面对它们进行简单的介绍，以从中了解柯瓦雷的科学史观是如何提出来的，这也是理解他的科学史观的史学语境。

（1）《伽利略研究》是柯瓦雷自1932年开始翻译哥白尼《天体运行论》后的第一本著作。很有意思的是，他本人也说过，他的研究是先从天文学史开始，又转向物理学史和数学史的，那么他的第一本著作不是《天文学革命》而是写了《伽利略研究》，也许这正是一个科学史学家的一种学术安排。于是，他在后

来的《从封闭世界到无限宇宙》中这样写道:

> 就我而言,我已在我的《伽利略研究》中做过一些努力,以界定新旧世界观的结构模式并确定17世纪的这场革命所带来的各种变化。依我看,这些变化可以被归结于两项基本且密切相关的变动,我将之概括为天球的崩坏与空间的几何化。前者是说,世界之作为一个有限的、井然有序的整体的概念——在此世界中,空间结构蕴含着一套完美与价值的等级序列——被替换了,代之而起的是一个不确定的、甚至是无限的宇宙概念,此宇宙不再由自然的从属关系所联结,它之所以是统一的只是因为它的终极组分和基本定律是同一的;后者是说,亚里士多德式的空间概念——分立的、以潜在形式存在着的位置序列——为欧几里得几何空间概念所取代,欧氏空间是指本质上具有无限性和均匀性的广延,从那时起,人们认为它与世界的真实空间是同一的。①

从这一段话我们就可以看出他的一些研究计划,这种研究计划也正是他在《我的研究倾向与规划》中所提到的。他试图通过伽利略分析的是17世纪的科学革命,他认为发生在17世纪的科学革命不仅仅是一场深刻的科学革命,而且是思想观念转变的根源。更为重要的是,这场革命不仅动摇了我们思想的内容,而且还改变了我们思想的框架本身:无限并且同质的宇宙取代了古代和中世纪思想的有限性且层次分明的宇宙。②

事实上,《伽利略研究》集中揭示了伽利略与新柏拉图主义之间的关系。该书通过对历史文献的重新解读,发现从亚里士多德物理学到伽利略的新物理学与新天文学的诞生,并不是对新科学事实的发现,而是由于新观念的出现,人们正是为了论证新观念而进行各种实验,这也许可以说是他的"观念论"的最初思想。从该书的结构我们也可以了解到当时柯瓦雷写这本书的意图。

《伽利略研究》全书共3个部分:第一部分以"经典科学的黎明"为题,从亚里士多德写到中世纪的博纳米科,再到贝内代蒂的冲力物理学,然后引到伽利略的物理学研究。第二部分以落体定律入手,但是结构安排别出心裁,先是写了伽利略,然后写到笛卡儿,最后再论伽利略,一般作者是不会这样安排的。第三部分以伽利略与惯性定律为主题,分别从哥白尼学说的物理学问题、《关于两大世界体系的对话》与反亚里士多德派的论战,以及伽利略的物理学去分析

---

① 柯瓦雷著,邬波涛、张华译. 从封闭世界到无限宇宙. 北京:北京大学出版社,2003:序言.
② 吴国盛编. 科学思想史指南. 成都:四川教育出版社,1994:89.

论证，其中涉及哥白尼、布鲁诺、布拉赫和开普勒这 4 位天文学家。

从这样的结构我们就会发现，虽然是以"物理学家伽利略"为题，但实际论证的却是围绕天文学的物理学革命，或是说物理学在天文学中的应用，甚至他还用"天的物理学"和"地的物理学"来描述当时发生的天文学革命。所以，柯瓦雷将物理学革命、天文学革命等紧密结合在一起，以试图表达科学发展不是新事实的发现而是新观念的变化，而且更重要的是表达科学革命的发生就是一种"人类思想统一"革命。

（2）《从封闭世界到无限宇宙》是一部很精练的科学史经典著作，柯瓦雷将 17 世纪科学革命发生的过程描述为天球的破碎和宇宙（cosmos）无限化的过程，即由原来一个封闭的世界——天球，破碎后发展为无限的宇宙空间。在这一发展过程中，起初的宇宙是由层层相套、相随的天球构成，这是一个有限的、封闭的和等级有序的宇宙整体，这个整体以一个自然的规律在运行。新的理论出现以后，这种格局被打碎，取而代之的是一个无限的和几何化的宇宙（universe）。我们需要注意的是，这里的 universe 与 cosmos，对应的中文都是宇宙之意，但是英语中是有一定差别的。笔者理解是，universe 是指一种空间、时间、物质和能量等可以几何化的统一体，而 cosmos 是一个哲学上的天球，尤其是结合希腊精神所抽象出的有规律的体系。所以说，天文学的革命就是在以前通过观察得到有规律的体系的基础上，进行一种规律性的认知活动，即几何化的、具有同一性、革命性的活动。在传统的天球宇宙概念体系中，由于受到哲学、宗教等思想的影响，天球存在的秩序和结构是由人为排序的价值等级决定的，而非其本身所决定的。其排列顺序是从地球到星辰，再到神圣的天球，以这样一种不断上升的结构去处理天体间的关系已经暗含了一种人为的价值判断思想，而不是一个实际的运行状况，这也是"日心说"能够推翻"地心说"的一个很有力的观点；天文学革命之后的宇宙"变成"了无限的、几何化的宇宙，天体间存在的普遍、基本规律被揭示出来，这些规律约束了它们之间的存在状态与运行方式，从而取消了等级之分。所有这些思想都表明一个事实：天文学的发展阐明天体间的关系不能以人为的理念去判断，比如，完美、和谐、意义和目的等哲学家预设的价值观念，而是要以普遍的基本运行规律去把握，这样就导致价值观念与事实世界的分离，使现实存在与价值观念变得毫无关系。这就是天文学革命。

在这部著作中，作者是以这样的结构安排的，从中可以看出这部著作的确是非常精练的经典作品。该书以天空和天国为第一章，在这章作者是从库萨的尼古拉（Nicholas，1401—1464）与帕林吉尼乌斯开始谈起，尼古拉生于德国摩塞尔的库萨地方,所以被称为库萨的尼古拉,是文艺复兴时期欧洲德意志神学家,著有《有知识的无知》,集中论述了人类对上帝的看法。所以该书开篇是以人们对上帝的认识开始的。第二章从哥白尼、迪格斯、布鲁诺与吉尔伯特这 4 位科学家的科学思想,论述新天文学和新形而上学,进而在下一章集中论述了开普勒对无限的拒斥,分析了新天文学与新形而上学的对立。第四章以宇宙空间中新的发现和空间的物质化为题,实质是要论证新的天文学观念,这为第五章以后的几章分别从伽利略、笛卡儿、摩尔、马勒伯朗士、牛顿与本特利等人物去分析绝对空间、绝对时间及其与上帝的关系奠定了概念基础。通过对空间的神圣化论述了上帝与世界的关系,即空间、物质、以太和精神之间的关系,其实质是基于牛顿的绝对时空观去规范上帝的行动框架。由此而得出了最后两章的结论,把上帝作为工作日的上帝与安息日的上帝,并以神圣的技师与无所事事的上帝作为全书的结束语。从这样的结构我们不难读懂柯瓦雷的起步于上帝、结束于上帝的结构安排,而且这两个上帝已完全不同。前一个上帝是宗教神学意义的上帝,是传统意义上的上帝,而全书结束时的上帝,已是一个几何化的上帝,给予了上帝新的内涵。于是,自然地形成了一个结论:天文学革命是在价值判断和现存事实分离的过程中,上帝的角色发生了转变,这是问题的关键。由此而推导出,在天文学革命之后,上帝的角色发生了"质"的变化,在世界中存在着两位可能的上帝,一位是工作日的上帝,另一位是安息日的上帝。这更进一步说明了上帝的角色和作用,这里柯瓦雷用了一个机械钟的隐喻。

柯瓦雷的结论是:在一个当时类似于机械钟的世界中,工作日的上帝就是牛顿物理学世界中的上帝,为了世界的正常运转,上帝需不断地修理和启动这个机械钟,以保证它的正常运转,而不至于进入混乱或者是停摆的状态。因为牛顿描绘的世界不是一架完美的机械钟,不可能靠原有的法则而永恒地运转,而是需要上帝不断地干预。而上帝作为这个世界的最高统治者,规定和干预这个世界的运转,甚至于创造出完全不同的世界来。所以说上帝是自由的,他可以做任何他想做的事情。而安息日的上帝就是莱布尼茨所描绘的上帝,在完成了创世的事情后,就不再做任何干预世界运行的事,让世界自己运行下去。所以说,莱布尼茨所描述的世界是一架完美的机械钟,具有恒定的能量,它一旦被创造出来,就可以自己永恒地运行下去。现实情况是,到了 18 世纪末,牛顿的经典物理学已经取得了绝对性的胜利,但是在这场关于上帝的讨论中,却是莱布尼茨的观点慢慢地占了上风。为什么这样说呢?就是因为随着牛顿物理学的不断发展,人们认为世界之钟不再需要启动和维护,按照惯性定律就可以永恒地运转下去,所以牛顿描绘的上帝就变得"无所事事"了。如果承认世界是一个不需要上帝干预的完美机制,那么上帝就会被排除于世界之外,而不再需要上帝。关于这些论述,曾有学者以"科学革命与上帝之死"为题进行了专门的讨论。①

从这本著作我们也可以看出,尽管该书没有用科学家的名字命名,但是书中的论述几乎没有离开过具体的科学家思想,柯瓦雷的观点正是在分析这些科学家的思想和自然科学的成就中得出的。这样的一种思路,也是一种语境化的研究思路,因为是科学家及其科学活动才构成了独特的语境,在这个语境内,科学活动才是有意义的。

(3) 柯瓦雷的《牛顿研究》②,相比上述的两本著作来说,没有很成系统性地论述。《牛顿研究》只是包括了作者在不同时期写的关于牛顿科学思想的文章,虽然像一个论文集,但是这些论文每篇都是对牛顿科学思想的一个不同方面进行描述。从表面上看,文章间的联系不是很多,似乎各个篇章都是一种独立关系,但是这些文章并不是简单地拼接在一起,而是围绕牛顿的科学思想进行的。柯瓦雷用他的概念分析法,对牛顿不同时期的科学思想进行分析,以揭示他的科学思想是怎么与时代的主流思想相联系的,而且也旨在说明科学思想是怎么被经验所控制的。所以说这部著作的结构安排不像《从封闭世界到无限宇宙》那样显得有层次。全书共分7篇,也相当于7篇不同的文章。该书开篇便论述了牛顿综合的意义,这充分说明了柯瓦雷对于牛顿科学思想的认可。在第二篇,作者用概念分析法剖析了牛顿科学思想中的概念与经验,在此基础上,作者将牛顿与笛卡儿进行了对比,分析了两者间非常复杂的关系。在第三篇之后,作者列出了14个附录:惠更斯与莱布尼茨论万有引力、引力是一种隐秘的性质、重力是物质的一种本质属性、虚空与广延、罗奥与克拉克论引力、哥白尼与开普勒论重力、伽桑狄论引力与重力、胡克论重力的吸引、伽桑狄和水平运动、运动状态与静止状态、笛卡儿论无限与无定限、上帝与无限和运动、空间与位置等,通过这些附录很明显可以看出作者是为了使读者更容易理解牛顿力学是怎么回事。在第四篇,作者只对牛顿、伽利略与柏拉图三个人的思想进行了对比,很显然作者是一个新柏拉图主义者,这样的对比旨在表明作者的思想倾向。第五篇是以"一封未发表的罗伯特·胡克致伊萨克·牛顿的信"为题,是在阐述他们之间非常复杂的关系,以光学和平方反比定律等的发现过程使他

---

① 柯遵科. 科学革命与上帝之死——读《从封闭世界到无限宇宙》. 民主与科学,2007 (3):51 - 54.

② 亚历山大·柯瓦雷著,张卜天译. 牛顿研究. 北京:北京大学出版社,2003.

们之间产生了很大的敌意,而且由于牛顿的声望比较高,导致皇家学会取下了胡克的肖像,这可能是胡克没有留下任何肖像的原因。第六篇作者对牛顿的"哲学思考的规则"进行了论证和评述,最后一篇是从引力出发,对牛顿和科茨的科学思想进行了分析和对比。

从这里我们可以看出,尽管柯瓦雷的《牛顿研究》是一本由他关于牛顿科学思想的几篇学术论文组成的,但是也可以看出柯瓦雷的研究风格:主要是从人物的内在思想出发,通过概念的演进去分析一门学科的发展历程。另外,柯瓦雷的研究是具有系统性的研究,这是值得作为一个科学史研究者应该考虑的问题。柯瓦雷的文章是以一种系列文章的形式去研究的,这样的系列文章表面看似乎每篇之间的关系并不大,但组合在一起后便可以看出它们间都有联系,而且全部是以科学思想为主线对牛顿不同的物理学、哲学思想的分析与研究。所以说,以人物为基准的科学思想史研究应该是经久不衰的。

(三) 柯瓦雷的科学史观

从上述著作中,我们不难分析得出柯瓦雷科学史观的主要内容,他的研究方法主要集中在概念分析上。正是由于他的这一独特的研究方法,使得他对科学史的看法一直集中在科学发展的内在规律上。他几乎没有把研究视线转移到科学发展的外部因素上,所以在某些方面他与萨顿的思想有相近的地方,但也有很多不同的地方,尤其是萨顿主张实证主义的科学史研究,而柯瓦雷的思想却与他不同,所以才形成了科学思想史的研究风格。

第一,柯瓦雷认为科学就是从本真出发,人类对真理的探求,是一种观念或理论的更新,科学史就是一种观念史或理论史的演进过程。其实柯瓦雷的概念分析法并不是他本人的新发明,而是他在1939年以前写《伽利略研究》时,将新康德主义哲学史的概念分析方法引入到了科学史的研究中,在康德的"自在之物"概念的基础上,新康德主义认为不论是自然现象还是历史现象,都是一种观念的产物,其主客体关系是观念上的主客体关系。这种"观念论"思想对柯瓦雷的影响是非常大的,所以他基于这样的思想和观念,通过对大量历史文献的比对和重新说明,认为促使伽利略新物理学和新天文学诞生的,不是新事实的发现,而是新观念的出现。

这样的分析不无道理,因为从自然科学发现的角度来看,伽利略的两个铁球同时落地的实验即使你不做,科学事实也总是存在的,只是你没有发现而已。这正如万有引力定律一样,你没有发现,不能说其不存在,只有你发现了之后才解释了一些以前无法解释的现象。所以说,科学的发现、发展等都是人们的

观念在变化,是观念的更新导致了科学的进步。所以,他在《伽利略研究》中这样写道①:

> 现代科学的奠基者,如伽利略,所要做的,就不是去批判某些错误的理论,而是去修正错误或是用更好的理论取而代之。他们必须毁灭一个世界,并代之以一个新世界。他们必须重塑我们理智本身的构架,重述并改造它的概念,提出探索存在的新途径、新的知识概念、新的科学概念——甚至用一个并不自然的途径来取代一个相当自然的途径,也即常识的途径。

这段话明确说明柯瓦雷的概念演进的科学史观是其科学史观的主要内容,他认为科学的发展就是一种概念的更新与演进。因此,他主张在科学思想内部或其基础之上,构建一种新形而上学或一组深层次的概念性假设;反过来在近代科学的新领域中,它们又会形成思想、实验及实践活动。②

第二,科学思想与哲学思想和宗教思想一样,是人类思想统一的一种形式,与哲学的认识论有着不可分的关系。可以这样说,柯瓦雷与萨顿一样是站在人类文明史的高度看待科学的,而且柯瓦雷还基于人类思想的统一性去思考科学的发展史,这更使得他突出强调要把科学看作一个整体去思考,这也是其科学思想史研究风格形成的基石。比如,他在探讨宇宙概念的更替时,并没有从科学的本身出发去考虑,而是超越了"科学"本身从哲学意义上去思考,从中世纪以降的哲学思想、科学思想和宗教思想的相互作用中去考查科学的发展,这是其思想很明显的一点,特别注重科学的发展历史与人类思想其他领域发展的关系。因此,他在《从封闭世界到无限宇宙》一书的前言中这样写道③:

> 多少次,当我研究 16—17 世纪科学和哲学思想时——此时,科学和哲学紧密相连,以至于撇开任何一方,它们都将变得不可理解——如同许多前人一样。我不得不承认,在此期间,人类,至少是欧洲人的心灵经历了一场深层次的革命,这场革命改变了我们思维的框架和模式,现代科学和现代哲学则是它的根源和成果。

从柯瓦雷的这一科学史观来看,无疑这是有很大进步意义的。但是在这里需要强调的是,尽管说是与其他思想有联系,但是他始终没有把社会因素纳入

---

① 刘钝、王扬宗编著. 中国科学与科学革命——李约瑟难题及其相关问题研究论著选. 见:亚历山大·柯瓦雷著. 伽利略与柏拉图. 沈阳:辽宁教育出版社,2002:814.
② 刘钝、王扬宗编著. 中国科学与科学革命——李约瑟难题及其相关问题研究论著选. 见:约翰·舒斯特著. 科学革命. 沈阳:辽宁教育出版社,2002:837.
③ 亚历山大·柯瓦雷著,张卜天译. 从封闭世界到无限宇宙. 北京:北京大学出版社,2008:1.

到其科学史研究中，这也成为后来科学社会史发展的契机。

第三，科学史的目的就在于揭示科学的进步。不难理解，柯瓦雷的看法与萨顿是相同的，都主张科学是一种理智的、具有内在逻辑性的进步事业。但是柯瓦雷并没有把科学的进步与人类知识的积累实证结合起来，这一点又与萨顿有所差别。在柯瓦雷的科学思想史研究中，他始终把人类思想的统一性摆在首要位置，但这样也造成了一个弊端，就是把"科学思想"理解为具有进步性的或能导致进步的"科学概念"和"信念"，而不在"进步性"因素之内的则不予考虑，这一点是不可取的。在人类思想统一的基底上，柯瓦雷注意到了一些哲学、宗教等思想对科学发展的促进作用，但他却对那些他认为是对科学发展的不利因素不予考虑。这方面最典型的例子就是他在从事牛顿研究时，只是对牛顿的有利于人类进步的内容做了深入的研究，但对牛顿晚年从事炼金术和神学研究却不考虑。这样的处理是不全面的，也就是说不会将一个"全真"的牛顿展示给大家。据狄布斯的《科学与历史》一书记载，科学史学家兼医学史家佩格尔（1898—1983）曾有一次在听完柯瓦雷关于牛顿研究的报告后，觉得柯瓦雷讲的内容没有涉及牛顿的炼金术研究，于是就问他对牛顿从事炼金术研究的看法，而柯瓦雷则以"我们不考虑这些东西"作答。从这一点来说，柯瓦雷不愿正视牛顿炼金术研究，是有其思想基础的，那就是他的信念就是要证明一个观点：科学史的目的就在于揭示科学之进步，一切与科学进步没关系的因素都不以考虑。这可能也是其科学史观最大的弊端。

对于柯瓦雷的科学史观，总的来说有其合理性的一面，但也有不足之处，其不足之处也为外史的进入敞开了大门，对于其具体的语境评述，将在下一节中进行。

五、赫森论点

"赫森论点"是从事科学史研究不可忘却的事情，因为尽管赫森（Hessen，1893—1938）本人在科学史界没有什么丰功伟绩，但是他的研究风格却与前人或同时期的学者有很大的不同，而且开创了科学史由内史转向外史研究的先河。赫森本来是物理学家，他并不是从事科学史研究的科学史学家，但是他在1931年的英国伦敦南肯辛顿科学博物馆讲演厅举行的第二届国际科学技术史大会（6月29日—7月3日）上，提交并宣读了他的论文《牛顿〈原理〉的社会和经济根源》(*The social and economic roots of Newton's "Principia"*)。关于当时科学史界对这篇论文的反映，具体的一些细节不是太清楚，但我们可以从莱维的回忆中略有品味①：

> 听众感到稍有不快。会议主持者还是要求礼貌地倾听，看看这些外国人到底在讲些什么。当然不是说，他们要说的一切都是重要的。不过人们马上发现，苏联人提出的观点是如此新颖和富有革命性，以致很难作出评判，或作出理论上的反驳。总之，在那个特定时刻，在我们中间，除了那些早就开始按这个思路思考过的以外，多数对格（赫）森提出的思想观点觉得太新颖，感到无法吸收。当然，也是因为时间仓促，无法作严肃思考或讨论。当最后一位苏联人发言完毕并开始讨论时，我们中间有些本来准备发言的人，突然觉得张口结舌，感到无力沟通苏联人与大多数听众之间的巨大鸿沟。大多数人只好表示容忍而默不作声，因为思想太奇特了。

在这一回忆中，作者用的几个词是值得我们注意的："如此新颖和富有革命性"、"很难作出评判"、"太新颖"、"张口结舌"、"思想太奇特"，由此可见当时这篇文章在大会上的反响。其实这次国际科学技术史大会，当时的议题主要是科学史的教学，而没有想到苏联科学家和科学史学者组成的代表团意外参加，苏联代表团共向大会递交了 10 篇论文和一则文献目录，为了符合大会要求，代表团组织力量在 5 天时间内将这些论文全部由俄文翻译成英文。经过苏联代表团与组委会的争取，使会议在最后一天为代表团提供了宣读论文的时间，没想到正是这样的一次参会，使这次会议具有了里程碑式的作用。正是由于这篇赫森论文的新颖性，受到了大家的重视，会后这 10 篇论文和 1 篇文献在伦敦结集出版，即论文集为《十字路口的科学》（Science at the Cross Roads）。那么赫森的这篇论文是怎么出台的呢？这个问题应该是作为一个科学史研究者必须了解的问题。

赫森本是苏联的理论物理学家，时任莫斯科国立大学物理系主任，这就是说他本来与科学史的研究没有直接的关系，然而也许是受传统的科学家研究科学史的影响，当时的代表团全部都是自然科学家，而没有科学史学家，不过可以说他们都是科学史学者。赫森出生于一个乌克兰的犹太家庭，曾在英国的爱丁堡大学学习过一年的自然科学，后于 1914—1917 年回到苏联，在彼得堡大学物理系学习。俄国的十月革命后，他加入红军和布尔什维克党。1928 年从莫斯科哲学和自然科学红色教授学院毕业，然后留校任教，1931 年便成为莫斯科大学物理系主任，从事理论物理学的研究。那为什么赫森不是集中精力去研究他

---

① 赵红洲、蒋国华. 格森事件与科学学起源. 科学学研究，1988（2）：18.

的物理学而要写一篇这样的文章呢？

这要从 20 世纪 20 年代末开始说起。当时，苏联出现了"反机械论派"和"反德波林派"运动，在没几年的时间里，机械论派和德波林派被宣判为自然科学方面反马克思主义观点，因此这两种思想都受到了批判。而此时的赫森却既是批判者，又是被批判者：因为赫森是德波林派科学哲学思想的主要阐发者，所以在对德波林派进行批判时，他就是被批判者；而在反对"机械论"的运动中，赫森也扮演了一个批判者的角色。但是，这里需要说明的一点是，赫森对反机械论的批判持一种温和的态度，其目的只是为相对论的生存与发展争得一个空间而已，或者说只是为了维护相对论而已。1927 年，针对苏联一些关于相对论颠覆马克思唯物主义的观点，赫森与叶戈尔欣（Egorshin）发表文章指出①：

> 人们根据相对论和量子力学，引出某些不能为马克思主义者接受的结论，是有可能的，但决不能因此而抛弃这些理论的物理内容……如果苏联的马克思主义者把相对论指责为反马克思主义的，而后者作为一个物理学理论本身又是正确的，那么他们该怎么办呢？只有一条路可走，这就是要看到，科学的物理内核与科学的哲学解释之间，是应该加以区别的。

1930 年 6 月 7 日，《真理报》发表了米丁撰写的《论马克思列宁主义哲学的新任务》，拉开了对德波林派大批判的序幕。米丁批评德波林派在反机械论斗争中用形式主义的唯心论代替了辩证法，标榜哲学的"独特性"，逃避了现实性和党性。在 1930 年 12 月 29 日的"哲学和自然科学红色教授学院支部委员会的决议"中，赫森被列为反马克思主义立场的自然科学家集团中的一员，罪名包括"非政治倾向"、"曲解斯大林关于理论与实践的关系的指示"、"理论脱离实践"、"反对进行自我批评"、"忽视列宁在自然科学中的作用"、"修正恩格斯对自然科学的方法论指示"、"不了解恩格斯的著作对现代自然科学的意义与价值"、"物理学和数学领域中的马赫主义言论"，凡此等等，不一而足。②

面对此种境遇，为了回应国内对其"贬低马克思主义经典作家对自然科学的意义"和"理论脱离实践"的政治责难，赫森通篇援引马克思、恩格斯和列

---

① 转引自赵红洲、蒋国华. 格森事件与科学学起源. 科学学研究，1988（2）：8. 原出处：赫森、叶戈尔欣著. 关于季米里阿泽夫同志与现代科学的关系. 在马克思主义旗帜下，1927（2-3 合刊）：192-193.

② 龚育之. 历史的足迹. 哈尔滨：黑龙江人民出版社，1990：101.

宁[①]的论述，宣称利用马克思的历史过程理论寻找牛顿《自然哲学的数学原理》的社会、经济根源。

正是这样一篇论文的写作方法，产生了当时被称为"赫森论点"的一种分析方法。这篇文章的威力也打开了科学史界外史研究的大门，只是在当时有些人还没有意识到这一点，但是其工作却是奠基性的。

可以这样说，赫森的论文是用马克思主义的思想和观点去研究科学史的第一次尝试，所以才具有了开创性。赫森当时的意图非常明显，就是通过对牛顿科学工作的起因溯源，寻找牛顿当时写《自然哲学的数学原理》时在问题选择和具体内容选择过程中是什么起了决定性的力量，试图颠覆传统观念认为科学史是精英史的科学史观，以及对科学家开创性工作的唯心理解。所以说，从起点上说，赫森就有了一个预设：牛顿的科学研究与社会和经济有着不可分割的关系，所以通过一些论据可以证明这一点。但是，在真正的行文中，显然赫森的论证不是很有效，几乎没有证明社会、经济对技术的需求，导致科学家在从事科研时选择问题起到了决定性作用，更没有对牛顿物理学体系的社会学检验进行深刻的论证。因此，赫森思想的出发点是好的，但结果没有达到应有的高度和深度，因此成了一个"赫森论点"，但是这种研究风格足以给别人以启发。

所以，赫森在当时的社会语境下，能够想到从社会与经济的角度去考察牛顿的科学研究，其本身就具有了很特殊的意义。尽管赫森论点的学术价值还处在问题的提出阶段，而没有达到问题解决的层次，但是其也属于开创发一个新的科学史局面，可以称为"马克思主义科学史"。因为赫森利用马克思主义思想观点去研究了一本300多年前的经典著作——《自然哲学的数学原理》产生的社会、经济根源。其实从科技与社会互动的角度来看，这二者间本身就是在一个大的文化语境下互为生存和发展的。赫森论点，有其进步的一面，也有其不足之处，这也需要从事科学史工作的学者批判性地吸收。

六、默顿论题

默顿（Merton，1910—2003）作为美国社会学家、结构功能主义的代表人物之一，1939—1941年在图雷因大学先后任副教授、教授和社会学系主任。1941年后到哥伦比亚大学社会学系任副教授、教授（1947），吉丁斯讲座教授（1963），并先后担任过哥伦比亚大学社会学系的系主任、应用社会研究所副所长、美国社会学协会主席（1956—1957）、美国东部社会学协会主席（1968—

[①] 唐文佩. 无心插柳柳成荫：赫森论点的历史际遇. 科学文化评论，2010（5）：32.

1969)、美国科学社会学研究会主席（1975—1976）、社会科学研究院院长（1975）等职。1979 年在哥伦比亚大学退休并荣膺特殊服务教授和荣誉退休教授。2003 年 2 月 23 日在纽约逝世，享年 92 岁。

以上只是简单地介绍了默顿的生平。那么这一部分为什么不能以默顿的科学史观为题，而是以默顿论题为题？主要是因为默顿后期的研究并不是在科学史上，而是在科学社会学上。尽管他对科学社会史的发展作出了巨大的贡献，但是相对来说，他对科学社会学的贡献更大，因此美国的科学界称其为社会学家，而没有称他为科学史学家。但是从事科学史研究的学者，应该对迪昂、萨顿、柯瓦雷和默顿这四个人要达到非常了解的地步才行，否则就可以说是科学史的外行。虽然这四个人对科学史的贡献各不相同，但他们都对科学史研究具有开创性的贡献，非一般人所能及。

本部分以"默顿论题"（Merton thesis）为题，实质上是试图围绕他的科学史实践研究，对其科学史思想、科学史的社会学研究向度，以及他对科学史研究格局转变的重大影响进行分析和论证。换句话说，如果没有默顿开创性的工作，如今的科学史研究也许还是处于柯瓦雷或萨顿的研究范式。鉴于后期默顿的研究工作主要是在科学社会学领域，本部分的重点是放在他 1938 年的博士论文——《十七世纪英国的科学、技术与社会》所引发的默顿论题来展开讨论，而对他的科学社会学思想及结构功能主义等观点，不做过多的讨论。

(一) 默顿的成长语境

默顿 1910 年 7 月 5 日出生于美国费城的一个小商人家庭，他的父亲是一位东欧犹太移民，很聪明而且很会经营，在南费城第三大街开了一家出售牛奶、黄油、鸡蛋的商店，所以默顿的家境还算比较富裕。但是好景不长，在他 5 岁时，商店发生了一场火灾，家庭的财源断了，全家不得不搬到另外一个地方，他的父亲靠给别人做工而维持全家的生活。但也许正是这一搬迁，造就了未来的默顿。

离新家不远处有一个图书馆，这是一个约有万册藏书的图书馆，是由卡内基（Carneyie）出资开办的。所以从五六岁开始，默顿就在这个图书馆度过了其快乐的童年，他读了很多文学、科学、历史、传记和自传类的书籍，这样的知识面为后期默顿的发展奠定了坚实的基础。比如，他读了大卫·布鲁斯特（D. Brewster）的《牛顿的生活》，这本书对其博士论文的写作有很深远的影响。另外，离新家不远处，还有一个"绘画俱乐部"（Graphic Sketch Club），尽管默顿没有什么艺术天赋，但是他却经常光顾这个俱乐部，这些绘画拓宽了默顿的视野。那里还有一个音乐学院，默顿也经常去听音乐会，所有这一切都对童年和少年时期的默顿产生了很大的影响。这种影响不仅仅是素质方面的因素，更重要的是他的情操得到了陶冶。对于这一段快乐的时光，在默顿的心中是永生难忘的，所以在回忆起自己的童年和少年生活时，默顿觉得这表面上被剥夺的南费城贫民窟，但恰恰为一个青年人提供了各类资本——社会资本、文化资本、人力资本，总括起来可称为公共资本，即除了个人金融的各类资本。[①]

对于默顿是怎么进入坦普尔大学学习的，文献没有进行详细记载，总之是1931年默顿在坦普尔大学获得了学士学位。在这之后，有一个对默顿影响非常大的学者——索罗金（Sorokin，1889—1968），他是20世纪一流的社会学家之一。这个学者颇具传奇色彩，他本是俄罗斯人，曾当过俄罗斯临时政府内阁总理克伦斯基（Kerensky）的秘书。本来是从政的，后来因政治原因，三次入狱、流放，一次差点被处决。也许受政治的影响，索罗金弃政从文，于34岁时移居美国。经过7年的努力，于1930年成为哈佛大学社会学系第一位教授，是该系的创立者和第一任系主任。其实早在默顿大学没毕业时就知道索罗金的大名，只是作为一名大学生一直没有机会见到这位教授。在一次社会学年会上经他的老师辛普森（George Simpson）的引见认识了索罗金，当时的索罗金已经相当出名，已是美国的一流社会学家，默顿与索罗金得以面对面地交谈。可以说正是这一次见面，导致默顿走上了社会学的研究道路。当时的情形是，默顿一方面赞叹索罗金的学问渊博，觉得是值得自己一生跟着去学习的导师；另一方面，默顿本人由于从小受到各种知识的熏陶，也是一位才华横溢的大学生，彼此都是互为欣赏的。

有了这样的信念和追求，默顿开始更努力地拼搏，终于以优异的成绩，得到了哈佛大学的奖学金，并攻读社会学专业的研究生。入学后不久，他就成了索罗金的研究助手，研究生期间的研究对默顿后来的成长影响颇大。后来默顿回忆起这一段经历时，不无感慨地盛赞他的老师："他帮助我摆脱了思想的狭隘性，即把社会的有效研究局限在美国本土，他也帮助我摆脱了在贫民窟环境中养成的思维方式，即把社会的基本主题集中在社会生活的表层问题上。"[②]

也许连默顿本人也没有想到会接受萨顿的指导去完成其博士论文。因为默顿一直是从事社会学研究的，而萨顿当时是科学史的博士生导师。这本来就是

[①] Merton R K. *On Social Structure and Science*. Edited and with an Introduction by Piotr Sztompka. Chicago：The University of Chicago Press，1996：345.

[②] 罗伯特·金·默顿著，何凡兴等译. 论理论社会学. 北京：华夏出版社，1990：5.

两个不同的学科，怎么会扯在一起呢？这就和默顿的机缘有很大的关系。也许在某些时候，一个人的成才确实与机缘有很大的关系，或者说机遇。科学史也证明，有很多科学家的成才与机遇有关，比如，生殖生理学家张民觉就是一位一生与机遇有关的科学家，不过，这里我们不讨论这个问题。那么默顿的机遇是什么呢？默顿本来是跟随索罗金研究社会学的，硕士阶段就从事这方面的研究。默顿在做博士论文前，选修了一位经济学教授的课程。这位经济学教授的名字叫盖（Gay），在课程的学习中，盖让默顿写一篇课程论文，其题目是对犹舍尔（Usher）的《机械发明史》进行评述。当默顿完成这篇论文后，盖觉得默顿的论文与科学史的论文很相关，也很有见地，所以他建议默顿去听科学史的课程。当时哈佛大学唯一的科学史课程是亨德森和萨顿联合主讲的，后来便是萨顿自己一个人单独讲了。关于这一点，前文已做了分析。在听课的过程中，默顿与萨顿就结下了不解之缘，也使得默顿对科学史产生了兴趣。

在默顿看来，萨顿是一位很令人敬畏的学者，所以一般不敢轻易接近。有资料表明，在1933年秋的一天，默顿壮着胆子敲开了萨顿的温德纳189（Winderner189）工作室的大门。没想到的是，萨顿非常热情地欢迎他，当默顿向萨顿介绍他的博士论文选题时，默顿并没有否定他，但也没有肯定他，只是提了一些建议。为什么是这样的？因为默顿想到的是要写17世纪英格兰科学技术发展的社会学考察方面的工作，萨顿认为对于一篇博士论文来说，这个题目太大了，是没有办法去把握的，但是又不好打击年轻人的热情，况且萨顿一直主张的是实证科学史，主张人性化的科学史研究。所以，面对从社会学的角度去研究科学史，连他本人心中也没有底。

然而，正是这一好像不可能完成的、有点"大"的选题，造就了默顿的成功，也使科学史的研究从内史向外史打开了大门。现在有一个疑问，当时默顿构思他的博士论文时，是不是受到了赫森论文的影响？笔者试图查阅这方面的资料，却始终不得其果，没有资料表明默顿受到了赫森的影响。但是，从逻辑和历史的角度来看，赫森的论文是在1931年宣读的，默顿的博士论文选题是在1933年才开始的。尽管第二届国际科学技术史大会是在英国召开的，但是其影响力是国际的，那么默顿不可能看不到赫森的论文，况且会后论文就以单行本结集出版。所以，从逻辑上推理，默顿应该受到了赫森论文的影响。

暂不谈这个话题。再看萨顿与默顿的交往，从萨顿的为人看，他是一位很严肃的学者，是一位让人敬畏的教授，甚至有人说他是一位除了书信朋友，几乎没有亲密朋友的人，这足以看出他的个性。但是他对学生却是非常友好和善的，前文已叙述过，他由《科学史导论》改为撰写《科学史》，正是因为他的学生给他的建议。所以当他面对默顿这样一位有思想、有见地的学生时更是宠爱有加。关于这一点，不仅可以从他允许默顿自由地使用他的工作室看出来，而且从他同意默顿在研究生期间在《爱西斯》发表 8 篇学术论文更可看出对他的偏爱。还有一点是，1938 年默顿的博士论文在经费不足无法出版时，萨顿竟然同意其在《欧西里斯》上将论文全文连载。从这些方面来看，萨顿对默顿的厚爱是多么有加！所以可以说在默顿学术成长的关键时期，萨顿起到了核心作用。因此，默顿回忆这段时间的研究生涯时不无感慨地说①：

> 萨顿在一个我的训练只能算作一个入门者的领域里给予了我热情的鼓励和指导……把我从一个研究生转变为一个能与国际水平的学术共同体进行对话的新生。

所以说，正是萨顿对默顿的厚爱与偏爱，再加上默顿的个人努力，才使得默顿有了后面的一系列成就。但遗憾的是，他没有在后续的研究中继续从事科学史的研究，而是转向了科学社会学，成为当代很有影响力的科学社会学家，也是结构—功能主义的代表人物之一，而不是一个科学史学家。但是相对于萨顿的研究风格来说，默顿的博士论文所表现出来的研究方法、研究视角、研究内容等方面与他的导师完全不同，从而引出了到今天还在讨论的"默顿论题"。

（二）默顿论题

默顿于 1938 年提交了他的博士论文——《十七世纪英国的科学、技术与社会》，尽管在当时选题时，萨顿很有顾虑地认为选题比较宏观，但结果却是默顿做了一篇开创性的学术论文，而且对于"科学、技术与社会"（STS）学科来说，这是第一篇把 STS 用在一个题目上的论文，所以足见其影响之大。

默顿当初选择了 17 世纪英国的科学技术作为研究对象，从社会学的角度去分析科技的发展与社会诸因素的关系，进而达到对科技是如何发展的综合解释，阐明了科技与社会之间的互动关系，这是很有典型意义的选题。我们知道，近代科学的出现是以实验为基础的，到 17 世纪时在英国出现了牛顿、波义耳、胡克、哈威等伟大的科学家，他们在当时都是非常有名气的科学家，英国的皇家学会在 1662 年正式成立后聚集了一批这样的科学家，在这个组织下从事科学研究。所以说，从自然科学研究的角度来说，在组织上和个体上当时的英国绝对

---

① Merton K R. George Sarton: episodic recollections by an unruly apprentice. *ISIS*, 1985 (76): 475.

是世界科学的研究中心；另外，从技术发展的角度来说，17世纪的英国工业经济已相当发达，诸如采矿技术、交通运输业、航海技术、纺织技术、军事技术等科学技术都已取得了长足发展，这也为18世纪英国的第一次工业革命奠定了基础；再从17世纪英国的社会和文化因素来看，农村人口的增长导致城市化，城市化为科技的发展提供了现实需求，而社会文化语境和人们的宗教信仰也对科学与技术的发展产生了很大的影响，尤其是在中世纪以后100多年的发展，人们对宗教与科技的关系有了更清晰的认识，所以这一切社会因素，都与科技的发展有着很深的关系，只是前人没有注意到这一点。虽然赫森有所体会，但只是从社会与经济的角度去论述的，而且还没有真正论证到位。默顿的做法显然与赫森不同，他在收集大量文献资料的基础上，不是从定性的角度去研究，而是进行了大量的统计，在数量统计的基础上，得出了可靠的结论，使他的论文对17世纪英国的科学、技术与社会的互动关系分析到位、结论可靠，尤其是改变了人们的传统认识，具有观念性的变革作用。论文表明科学有着独立发展的自主性，即内在的逻辑性，但是科学技术发展的速度、方向和内容要受到社会中许多因素的制约，所以说科学技术的自主性只是相对的，而不是绝对的。

默顿的思想与观点很新颖、也很深邃，所以他认为自己的研究论文发表后，应该会引起学界的注意，尤其是会引起美国当时社会学研究者的注意。但是，出乎意料的是，他的论文发表后，竟完全没有收到应有的效果，而且沉寂了20多年都没有人去讨论这件事。对于这样的沉寂，其实是很好理解的，因为对于科学史的研究者来说，当时以内史占主体地位，默顿的研究没有把科学技术的发展历程作为研究对象，只是在探讨社会因素对其发展的影响，这与当时"正统"的科学史研究不入流；而对于社会学的研究者来说，又觉得从科学技术与社会的关系去理解社会学，也有一种"外行的"格调，尤其是他认为的宗教对科学产生的影响也打破了传统的看法，也有一种"不入流"的感觉，所以他的论文只会暂时沉寂。正是这种状况，使得在20多年后重新看他的论文时，才产生了"默顿论题"，这一论题到现在人们还在研究。其实，默顿论题对于科学史的研究是起到了启发的作用，他的论文比赫森的论文阐述得更清楚，从社会方面找的因素也更多，所以他的论文具有高度的示范性，成为科学社会史的典型范例。默顿论题对于科学社会学的研究意义很大，直接开创了美国20世纪70年代的科学、技术与社会相互关系的研究，科学、技术与社会这三个词组被连在一起使用，为了简便，取三个英文字的第一个字母连起来，简称STS。1973—1974年在美国加利福尼亚州制定第一个STS研究计划至今，在美国已有100多所大学制定了这样的研究计划或成立了研究中心。不但在大学里正式授课，有了教科书，而且专业性学术刊物《科学、技术与社会通报》也已出版了近 20 年，一门新的、跨学科的学科已经建立起来了。①

对于默顿论题来说，其内容是建立在他论文的两个结论之上的，一般来说，有两个方面的内容。按照库恩的理解，第一是培根主义者重视实用技艺和手工艺，由此带来的新问题、新材料和新方法是促使 17 世纪英国科学中许多学科发生实质性转变的主要原因。在此方面，默顿在一定程度上受惠于马克思主义编史传统。第二是清教伦理作为另一社会-文化动力，刺激并促进了当时科学的发展。在此方面，默顿在某种程度上受惠于马克斯·韦伯先驱性的研究。② 从这一点上去检讨当时的默顿研究时，不难发现，他一方面受到了马克思主义的影响，另一方面是受到了马克斯·韦伯社会学思想的影响。这两方面的思想促成了他自己的观点，即从社会学的角度去研究 17 世纪英国的科学和技术发展，只是他的高明之处是把当时的科学技术置于黑箱（black-body）之中，并不关心当时有什么科学技术，而是注重是什么因素促进了科学技术的发展。然而，事实是库恩根据文本理解的概括与默顿本人最后的陈述不一样，也许这是由默顿经过 20 多年的思考后，再版时得出的结论与当时写论文时的认识不同所造成的。默顿在 1970 年的《十七世纪英国的科学、技术与社会》第二版的序言中写道："全书隐含着一个基本假定：科学的稳步连续发展只发生于一定类型的社会中，这类社会为这种发展既提供文化条件，也提供物质条件。"③ 也就是说，在默顿看来，17 世纪的英国社会，清教伦理连同培根功利主义原则为科学发展构造了适宜的文化氛围、确立了目标，而当时英国经济、军事等一些社会因素的发展为科学的发展提供了物质条件。这样的论述实质上正是默顿论题的两个方面：一方面是培根的功利主义与清教伦理组成的正统价值体系促进了现代科学的发展，这是一种文化语境；另一方面是 17 世纪英国的经济、军事、航海等社会语境刺激了当时科学的发展。这样的理解应该是比较全面的。

但是这样一来，默顿的观点在很大程度上改变了传统思维对科学与宗教关系的看法。一般来说，宗教对科学的发展是一种阻碍作用，而不会是促进作用，这是传统思想的核心主张，所以当默顿提出这样的观点并得出结论后，不仅引起了后人的种种批判，同时也引发了种种误读，其实包括库恩这样的大人物也

---

① 李佩珊. 重读默顿. 人民日报，2001 年 07 月 12 日.

② Kuhn T S. History of Science in International Encyclopedia of Social Sciences. New York: Crowell Collier and Macmillan, 2nd. 1979: 79.

③ 默顿著，范岱年等译. 十七世纪英国科学、技术与社会. 成都：四川人民出版社，1986: 序言.

在误读。所以说，围绕一些科学史学家或科学社会学家对默顿研究工作的解读，不难发现，默顿所用的方法、所看到的问题，以及所得到的结论几乎无不受到怀疑与批判，但正是通过这些怀疑与批判，他的思想对当代科学社会史和科学社会学产生了重要的形塑作用。这也正是他被视为当代科学社会史和科学社会学研究之奠基者的理由。[1]

无疑，默顿论题所涉及的内容与科学史的研究有很大的关系，因为它是从科学的外部条件去研究科学发展方向、速度等内容的。前已所述，默顿所研究的是从社会学的角度去解释17世纪英国科学和技术的发展过程，他的编史风格与萨顿式的实证主义编史方案有很大的不同，尤其是与累积实证的科学发展截然不同。一个是从外部入手，一个是从内部入手，但两者之间并不存在本质的冲突，都是对科学发展历程的解释与说明。再者，萨顿关注的是古代科学，他所有的著作都是围绕古代写的。尽管他的构想很宏大，但是其毕竟没有完成后期设计的内容，只是完成了古代部分；而默顿研究的是近代科学，古代科学与近代科学本身就存在很大的区别，不同的科学发展肯定受不同环境的制约。所以，它们之间存在一定的冲突是肯定的，但本质上是相同的，都是对科学史的合理解释。有一点值得注意的是，默顿论题把科学发展动因归于社会因素的刺激，比如，军事、航海、经济等，所以他的结论自然与萨顿、柯瓦雷等人的观点不同，特别是柯瓦雷的思想。柯瓦雷是严格从内史和概念分析的角度去解释科学理论的更替的。在柯瓦雷看来，17世纪英国科学技术的发展是一场科学思想的革命，而不是培根主张的功利性的进步或在科学外部因素的影响下取得的进步。其实，在这里我们都忽略了一个基本前提，即科学和技术是有区别的。也就是说，从社会学的角度看科学与技术是不一样的，科学理论在一些时候是不受社会环境制约的，一些从事理论研究的科学家，不论在什么样的条件下他都会从事自己的研究，绝不会因为社会有什么变化就放弃自己的研究，就像古希腊的科学家阿基米德，在罗马士兵冲进来杀他的时候他还在做着自己的研究。这就是说，从事科学研究的人与从事技术研究的人是不一样的，技术往往是为了满足社会的某种需要，正如马克思所说，技术一旦有社会上的需要，则这种需要就会比十所大学更能把科学推向前进。这就说明了技术与社会的关系比科学与技术的关系更紧密，它们间的关系应该是："科学—技术—社会—新技术—新科学。"这个关系的意思表明，科学推动了技术的发展，技术推动了社会的发展，社会发展后需要新技术，新技术又刺激新科学的研究。从这一点出发解读

---

[1] 袁江洋. 科学史的向度. 自然科学史研究，1999（2）：10.

默顿论题的第二个层次应该是比较合理的。

但是，默顿论题也受到了一些学者的批判。这些批判集中在宗教与科学的关系问题上，因为传统观念认为宗教对科学的发展是起到阻碍作用，只是在这时没有说是什么宗教，那么在默顿的研究中，他的主张是清教伦理促进了科学的发展。所以说，科学史学家针对默顿论题涉及这部分内容批判的最多，而且一些科学社会学家或学者也介入了有关批判及研究。那么，对于默顿论题关于清教伦理刺激17世纪英国科学发展的见解，以及默顿关于当时科学与宗教的一些看法，更引起了学者们广泛、深入、持久的研究，直到现在还有一些学者仍在研究宗教与科学在不同时代的关系。在这方面的研究具有代表性的有韦斯特福尔（R. S. Westfall）和夏皮罗（B. Shapiro）等人。综合一些学者的观点，现在比较能站得住脚的观点是：清教伦理中的一些因素是有利于科学发展的，而且的确也为科学的发展起到了观念与思想上的引导作用，如功利主义原则；但也有一些观念或思想是不利于科学发展的，如教条主义、宗派意识等。其实从当时的社会语境来看，17世纪的英国在宗教信仰方面采取了很宽容的政策，这种政策也为科学的发展奠定了思想基础。

事实上，默顿能够从社会学的角度去研究17世纪英国的科学技术，这是其与当时的主流科学史研究最大的不同，同时也是与当时的主流社会学研究最大的不同。这也是他在科学史与社会学研究得到认可的最大贡献。自此以后，对于科学技术的研究，呈现出了纷繁复杂的局面，科学内史的研究不再成为主体，科学外史的研究越来越吸引了学者的视线。尤其是1962年库恩的《科学革命的结构》的出版，不仅在科学哲学领域发生了历史主义的转向，而且在科学史的研究领域出现了研究风格、研究旨趣等的转变。

第三节　感性分析科学史观的语境评析

可以这样说，自1837年以后的科学史研究，不再是一种单纯的对科学事实记载式的研究，而是有了一种基于感性的分析，这种感性分析为后期理性批判的科学史观奠定了基础，比如，阿伽西的批判理性主义，是一种既反对科学主义，又反对相对主义的多元论的批判理性主义。其主张以批判理性精神重新审视科学，将科学视为文化，即科学的文化价值，通过不同文化间的交流和对话维护文化的多样性，促进科学文化的进步。同时，也为历史主义、社会建构论等科学史观奠定了理论基础，那么如何评析这段时期的科学史观，是我们应该进行深入探讨的问题。

一、哲学语境评析

这段时期是长达 100 多年的科学史研究，所表现出来的科学史观，从总体特征来说，可以概括为感性分析阶段的科学史观。总体上来讲，其也是一种以实证主义思想为特征的科学史观，或者也可以这样说，从原始的、朴素的学科史研究过渡到一种具有一定理论思维的科学史研究。其中它受到了哲学思维的影响，如果没有这种哲学语境，科学史的研究肯定还处在一种自发的研究中。自孔德的实证主义哲学产生以来，科学史的研究便也进入到实证主义的科学史。尤其是萨顿几乎将实证主义发挥到了极致。他的累积实证、人性化的科学史观，是当时当地哲学语境最真实的写照。

那么实证主义关照下的科学史研究，在迪昂的眼中却不是那么回事，迪昂作为一名科学哲学家和科学家去写历史，这是其最大的主体语境。他对孔德的实证哲学不感兴趣，所以他要对传统的历史模式进行深层次的改革和创新。迪昂在对科学历史性进行探索的时候，对传统研究方式的分析，实际上有一种语境论的倾向。[1] 或者也可以这样说，迪昂已经意识到了语境的作用，但他不是一个语境论者，就是说他不主张以语境论去谈科学史，但是写科学史要考虑语境的作用。所以，迪昂的科学史研究很注意从事实与当时当地科学发展的实际情况出发，主要立足于第一手资料，如果没有第一手资料，他也要从真实历史信息资源的收集出发，然后对历史信息资源进行分析、探究，将最终的结论作为科学历史研究和编撰的基础依据。在分析信息资源的时候，他建立在严格考证的基础上，一定采取客观、实际的手段去对待每一条信息资源。迪昂的科学史观的方法论主张在当时引起了多数学者的共鸣，被很多科学史学家在书写科学史时效仿。然而，该种科学史观研究方法是理想化的，在正常的研究过程中，所撰写出来的科学发展史仅仅是在表面上对某一领域做了相关考察和考证研究，却没有做好更为深入的扩展研究和讨论。因为这样的写作方式忽略了科学史不是简单地再现过去的人和事，而是对历史文本进行语境分析，达到多角度、多要素、有意识的解释。但是迪昂建立在科学哲学思维上的科学史研究，直到今天仍是值得我们借鉴的。

其实，从科学史的研究来看，尽管一些学者不承认科学史研究一直受到科学哲学的影响，也有一些学者不承认会受到历史哲学的影响，或是一些学者认

---

[1] 李醒民. 略论迪昂的编史学纲领. 自然辩证法研究，1997（2）：41.

为科学史的基础理论研究是没有用的研究,但其普遍认为科学史的历史属性决定了我们的科学史研究就是一种历史研究,与其他历史是一样的,比如,文化史、哲学史、社会史等。所以,科学史的研究不需要科学哲学,就像文化史研究不需要文化哲学一样。但是,从科学史的历史长河中我们不难总结出,科学史层次的提高正是在哲学语境的关照下才有了长足的发展,也丰富了科学史的研究内容、风格、特征等。在这一阶段表现得还不是很充分,到20世纪后半期,可以说不同科学哲学思潮对科学史的不断渗透,不仅使科学史观发生了很大的变革,而且对科学史的研究内容、研究等方面产生了很大的变化。

二、科学史实践的语境评析

科学史的研究实践也在不断地刺激着自身理论的发展,以及科学史观的不断丰富。在20世纪以前的科学史观,可以说不是很明显,除迪昂这样的学者提出了自己的编史思想外,没有什么学者很明确地提出具有特点的科学史观或是科学编史思想,因此,这段时期不仅科学史观的研究是隐性的,而且科学编史学的研究也是隐性的,而不是显性的。

那么,在经历了19世纪的学科史到科学史的变化后,刚进入20世纪的科学史,其出路在何方?尤其是萨顿自20世纪初期便在哈佛大学开设的科学史课程,已得到了大多数学生的厚爱,那么是以实证的方式写科学史,还是另寻新路?这便摆在了科学史学者的面前,或者说主要是萨顿的面前。为什么会有这样一个问题出现?原因在前面的论述中已提到了,当萨顿书写《科学史导论》时,只写到近15世纪便写不下去,一是资料太多难以处理,二是可读性不强。这一点其学生早就给他指出来了,因为他上课时的讲义是一种科学史,而他写《科学史导论》的"科学史"却与上课时的不一样,所以萨顿决定从古希腊开始写人性化的《科学史》,虽然构思非常好,只是他本人只写了两部就去世了,萨顿所设计的提纲也无人能续写,这不能不说是科学史上一件很遗憾的事情。

仔细分析萨顿的这一转变过程,虽然他的书写方式或研究风格发生了变化,但是其实证主义科学史的思想却没有改变,就是说他的科学史观没有改变,正是这一不变的理念,使得他在当时的语境下终于将科学史建设成为一门学科,这是非常难得的,况且还是在哈佛大学。那么,萨顿能够实现这一点,的确与哲学语境有关,如果没有哲学对科学史的关照,科学史也不会有理性的建树。因为如果一个学科没有一种理性的思辨,那么这个学科始终是处于混沌状态的,而当时能够做到这一点,也和实证主义的科学史观有很大的关系。实证主义的科学史观也是在基于实用功利的科学史观的基础上发展起来的,是在基于对科学史研究实践的感性认知下获得的,是一种语境范式的转换。

其实,最有意思的是默顿。为什么这么说?因为默顿是萨顿地地道道的学生,虽然默顿不能被称为科学史学家,但其的确是萨顿的研究生。前已所述,默顿就是在萨顿的指导下完成博士论文的,但是默顿博士论文的研究风格与萨顿的特色却完全是两回事。要说萨顿是受实证主义哲学影响的话,那么默顿就是受社会学和马克思主义哲学的影响,这一点不论是科学史界还是科学社会学界都是承认的。所以说,默顿的博士论文,或者说他的研究也是在哲学语境的关照下写出来的。那么默顿的研究哪里体现了马克思主义的影响呢?下面对他的博士论文——《十七世纪英国的科学、技术与社会》进行语境评析。

默顿的这一研究,其实是受到了三方面的影响:一是清教伦理对其研究的影响,默顿受到马克斯·韦伯的"清教的精神特质对资本主义具有一种刺激作用"的观点的启发,他认为既然科学和技术在近代资本主义文化中发挥着如此重大的作用,那么清教主义与科学之间也很有可能存在着类似的实质性联系[1];二是帕森斯的结构功能主义的影响。他本人也承认对他的社会学思想影响最大的不是久负盛名的索罗金,而是尚未成名的帕森斯[2],显然这表明默顿接受了帕森斯的科学社会学思想,并将其应用于对科学制度的研究中,从而提出了科学社会学的新理论。三是受到马克思主义的影响。这一点正是需要在这里进行讨论的内容。

需要说明的是,在评析这一点之前,需要说明科学的社会语境。20世纪20—30年代在英国发生了"科学的社会关系运动"(Social Relations Sport of Science,SRS),也有学者将其称为英国的新马克思主义研究。他们试图沿着马克思主义的观点,比如,物质决定意识,意识的能动作用,以及经济基础决定上层建筑,上层建筑又对经济基础产生能动作用等观点,对科学与社会的关系进行系统的分析,以求为解决时代的重大问题提供方案。因为马克思的很多观点是从分析资本开始的,所以他们按照马克思的路线进行研究,自然会揭示出科学发展与社会经济有着密不可分的关系,科学要发展根源就在于经济基础及资本主义思想对科学发展的种种限制。这样他们自然而然地得出了一个结论:科学事业要想合理、有计划的发展,就要发展社会主义。由于英国和美国之间的交流频繁,所以 SRS 运动的思想很快就传到了美国,而当时正是默顿博士论

---

[1] 默顿著,范岱年译. 十七世纪英格兰的科学、技术与社会. 北京:商务印书馆,2000:94.

[2] Merton K R. *On Social Structure and Science*. Edited and with an Introduction by Piotr Sztompka. Chicago:Chicago the University of Chicago Press,1996:350.

文选题确定之后，所以他的思想明显受到了马克思主义的影响。但是默顿不是一位马克思主义者，他只是在研究过程中深受马克思主义的影响，很欣赏 SRS 运动对科学与社会关系的分析。正是受这一思想的启发，他才从社会的诸多因素中统计发现对科学发展的影响到底是什么，也就是说，要找到社会环境是有利于科学的发展，还是不利于科学的发展。基于这样的认识，默顿认为一个完全实现共产主义的社会，用马克思的格言来说就是"各尽所能，按需分配"，这就是科学交流系统中的制度化行为。① 对于这一点，虽然是默顿后来的认识，但是也足以说明当时他对英国的科学技术与社会的研究，已认识到正是科学中的制度使得科学家能够充分发挥自己的能力为社会作出贡献，同时在创造自身价值的基础上，他们也可以根据自己的需要获取社会上的其他知识和财富。这正是马克思主义的伟大之处。

三、社会语境的分析

上面的哲学语境分析其实已表明一个事实：科学的发展离不开社会语境，对于科学史观的语境评析，离开了社会语境，便是无意义的讨论。

我们知道，19 世纪是自然科学取得突飞猛进的创新时代，随着实验科学的不断发展，各门学科都在以日新月异的速度发展，自然科学在获得了丰硕的成果的同时，更主要的是带来了思想与观念的巨大变化。最主要的变化是科学的研究越来越远离人们的主观经验与观察，科学研究不再像以前那样可以通过观察而得到结果。微观领域的研究使得人们对先前的认识产生了不同的认识，通过对自然界潜在规律的发掘和认识，人们对自然与人的关系有了更新的认识，为人类认识和改造自然奠定了科学理论基础。例如，随着电子的发现及一系列科学的出现，一些科学家认为人类的物理学研究已经到了极限，当前物理学正处于人类发展的最高阶段，以后不需要再进一步研究。但没想到的是，刚刚进入 20 世纪，1905 年爱因斯坦就提出了狭义相对论，取得了物理学上重大的突破，与牛顿的经典物理学产生了很大的不同。这就是说，当时自然科学的发展已大大提高了人们对自然界的认知力度，同时也改变了人们的社会观念。由于科学技术的不断进步，刺激着人们对传统哲学的改造，传统哲学的改造又深深影响着社会文化、观念、信念等的变化。换句话说，社会语境在发生着很大的变化，这种变化影响着科学史的研究，科学史的研究又会对科学史观产生影响，

---

① Merton K R. The Matthew Effect in Science：Ⅱ Cumulative Advantage and the Symbolism of Intellectual Property. *ISIS*，1988（79）：620.

科学史观又对科学史具有反作用,这正如马克思主义的"物质决定意识,意识反作用于物质"的观点一样。所以说,这样的科学史观,已逐步在发生着变化,科学史学家们深刻意识到,科学史的研究并不仅仅是对传统科学研究过程作出描述,而是要对人类对客观事物的了解和掌握过程进行描述,记录人类借助科学的手段认识自然现象。

再从社会语境分析的角度具体地看萨顿的科学史观,会发现他的科学史观与他的前语境有着很大的关系,萨顿所处的社会语境决定了他无法去除实证主义的编史学思想,这在他的巨著《科学史导论》的导言中有所体现。他认为科学史的主要目标不是简单地记录孤立的发现,而是解释科学思想的进步和人类觉悟的逐步发展,理解并扩展我们在宇宙进化中的职责地位。由此可以看出,其比实证思想进步一点的是,他试图将"人性"引入科学史的研究中,形成人性化的科学史观。其实他已注意到了社会语境的作用,认为科学史的目的是考虑到精神的全部变化和文明进步所产生的全部影响,从而说明科学事实和科学思想的发生和发展。从最高意义上说,它实际上是人类文明的历史。其中,科学的进步是被注意的中心,而一般历史常作为背景而存在。① 可以说,人类文明的进步离不开科学发展的支撑,人类文明注定要建立在科学发展之上。这个背景的实质就是其所研究的科学史的语境。他"去孔德实证主义的语境化"而形成了"自己的再语境化"。与此同时,萨顿认为,在科学历史研究的基础上,人类必须要给予其创设新的理论和研究模式,使得科学作为新型的历史发展产物,以此来替代传统的科学理念和思维模式。② 所以,萨顿提出要将科学发展观念建立在人类文明发展之上,使得二者有机地结合在一起,共同发挥作用,这一点是完全正确的。萨顿认为科学历史的发展是存在变化的,并且是一个实证考察和系统分析的研究对象。随着区域的变化、时间的推移,科学历史将不断获得新的含义。……科学史是唯一能体现人类进步的历史。③ 这个前提就是一种语境限定,在这个语境之外科学史的语义就会发生意义的变化,所以他指出新人文主义作为科学家的基本前提,具备新人文理念的科学史学家才是真正的新人文主义者,科学的发展与科学史的发展是统一的,并且体现出一定的客观性和特殊性,科学史必将作为科学与人文之间的纽带。要实现纽带的作用,就无法脱离人类对它的不断研究和深入分析。从更深层次的角度出发,可以发现,人类

---

① 萨顿著,刘珺珺译. 科学的生命. 上海:上海交通大学出版社,2007:30.
② Charles S D. George Sarton and the History of Science. *ISIS*, Vol. 48, Part 3, 1956 (153):308.
③ 萨顿著,刘兵译. 科学史与新人文主义. 北京:华夏出版社,1989:58.

的研究脱离不开人这个主体，不论是对人进行研究，还是对人类生活的自然环境进行研究，总之，都是与人有关的。[①] 由此能够得知，科学史的研究目的是"为了人"，足以可见，萨顿的科学史观是建立在人性化基础上的，在当时的语境下有其合理性。

与萨顿提出的科学史观截然不同，科学史学家柯瓦雷从科学发展的概念出发，通过概念的演进过程来看科学的发展过程。在他的著作《牛顿研究》一书中，有这样一段话：

>……科学思想史旨在把握科学思想在其创造性活动的过程本身中的历程，关键是要把所研究的著作置于其思想和精神氛围之中，并依据其作者的思维方式和好恶偏向去解释它们。必须抵御这种诱惑——已经有太多的科学史家陷于这种诱惑之中——即为了使古人经常晦涩、笨拙甚至混乱的思想更易理解而将其译成现代语言，尽管澄清了它却也同时歪曲了它。[②]

从这段话我们可以看出，柯瓦雷的思想不仅是考虑科学的概念演进过程，还要考虑到研究者的语境——当时的思想与精神氛围。这充分说明科学发展是在一定语境下的发展，要理解科学的发展历程就必须回到当时的语境中才有可能做到。所以科学的发展是无法脱离科学观念与理论的语境支撑的，同一个概念在不同的语境中意义是不一样的，因而科学发展的实质是科学概念与理论的不断变化、不断演变，同时也是一个对客观规律发现的过程。所以说在不同的发现阶段，概念有不同的含义。比如，古代也有原子的概念，到了近代还有原子的概念，但是由于其语境不同，同一个概念却有着很大的差异。所以，科学观念的发展是内在的和自主的，科学史是观念内在更替的思想史。这种科学史将会把注意力集中在科学观念的内在演变之上，比较关注与科学观念相关的哲学史和思想史。[③]

诚然，对感性分析阶段的科学史观进行语境分析，就必须对近百年的科学史进行语境分析。因为这段时期的科学史观几乎是隐性的，特别是20世纪以前的科学史观，更是如此。那么要想真正地揭示科学史观的真正发展历程，只有从语境分析的角度去探讨当时一些科学史学家提出科学史观时的立场、观点与方法，才有可能真正地理解科学史观的演进与发展。尽管有些思想现在看来是不合理的，但在当时的语境下却是合理的，因为语境不同，科学史观的内涵也

---

① 萨顿著，刘兵译. 科学史与新人文主义. 北京：华夏出版社，1989：29.
② 柯瓦雷著，张卜天译. 牛顿研究. 北京：北京大学出版社，2003：3.
③ 吴国盛. 反思的科学. 北京：新世界出版社，2004：112.

有所不同。比如，对于实证主义的科学史，在萨顿的眼里与柯瓦雷的眼里是不一样的，虽然他们都是从内史的角度进行研究的，但是进路却完全不同。同时，对科学的认识也不一样，萨顿认为科学史就是实证知识的累积史，也是真理史，所以才代表了人类的进步。而柯瓦雷则是从概念出发，去分析科学是如何演进的。所以说，科学的研究就是一种语境的变迁，我们都知道哥白尼的科学革命，但这场科学革命却是一种错误的理论替代另一种错误的理论。如果从严格的科学来说，哥白尼的"日心说"就不是科学，那么不是科学的东西怎么能写到科学史中，这显然是错误的。但是在人类的发展史上，天文学革命不仅把人们对过去的认识从过去的观察天文学带到了几何化的天文学，更主要的是给人们的观念带来了巨大的变化。所以，科学史的语境诉求不能将这一科学革命从科学史中去掉，这充分说明人性化的科学史观有其合理性的一面，科学的发展不仅仅是正确的理论更新史，也有错误的理论更新史。因此，科学史观的主张就应该考虑到语境因素，离开具体的语境就无从谈及科学史，更无从谈及科学史观。

四、军事语境的影响

这段时期的科学发展经历了两次世界大战，到目前为止可以说第一次改变了科学史的研究中心，第二次改变了科学的发展方向和内容，因而也改变了科学史的研究内容。

前已所述，正是由于第一次世界大战，导致了萨顿离开自己的家乡，到了美国，然后以一种非常执著的精神在哈佛大学研究科学史，并且以一种不计酬的方式在哈佛大学开设科学史课。这在常人是做不到的，但是萨顿做到了，1918—1936年博士计划的确立，近20年的时间，而且萨顿将最有创造力的20年全部奉献给了科学史，且培养出了美国本土的第一位科学史博士——科恩，并于1966年成为哈佛大学科学史系的第一任系主任。

历史是不能假设的，但是我们从另一方面对科学史观的演进进行评析时，假设当时没有第一次世界大战，那么当时的德国兵也不会征用他们家的房子，不征用他们家的房子，那么萨顿是不会离开他的家的，因为他的参考书、文献资料等无法让他离开，所以他只能在比利时研究其科学史。那么，在哈佛大学就不会出现一位有这种执著精神的科学史研究者，哈佛大学的科学史研究也就不会出现科学史的博士计划，以后也不会那么早地建立科学史的教授席位，则科学史的历史肯定不是现在描述的这样，而是另一番情景了。这只是从逻辑的角度去推断的，而不是历史的，但是从这一点来说，是战争让萨顿的研究出现了转机。当然在这里我们不去讨论战争对人民造成的危害等，只是从学科建设的角度来看战争对其的影响。诚然，我们绝对不会主张人类发起战争，而是要和平，要发展，不要战争。

那么再看第二次世界大战对科学史及科学史观的影响。第二次世界大战期间，由于战争的需要，在英国和美国等国政府的组织和促进下，科学家在系统论、控制论和信息论等基本理论的形成和原子弹与计算机科学技术的研究等方面取得了重大突破，可以说短时间内的研究取得了很多人类历史上的第一次突破。第二次世界大战期间，在对海、空警戒，以及炮瞄和引导拦截敌机等军事需求的牵引下，雷达技术得到飞速发展；电子干扰技术也在飞速发展，使得英德间的战争出现了一系列的变化；航空母舰技术的发展，造就了美国的海上"巨无霸"；弹药技术的研发，使得水雷被广泛地用在海上作战；坦克技术的发展，使德国成立了以坦克为主要突击力量的机械化部队，第一次出现在战争舞台上……为了说明科学技术研究方向和内容的变化，在此只列举一些科学技术在第二次世界大战期间的开发和利用。这些技术的开发和利用，不仅在战争中得到了使用，而且在战后，以原子能、电子计算机和宇航技术为标志的第三次科技革命全面兴起，各个国家都在对这三项技术进行开发研究，比如，我国的"两弹一星"，向全世界证明了我国的科技实力。历史证明，第二次世界大战直接导致科学技术的发展方向与内容向军事化方向发生转移，从而间接地引发了人类对科学技术的看法的改变。不可否认的是，科学技术的发展不平衡造成了军事力量的失衡，军事力量的悬殊引发了第二次世界大战，而后期科学技术水平又是决定战争演变的制衡力量。第二次世界大战使许多科学家从事到军事技术的研发中，而不是民用技术的研发，使得科技应用于军事，成为战争的工具。从另一方面来说，战争也催生了一系列最具深远意义的科技研发，并拉开了第三次科技革命的序幕。第二次世界大战使人们认识到了科技的双面性，一方面用于战争，有着人类自相残杀非理性的一面；另一方面，它也可以造福人类，为人类的生活提供各种方便，所以它既是文明的破坏者，又是文明的催生物。从一定意义上来说，战争刺激了科学技术的飞速发展，标志着世界文明进入了一个崭新阶段，促进了社会文化、观念的大变化，更促进了科学技术和人的智力的飞速发展，改变了人类对科学技术的传统看法，也改变了科学史的研究。

对于战争的正义性与非正义性，我们不在这里讨论，因为这不属于我们学科的规范化范畴，但是战争对科学史观、科学史的影响是我们必须要关注的。科学的发展有其内在的逻辑性，这是所有科学家或是科学史学家都承认的一个事实。但是在战争面前，通过上面的论述我们就可以清醒地看出，战争是可以改变科学发展方向的。如果没有战争的话，那么很多科学技术的研发完全是按照对人类有利的方向进行的,绝对不会想到用于对人类不利的一面,换句话说,没有战争,美国也不会向日本的广岛投原子弹。所以说,第一次世界大战以前的科学技术发展,是一种人为的、自发的、内在的发展,特别是第二次世界大战后,科学技术的格局发生了很大的变化,科学技术的应用不再以民用为主,而且要用在军事、航海技术、空间技术等各个方面。这些应用无疑也使得科学与技术逐步"分家",也就是说,科学是无国界的,是属于全人类的,而技术是有价值的,这个价值可能属于个人、团体或是国家。那么,这就决定了科学史的撰写与技术史的撰写是有很大差别的。科学的发展与技术的发展造成了不同步现象,从这一点来说,应该主张科学史与技术史分开研究,尤其是现代科学技术史的写作,这是现实语境对科学技术史提出的新的理论诉求。

因此,从语境分析的角度讲,科学技术史的编史原则不是一成不变的,更不是绝对的,而是相对的。那么,从科学史观的演进来看,同样也是一种自发的、朴素的、功利的科学史观,向感性分析的科学史观发展,然后再到理性的科学史观。科学史观与科学史是相辅相成、互为影响的。所以说,科学史的发展也如同人类对自然界的认识一样,是一个逐步发展、演进的过程,而且伴随着新材料的发现,会逐步修正史料,以还原真实的语境,达到对科学事件合理解释的目的。所以说绝对的科学史是没有的,只有相对的科学史,而且科学史的研究应该分别从教科书历史、官方历史、评论者的历史、理性的历史、分析的历史和客观的历史 6 种类型等方面入手去研究[①],才是比较全面的科学史研究。虽然这 6 个方面是一些学者的科学史主张,不能代表科学史的不同取向,但是萨顿人性化的科学史研究还是值得推崇的,因为任何科学史著作都是给别人看的,否则就是"无用"的科学史了。而在这一时期形成的科学思想史的研究风格也是应该保持的,相对的科学史观主张科学史的研究应该是多元的,针对不同的科学事件应该有多元的解释,只要解释是全面而合理的就可以。

---

① 哈里·科林斯、特雷弗·平奇著,潘非、何永刚译. 人人应知的科学. 南京:江苏人民出版社,2000:182-184.

第四章 1962年以后科学史观演进的语境分析

回顾科学史的发展历程，不难发现科学史研究的转向其实非常明显，从严格实证的内史转向内外兼史，再转向多元的综合史。科学史研究的范式转换，其实也代表了科学史观的转换。1931年赫森的论文《牛顿〈原理〉的社会、经济根源》，以及1938年默顿的博士论文《十七世纪英国的科学、技术与社会》的出版，标志着科学史研究的另一扇大门打开了，致使人们发现科学史的研究并不是传统地只能从其内在的逻辑基点出发，而是也可以从广博的社会文化中去加以解释。只是由于在当时的特殊语境，人们对科学的关注比科学史多，再加上科学史刚刚成为一门学科，其影响力远没有树立起来，所以还没怎么引起人的注意。第二次世界大战时的各项军事技术极大地刺激了科学技术的发展，使战后人们的科学技术观念及社会观念产生了很大的改变。同时，也伴随着美国一批职业科学史学家的出现，直到20世纪60年代初期，默顿的研究风格才引起人们的高度重视，尤其是在1962年，库恩（Kuhn，1922—1996）的《科学革命的结构》出版，不仅在科学哲学界引起了非常大的反响，导致科学哲学的转向，而且在科学史界也引起了很大的震动。库恩作为一名科学哲学家和科学史学家，他的思想集前以大成，提出了与前人完全不同的科学史观，成为科学史外史研究的一个转折点。因此，本章以这一标志性的科学事件为划分标准，集中论述自此以后的科学史观是如何演进的。鉴于综合性的判断来说，这一时期到现在虽然才60多年的时间，但是科学史却呈现出了多元化的发展态势。科学史观也是处于批判理性的发展阶段，不同的科学史学者提出了不同的科学史观，这种批判理性也是对传统科学史观在理论与实践层面的一种反思与解构。

第一节 批判理性科学史观的语境溯源

历史地看，任何科学史理论思想的产生都有其独特的语境，是一种在语境下的语义约束与分析判断。在1962年以后出现的科学史观基本是以批判理性主义为特征的科学史观,这个阶段的科学史观正是在深刻反思传统科学史研究的不足与缺陷的基础上,一些学者对科学史理论研究的不同认识和思考。

一、科学史自身发展的逻辑语境

上述研究表明,当科学史的研究进入20世纪以后,不再像以前那样单一化,而是经过两次世界大战后人们对科学的认识产生了不同的观点。人们开始觉得科学技术不仅给人类带来了幸福,同时也给人类带了灾难,比如,战争使得科学技术转向了军事技术研究,更是把应该为人类造福的科学技术用于战争,如生化武器的研制、核武器的研制、电子制导技术研究、雷达技术研究等,这些武器用于战争,给人类带来了非常可怕的后遗症。那么怎样阻碍科学技术的研究向不利于人类生存与发展的方向发展,是科学史与科学哲学及科技与社会学者们需要思考的问题。再者,在当今没有战争的情况下,科学技术又应该怎样发展?这一系列的问题是值得科学界去深入研究的事情。

如果战争是政治的延续的话,那么政治的风向就是技术的导向。因为自从人类有了战争以后,从远古时期到现在,无不是在科技方面寻求战略制高点。古代冷兵器是如此,现代战争也是如此。20世纪的两次世界大战已使人类清醒地认识到,科学技术的发展与政治的关系是非常紧密的,因为当一个国家处于战争时,会让科学技术的研究以军事技术为主。所以,在第二次世界大战后,科学界已对科学发展的自主性逻辑产生了怀疑,学者们对科学技术的发展,以及怎样发展,提出了很多新的想法,同时更要从科学史中寻找案例,以支持科学技术的自主性发展,向着更有利于人类生存与发展的方向进行,在和平中发展科学技术,这是人类的共同追求。因此,可以说科学史的自身逻辑语境,也使得科学史观发生了变化。

再者,自1937年的综合科学史出现以来,科学史已经走过百年的发展历程,已从过去单一的学科史研究范式逐步过渡到综合的研究,科学史格局的变化,会引发人们对科学史的研究做更多的思考,这些思考的结果就是科学史观产生的思想根源。尤其是对于前人的一些科学史观,后人往往从现实的结合角度去分析并判断其合理性与不足,从而使科学史观不断丰富,而且对科学史的认识越来越深刻。萨顿正是这样一位穷毕生精力,将科学史最终建成独立学科的伟大学者。通过萨顿的努力,科学史真正成了一门学科,有了自己的主阵地。但是萨顿的科学史观是一种人性化的、累积实证的科学史观,这样的科学史观有其合理性的一面,前已所述,也有很大的缺陷,正是这些缺陷,成了新科学史观产生的理论语境。

二、萨顿科学史观的缺陷

萨顿对科学史的贡献是无人能敌的，这一点也是全球公认的事实。他提出的人性化、累积实证的科学史观，有其自身的语境。这个语境就是萨顿时期的科学史研究主要集中在对史料的收集、分析与整理上，其实他的《科学史导论》写出来时也没有人性化，所以他的学生建议其用讲课时的方式写人性化的科学史，这才使得他的科学史观发生了变化。萨顿的科学史观最大的缺陷还是在其方法论与研究内容的选择上。南京大学的林德宏教授在其《科学思想史》前言中总结科学史的分类时指出[①]，科学史是用哲学、社会科学（如历史学）的观点、方法来分析自然科学发展的历史，从总体上可以分为两类：一类是把科学作为社会现象来研究；另一类是把科学作为人类认识成果来研究。后者主要叙述科学思想发展的历史，即科学思想史。在这里，林德宏先生已经对科学史做了现代语境下的预设，就是说站在现在的角度去看科学史的分类，其实就是两类，前一类是科学社会史，后一类就是科学思想史。现在的科学社会史研究很盛行，在美国每年都有一次年会，时间几乎相同，只是地点不同。那么按照林德宏先生的分类，萨顿的科学史哪一类也不属于。

再回来看中国科学院自然科学史所的袁江洋先生的看法，他在《科学史的向度》中把科学史的研究分为哲学向度、历史学向度、社会学向度及科学向度[②]，那么依这个角度去分析的话，萨顿的科学史应该是属于历史学向度的，但还不是一种综合性的科学史。尽管萨顿是想要写出综合的科学史，可他的科学史观一直主张实证主义的科学史，而且以史料为基准，离开实证知识，他就认为是不科学的，代表不了人类历史的进步，所以说他的最大缺陷就是在"实证"上，不是实证的知识就不在他的研究范畴，所以在内容的安排与设计上会存在很大的遗漏。

事实上，萨顿反对主客体二分的"二元论"已使其思想出现了一定的偏差，因为自然与人的二元结构是几千年来难以解决的问题。从古希腊的"心物问题"（mind-body problem）开始，人类一直在讨论人与自然的关系，不论是中国的古代科学还是古希腊的自然哲学家，无不为此而大伤脑筋，但直到今天也没有一个很清楚的认识。但是在当时的萨顿看来，科学也好，宗教也罢，即使是艺术，这些都是从某个角度对人类、自然界的反映，所以是统一的。比如，科学就是

---

① 林德宏. 科学思想史. 南京：江苏科学技术出版社，1985：2.
② 袁江洋. 科学史的向度. 武汉：湖北教育出版社，2003：23.

用自然的语言去解释自然，科学的语言就是去证明自然界的统一性、整体性与和谐性。以这样的角度去思考和定义科学，似乎有一定的合理性，因为科学就是一个发现自然规律的过程，所以把自然与人分开是不合理的，将其对立更是不理智的，他认为人是自然的一部分，所以人与自然的关系就是一体的，不存在人与自然的分离。这样的观点看起来很熟悉，因为中国古代的先哲们就主张"天人合一"、"天道崇简"，中国古代的"天"所指的就是自然界或物质世界，所以这种思想与萨顿的观点几乎是一样的。但是这样的处理，却使得人处在自然之中而无法识别其真相。所以，古希腊的人与自然，即主客体分离的观点，是正确的、合理的。当然，萨顿认为科学不过是自然界以人为镜的反映，在某种意义上，我们始终是在研究人，无论我们是研究人的历史，还是研究自然的历史，我们的主要目的都是为了人。① 研究人，就要研究人的思想，人的思想发展史就是思想史，所以说萨顿已想到这一点了，但是没想到怎样去研究人，他没有像柯瓦雷那样从科学思想史的角度去研究科学史，这正是他想到了却没做而受到的批判。

为此，库恩也对萨顿的科学史观提出了批判，他是从萨顿的编史方法和科学史观入手的。库恩认为科学史的研究到20世纪初都是受到孔德、丹皮尔及萨顿的影响而发展着，这种人为的理性传统认为科学的发展就是理性战胜原始迷信、人类以其最高方式发挥作用的唯一实例，由此产生的编年史最终是忠告式的，除了告知人们何人何时首先作出何种发现外，它所包含的有关科学内容的信息异常之少。由于创建了科学史学科，萨顿值得人们感激和尊敬，但是他所传播的科学史专业的形象却造成了许多损害，以这一方式写成的历史给人的印象是：科学史是用合理的方法战胜粗心差错和迷信的了无生趣的编年史，毫无疑问它很容易会把人引入迷途。② 库恩的这一段话，可谓是一针见血，真正说到了萨顿科学史观最核心的缺陷，其实也是对实证主义科学史的最大诘问。也正因为库恩对萨顿的科学史研究提出了如此的检讨，而且是一种合理的反思与批判，再借《科学革命的结构》，可以说库恩的思想完全建立起来了，从而也导致科学史的研究出现了另一番境况。

事实上，萨顿的科学史研究一直想做到包揽一切综合科学史，他认为科学史就是要去解释科学发展过程中的一些很具体的活动。为了能深入地解释这些

---

① 萨顿著，刘兵译. 科学史与新人文主义. 北京：华夏出版社，1989：29.
② 库恩著，范岱年、纪树立译. 必要的张力：科学的传统和变革论文集. 福州：福建人民出版社，1987：148-149.

活动就要做到很细微的工作,同时也要解释科学发展史上的盛衰变化,做不到这一点,就没办法去证明科学发展历程中渗透着的人性。正是基于这一思想,萨顿的处理方法是把科学作为一个整体,将其放在一个广泛的社会文化语境中去考察。这样的思想固然是好的,面对古代科学时可以,因为古代的科学技术比较单一,且文化、社会、经济等因素也比较单一,但是面对近代科学时,伴随着浩如烟海的历史史料,以及全球复杂的背景材料,以前那种"剪刀加糨糊"的方法必然就无从下手了。而且他本人的科学史实践也证明了这一点,只写了两部而其他没有写完的巨著就已证明,他的这一编史思想不是十分有效的方法,因而他的科学史观也受到了质疑,这是完全合情合理的。所以连他本人也不无感慨,其用毕生精力写作的《科学史导论》只写到14世纪后,就因"鱼形"结构而不得不放弃,他的这一放弃,使得任何想继续其工作的人都望而却步。① 这不能不说是科学史上很遗憾的一点。

三、柯瓦雷科学史观的不足

对于什么是历史,柯林伍德有一句名言,他认为"一切历史都是思想史"②。这句话用在柯瓦雷身上是最为贴切的。与萨顿的科学史研究相比,虽然他们关注的都是内史研究,也都是实证主义的科学史研究,但是柯瓦雷的概念分析方法的确拓宽了科学史的研究范围。因为柯瓦雷为了说明一个概念的演进过程,更注意科学史研究的语境问题,他认为只有把一个概念放在科学的理论与研究者的精神氛围之中,才能做到更好地理解。这一点是柯瓦雷科学史观的优势所在,所以他的研究范式吸引了一大批人跟随他去研究,但是也从中发现了其科学史观的缺陷与不足。

第一,像萨顿一样,柯瓦雷一直坚持科学是实证的、累积的知识进步观是不合理的。

科学的发展代表了人类的进步,这是没错的。但是把科学的内容设计为全部是进步的知识体系,而不关心与科学进步无关的事情,就相当于把科学史置于一种封闭的或半封闭的状态,无形之中在科学史的本真研究与他的研究之间设置了一堵墙,将他认为不是进步的知识全部拒之墙外,就连牛顿对炼金术的研究也不关注,以这样的方式研究牛顿是不全面的,因为他没有把科学概念放在牛顿整个人生的研究中去考察。

---

① 吴国盛. 科学思想史指南. 成都:四川教育出版社,1994:编者前言.
② Collingwood R G. *The Idea of History*. Oxford: Oxford University Press, 1946:23.

但是柯瓦雷的思想却是主张人类是统一的整体,他认为科学思想、宗教思想与哲学思想是统一于人类的思想,所以他在关注科学思想发展的同时,集中于讨论科学之外的形而上学思想和宗教思想对科学发展的促进作用。因此,尽管他说的是一个统一的整体,但是他对牛顿的研究显然是不全面的,最起码缺失了对牛顿炼金术的研究。这一点给我们以很大的启示:要研究一个科学家的科学思想,就要将其放在他自身的社会、历史语境中去理解,而且要把他的所有科学活动都考虑进去才能全方位地解释和说明。事实上,柯瓦雷是将萨顿不以为意的东西——科学概念的历史分析、人类思想的统一性、科学革命带给了科学史。柯瓦雷的许多历史见解与后来发现和使用的历史材料相冲突,但他的思想却震撼了不止一代人,其中包括萨顿的那些弟子。①

第二,柯瓦雷的概念分析是将科学事件在"选择概念"的语境中重演,不具有还原历史的功能,因而科学史的解释和说明功能下降。

科学事件是特定的人物在特定语境下的活动,科学概念同样是特殊人物的创造,非一般人所能及,那么通过概念分析研究科学事件,就必须回到概念产生的原始语境中。正如库恩所言,要研究亚里士多德的物理学就要回到古希腊时代去理解。所以要用概念分析法去研究科学史,就要考虑概念的语境是什么,比如,古代的原子概念是完全建立在想象上的原子概念,是一种理性思考的结果,而不是观察的结果,所以同一个原子的概念在古今有不同的语境。那么要达到对科学事件在概念中重演,就要透过现实,回到历史语境中。科学史学家必须要穿越理性与非理性、科学与非科学的界线,这样才能达到一种真实的理解。那么,柯瓦雷要研究牛顿,就必须对他的力学、光学、数学、物理学和化学等学科进行研究,同时还要对他的其他科学活动进行研究,比如,炼金术研究。但是,柯瓦雷的牛顿研究却在牛顿炼金术的研究事实上回避了,这是不合理的。所以说,这正是他的科学史观的缺陷所致。假如做个科学史的假设:当时牛顿通过研究炼金术,发现了一个化学的定律,或是发现了像拉瓦锡发现的"氧化说",那么柯瓦雷肯定就会对他的炼金术进行研究,这个"炼金术"的概念就会产生在柯瓦雷的"词典"中了。所以说,柯瓦雷用他的概念分析法时,只研究他认为与科学进步有关的"科学概念",而不研究他认为与科学进步无关的概念。事实上,从科学发展史的角度来看,炼金术与科学的进步是有关系的,化学的发展正是从炼金术的发展中逐步发展起来的,化学成为一门学科后,几乎标志着炼金术的终止。所以,柯瓦雷不研究牛顿的炼金术,是一种概念选择

---

① 袁江洋.科学史:学科独立与学术自主.科学与社会,2011 (3): 42.

的错误，是其研究方法的不足。

第三，柯瓦雷的科学史观完全不关注社会因素对科学发展的作用，这是不科学的，存在很大的弊端。

柯瓦雷对科学史的理解完全是一种很纯粹的内史理解，而且科学事业就是人类一种非常理性的事业，更是一种代表人类进步的事业。他的这一思想是把科学革命当成一个科学事业的特例，当成一种完全具有内在进步性事业的特殊时期去研究。因此，柯瓦雷认为，科学革命这样一部人类理智进步史体现了对人类从古代到中世纪的"统一思想"的"实验"，而并不是什么外部因素影响的结果。柯瓦雷的这种"统一思想实验"是基于他的概念分析得出的，他甚至认为伽利略即使不做实验也可以得出两个铁球同时落地的结果，因为可以在思想实验中得到验证，所以科学的发展就是纯内在逻辑的结果。因此，他认为默顿的"科学社会史"完全是不着边际的，也就是说不是科学史，或者说最起码是处于他的"概念史"或是"理智史"之外。从科学史的实践角度而言，柯瓦雷作为一个成熟的科学史学家，在其科学史的实践研究中，也想到了要研究一个科学家就要深入到他的精神氛围与当时的社会中。他自己已经认识到了这一点，但是为什么他一直不承认社会各种因素对科学发展的影响，这是很难理解的。也许这是一个大腕人物的一种执著精神的体现？还是一种思考的惯性？在晚年的时候，柯瓦雷对他自己过分强调人类"统一思想"实验的观点产生了动摇，但是他一直没有找到合适的理由或场合为自己的执著思想进行"修正"，所以最后是明显带着一种遗憾而离开了这个世界。从这一点可以看出，柯瓦雷已经认识到了其科学史观的这一缺陷，只是没有办法去补救了。

四、"默顿论题"的不足

科学史的内史传统常常批判外史风格因过分强调社会因素对科学的作用，而推动科学的本真，而外史传统也在批判内史研究的过分强调科学的内在逻辑导致了绝对的、僵硬的科学史。所以说两种传统想的相互批判，促进了科学史观的多元化、语境化。

袁江洋博士在谈到默顿式的科学社会史研究时，引用了霍尔的一些思想，他认为霍尔对此嗤之以鼻，他正式宣布所有这些都不过是一些"非历史的"或"反历史"的东西，在历史学中没有地位。譬如，对于默顿的清教论题——清教伦理有利于当时英国的科学发展，他挖苦说研究科学家的宗教兴趣与当时科学发展之间的统计性关联，就如同考察一位科学家在作出重大科学发现时穿的是灯笼裤还是马裤一样，两者可谓风马牛不相及。①

尽管霍尔持这样的看法，但是自进入20世纪50年代以来，一批批学者重新对默顿的博士论文进行研究，核心是对"默顿命题"进行研究，由此彻底打开了科学史外史研究的大门。一些学者以外史研究的风格出版了学术著作，使科学史的研究呈现出了多元的态势，内在主义与外在主义并行的局面真正形成。但同时带来的是各种编史思想及科学史观的发展，所以说默顿的研究风格其实是批判理性科学史观出现的史学语境。他一方面是对科学社会学研究作出了巨大贡献；另一方面是通过科学史的案例研究，对科学发展的社会因素的突出强调，正是后一点，成为其思想的不足。回头再看默顿的研究会发现，在其对17世纪英国的科学、技术与社会进行研究的初期，也许其并没有想到他的研究会在科学史领域引起多大的波澜。但是随着其研究的不断发展，社会对科学的反作用力越来越明显，不同的社会因素对科学发展的影响不同。在这一研究过程中，他一直把科学关在"黑匣子"里，这也是其不足之处。因为要谈到科学的发展，就应该对科学的共性进行研究，但同时也不能忽略其个性，所以不能对科学是什么不关心，只关心社会因素，应该是从其与社会的互动关系中去研究。

事实上，默顿的研究之所以导致这样的不足，与他的研究方法有关。从他的研究路线的设计上看，就是一种否定实证主义科学史传统的路线。在研究17世纪英国的科学、技术的发展时，他自我做了一个反问，按实证主义的传统，如果科学是真理体系，它的发展是累积的，那么它就应该是线性连续的。但是在现实中所看到的科学技术的变化有明显的间断性，那么社会因素对科学发展所产生的作用是不是导致其产生了间断性？带着这个问题，他运用统计、定量分析的方法，从经济、军事、航海等多方面对科学技术与社会的互动关系进行了深入的研究，将历史材料与社会学研究方法有机地结合起来，从而开拓出一条研究科学史的新路径。

所以，他觉得研究科学史要从根本上取消实证主义理论观念。他指出："科学发展基于特定的社会条件之下，由社会制度和相关规定进行约束，从而对科学史的研究形成一种制约体系。要想实现科学的可持续研究过程，必须要具备相关专业的研究学者以及要有社会文化的强力支撑，方可得以顺利实现。"② 最终可以说他没有提出像其他科学史学家那样的科学史观，但是却形成了科学社会史研究的学术规范，其思想也成了科学社会学的核心内容。但是他抛弃实证

---

① 袁江洋. 科学史：学科独立与学术自主. 科学与社会，2011 (3)：43.
② Merton K R. *Social Theory and Social Structure*. New York：Free Press, 1968：591.

主义的思想对科学史的研究产生了很大的影响,到库恩时代,这种抛弃就更明显了。

第二节 批判理性科学史观的代表思想

科学史在经历了学科史和综合科学史这两个发展阶段之后,其研究走向了规范化、学科化的发展之路。更重要的是,科学史观的理论日渐成熟,思考更加多元化、理性化。特别是科学史成为自主学科以后,在美国一些大学的科学史专业,20 世纪的 50—60 年代一些职业科学史学者逐步成长起来,成了美国科学史研究的主力军。他们不是科学家出身,但是有着深厚的史学沉淀,这种史学基础为他们寻求新的科学史观奠定了基础。所以,他们的出发点与立足点都与职业科学家有很大的不同,他们的视野更开阔,所以采用的方法也不尽相同。尤其是他们的一些科学史观是建立在一种理性批判基础上的,是值得去深入研究和反思的。当然,建立在理性批判基础上的科学史观尽管层出不穷,但是并不是把以前的科学史观全部抛弃,而是继承式的批判。本节对几位有影响的科学史学家的思想进行介绍和评述。

一、库恩的科学史观

可以这样说,库恩作为美国科学史学家、科学哲学家,在科学哲学与科学史上的地位是非常高的。他的思想不仅影响了科学哲学的研究,也影响了科学史的研究,或者说如果没有库恩的思想,科学哲学与科学史的研究局面就不是现在这个样子。所以,对于一位研究科学史的学者来说,如果不了解库恩的思想就等于不知道科学史的发展转向。

(一)库恩科学史观形成的语境分析

库恩于 1922 年 7 月 18 日生于辛辛那提,1943 年毕业于哈佛大学物理系,1949 年获物理学博士学位。在此,我们不过多谈论他的自然成长环境是什么样的,主要是分析其思想形成的各种语境。事实上,要用简短的文字来分析、探讨库恩的思想是非常难的,因为库恩是一个非常怪异的人,有人说其不近学生,有人说其思想一直是被人"误解"或是"误读"的,所以"直解"库恩是一件很不容易的事。据说库恩在 20 世纪 80 年代的一次演讲中特别批评了爱丁堡学派发起的科学知识社会学的观点,声称自己的观点跟对方的理解完全是两回事,并且说"我可不是库恩派学者"①。由此可见，一些学者围绕他的思想进行研究而形成的库恩学派，在宣扬他的思想时，他却公开宣称自己不是库恩派学者，从这一点足以看出，他人对其的误读有多深。所以在了解他的科学史观之前，我们应该先追溯其思想来源。

1. 由物理学转向科学史研究是其思想产生的基点

其实库恩并没有想到自己会走向科学哲学或科学史研究，这一点从他的发展简历中就可以看出来。库恩于1943年本科毕业，三年后的1946年获得哈佛大学物理学硕士学位，再三年后的1949年便获得物理学博士学位，而且学位论文是关于理论物理学方面的。由此可见，库恩天资聪颖，其一生的发展确实也证明了这一点。他的思想转折源于在哈佛大学攻读博士学位期间的一次演讲。当时哈佛大学的校长是化学家柯南特（Connat），要库恩做一次全校的演讲，主要讲的内容是关于17世纪力学起源问题。为了准备这次演讲，库恩不仅准备了17世纪关于物理学的一些东西，而且让他由此想到了去看亚里士多德的物理学。正是在这样的探究中，他发现了怎样去理解亚里士多德的物理学，从而促使他从物理学的研究转到科学史的研究。这种由自然科学研究向人文社科研究的转向，是库恩人生第一次大的转向，也为他后期成就的取得奠定了基础。库恩在回忆这个转折时陈述道②：

> 在我读研究生的最后一年中，波士顿的洛厄尔研究所（Lowell Institute）请我去讲演，这使我第一次有机会试讲我正在形成之中的科学观，后来这8篇公开讲演于1951年3月间连续发表，题目是"探索物理学理论"。第二年我开始讲授科学史课程，以后在差不多整整10年中，在一个我从未系统研究过的领域中讲课所带来的问题，使我没有什么时间把我最初产生的各种观点准确地表达出来。

从这一段话，至少可以读出三种信息：一是自1951年3月后，标志着库恩开始转向科学史研究，或是人文社科研究；二是他的研究集中在物理学史方面；三是对于科学观或科学史观，有些观点连他自己也没有完整、准确地表达出来。因此，造成学界对库恩思想的误读就在所难免了，这也是不断对他的一些观点进行修正的原因。

---

① 木锄. 库恩：不读原著，怎知误解深如许. 科技日报，2012年12月15日第4版，嫦娥文艺副刊.
② Kuhn T S. *The Structure of Scientific Revolution*. Chicago：The University of Chicago Press，1970：preface.

其实，从语境分析的角度看，造成库恩出现这种思想正是由科学发展的内在逻辑与社会影响因素决定的，因为不同时期的科学内涵是不一样的。更为重要的是，库恩的学科背景是物理学，所以他说自己在一个"从没系统研究过的领域"做研究，那么他的思想便会随着认识的深入产生不断的变化，这是非常容易理解的，这一点从后期他对"范式"、"不可通约"的变化理解就可以看出来。不过，也许正是这种看似"外行"的研究却给科学史注入了新的活力。所有这些思想都来源于一个夏天的顿悟。

2. 1947 年夏天的顿悟是其思想产生的活力

1951 年的 3 月库恩已经有了对物理学史的 8 篇研究论文，由此可以想到的是，在这之前他已开始研究物理学史的一些东西，这正好发生在 1947 年一个炎热的夏天。关于这一非常重要的"顿悟"，库恩在其《必要的张力：科学的传统和变革论文选》一书的序言中写道[①]：

> 已有的历史叙述都是由过去事实所组成，绝大部分显然无可置疑的……当我改变了这种想法，我所作的历史叙述似乎也类似地引起同样的误解。历史科学所完成的研究成果，总是掩盖着产生这一成果的工作真相的过程，对于这一点，它似乎比我所知任何其他科学都严重……

从这一段话我们可以明显看出，库恩已经敏感地意识到以前科学史研究的不足，尽管他认为很多事实是不用怀疑的，写的是真实的科学事实，但是由于在写作的过程中或多或少地没有揭示真实的发生过程，从而成了"掩盖"产生成果真相工作的过程。如何才能不掩盖科学事实的真相，从而不让别人产生误解，才是库恩真正要思考的事情。不过，后来发现他虽然是这样想的，但是他的思想却让别人产生了很多误解或误读。库恩为了不让人误解，开始思考怎样写出工作的真相。于是，他接着写了自己思考后的顿悟过程[②]：

> 我自己是在 1947 年才开始彻底醒悟的。当时要我暂时中断我的当代物理学的研究项目，准备一组关于 17 世纪力学起源问题的讲演。为此我首先要查看伽利略和牛顿的先驱们对这个问题已知道些什么。……他特有的才能为什么一旦用到运动问题上就一败涂地呢？他怎么会对运动发表那么多明

---

① 库恩著，范岱年、纪树立译. 必要的张力：科学的传统和变革论文选. 北京：北京大学出版社，2004：2.

② 库恩著，范岱年、纪树立译. 必要的张力：科学的传统和变革论文选. 北京：北京大学出版社，2004：2.

显荒谬的论点呢？而且最重要的，对这种观点怎么会有那么多的后继者那么长久地认真对待呢？……亚里士多德当然会犯错误，对此我并不怀疑，但是怎么能想象他会错得那么离谱呢？在一个难忘的（也是炎热的）夏日，这些困惑突然消失了。我一下子领悟到，可以采取另一种方式阅读那些我一直苦苦攻读的文本，从而理解有关的入门途径。……我虽然并没有因此而成为亚里士多德派的物理学家，但是我在某种程度上必须学会像他们那样去思考问题。……

从这些内容可以看出，库恩从亚里士多德的物理学研究到伽利略和牛顿的物理学，顺着这一思路去看不同时代的物理学发展。他对亚里士多德的物理学思想是很重视的，而且对这个思想家也是很看重的，库恩所要思考的是这样一个伟大的思想家，怎么会在处理物理学中的运动时犯那么多的错误，而且错得还很离谱，这是他所不能理解的。正是这种不理解导致他要认真地去思考，思考为什么亚里士多德会出现那么多低级错误。事实说明，当一个人真正投入到对一个问题的长时间思考后，顿悟确实就会出现，库恩就是这样一个例子，也正因为他有这样的顿悟，而造就了他的伟大成就。他的顿悟就是要回到当时当地的语境中去理解他们的思想，这才是真正的解读方式。所以，他给自己提出如下原则[①]：

我提出一条原则：在阅读重要思想家的著作时首先要找出文本中明显荒谬之处，再问问你自己：一位神志清醒的人怎么会写出这样的东西来。如果你找到了一种答案，我还要说：有些段落虽然讲得通了，但你会发现还有更多的重要段落，以前你自以为懂了，现在意思却全变了。

在这里，库恩对自己提出了一个原则，实际上也是一种如何阅读与解读文献的方法，虽然他在这里没有说是基于语境去理解，但通过字里行间可以看出是这样的一种思想：首先要反问为什么原作者会有这样的思想，其思想是基于一种什么样的语境下出现的，因此你在读的时候就要考虑到这一语境下的成果是什么样的，出现错误是因为语境的不同所造成的，所以在理解的时候才会导致以前懂了，可现在又不懂了，这是因为语境发生了变化。那么怎样才能做到更好地理解一个研究成果的真正工作过程呢？这也是库恩"从1947年夏天发生了那个决定性的事件之后，寻求一种最好的或是最易于理解的解读方式，就成

---

① 库恩著，范岱年、纪树立译. 必要的张力：科学的传统和变革论文选. 北京：北京大学出版社，2004：2.

了我的历史研究中的主要问题"①。

3. 校长的引导是其思想产生的动力源

一个思想家在其思想产生的时候,往往会有一个非常人物影响着他,这一点在萨顿身上也可以找到,库恩也遇到了这样的引领者,他就是上文已提到的大学校长——柯南特。柯南特作为哈佛大学历史上最伟大的校长之一,是美国"曼哈顿计划"的亲历者,也是美国科学政策研究的先驱。柯南特是一名化学家,他在当校长时深刻感受到了哈佛大学的毕业生与当时社会需求之间的差距。他认为作为一名大学生应该是能够满足社会需要的人,而且应该理解科学的发生与发展,同时健全学生的各种能力与知识结构,所以他下决心要健全哈佛大学学生的综合素质。那么怎样才能达到这一目的,其实现途径就是让学生研究科学史,通过科学史让学生了解并理解科学。正是他的这一决定,引领了库恩对科学史的研究。

前文所述,当时是柯南特校长让库恩准备一个17世纪的物理学的演讲,这个演讲把库恩引入了科学史的研究中。其实柯南特对库恩的引领至少还有以下几件事情:其一是聘其当他的助教,柯南特为了普及科学史,自己开设了科学史通识课,从全校选取三名学生当他的助教,库恩有幸成为其中之一;其二是1957年库恩基于他在哈佛大学通识课的讲义,整理出版他的第一本专著——《哥白尼革命》,柯南特亲自为书作序,可见柯南特对他的重视;其三是在1962年以前,库恩的《科学革命的结构》出版前,他把草稿寄给了柯南特校长,当时的柯南特远在联邦德国当全权大使,可是在百忙之中,柯南特花时间认真看了他的书稿,并给库恩提了修改意见,尤其是对"范式"概念的论证,柯南特认为这一概念还有待于进一步商榷,但库恩并没有采纳,还是如期出版了。它是库恩在科学史与科学哲学领域最有影响力的著作,同时也引发了一系列的争论。在谈到这一点时,库恩在他的《科学革命的结构》的序言中说:"首先是柯南特,当时的哈佛大学校长,是他导引我进入科学史并因此而促发了我对科学进步本质的观念的转变。"②

(二)库恩经典著作浅析

正如库恩本人所说,要真正了解一位物理学家的思想就要读他的原著。那

---

① 库恩著,范岱年、纪树立译. 必要的张力:科学的传统和变革论文选. 北京大学出版社,2004:2.

② Kuhn T S. *The Structure of Scientific Revolution*. Chicago:The University of Chicago Press,1970:preface.

么我们在了解库恩的科学史观之前,先对他的三本主要著作做一介绍和浅析。

(1)《哥白尼革命:西方思想发展中的行星天文学》。这本出版于1957年的著作,是库恩作为柯南特的助教时将他的讲义进行整理而成的,所以说这本书的特点是每个章节即可以独立成文,又相互联系。《哥白尼革命:西方思想发展中的行星天文学》是库恩的第一部科学史著作,虽然这本书也标志着库恩的历史主义哲学(科学哲学的历史主义转向)的形成,但它并不是一部科学哲学的著作。这部著作在很大程度上为库恩写作《科学革命的结构》做了奠基性的工作。后人在评述这部著作时,往往与柯瓦雷的《牛顿研究》、《伽利略研究》等相提并论,由此可见,库恩在写《哥白尼革命:西方思想发展中的行星天文学》时存在着柯瓦雷编史学的影子,或者说受到了柯瓦雷编史学思想的影响。

与柯瓦雷的《伽利略研究》所不同的是,库恩的《哥白尼革命:西方思想发展中的行星天文学》不仅仅是局限于科学内史的研究方法,而是将哥白尼的天文学思想置于当时的文化背景之下加以考察,也即科学史的外部史考察,从而开创了内部史与外部史相结合的编史纲领。这也是库恩科学史观的重要内容,即科学的内部史与外部史的处理方案。这些处理方法从本书中就可以看出。

这本书共分7章,结构安排是以时间为序,从古代的天文学写到哥白尼的天文学发生革命之后。具体内容为:第一章集中论述了古代的两球宇宙是什么样的状况;第二章则对古人对行星问题的看法进行了分析;第三章是关于亚里士多德思想中的两球宇宙思想的论述;第四章是从亚里士多德到哥白尼时代的天文学发展进行了梳理;第五章阐述了哥白尼的革新;第六章论述了哥白尼天文学的同化接受,其实也就是世人对"日心说"的认可;第七章作为最后一部分主要谈了新的宇宙结构。从以上内容来看,作为以讲义内容为核心的著作,自然与其他著作有一定的区别,但是库恩在写作中并不是只讲天文学的单纯发展历史,而是在每个章节中渗透了社会文化背景。他在详述天文学概念和技术性细节方面有机地将宗教的社会文化背景置于其中,合理地取舍材料,从而使得被他称为科学的"内部史"和"外部史"有机地结合在了一起,而不是一种人为的做作。所以,这样的写作风格的确与柯瓦雷的风格截然不同,这部书也是库恩从科学史进入科学哲学研究的基础工作。该书突出了哥白尼天文学革命的结构和意义,从微观的角度来看,后来被称为"范式"与"不可通约性"的一些概念,在这本书里已有雏形;从宏观的角度来看,库恩基于语境的写作风格成功地叙述了天文学的历史故事,为他的下一步著作打下了坚实的基础。从这一点又可以看出,萨顿将以前写百科全书式的《科学史导论》改为以其讲义为基础的、人性化的《科学史》,也许给了库恩很多启发。

（2）《科学革命的结构》。1962年出版的这部著作，不能称为"巨"著，因为它不是一部厚书，译成汉语也不到13万字，所以不能用"巨"来形容；但它又是一本"巨"著，因为它对"科学"的研究影响"巨大"，不仅是科学史还有科学哲学，所以可以用"巨"来评述。迄今为止，既能在科学哲学界又能在科学史界产生巨大影响的专著，几乎只有这一本，而且是从事科学史与科学哲学研究的学者必读的著作。鉴于此，本书只对这部著作进行一个最简单的介绍，而不做过多的评论。

全书的结构非常简单，加上导言一共13章，而且每个章节的题目都很简单，分别从赋予历史的一种作用、走向常规科学、常规科学的本质、常规科学即解难题、规范的优先性、反常和科学发现的涌现、危机和科学理论的涌现、对危机的反应、科学革命的性质和必然性、革命是世界观的改变、革命是无形的、革命的解决、由于革命而进步等方面进行了论述。

看似很简单的论述却掀起了一场讨论，而且持续到今。不仅在库恩生前被讨论、争论，而且在其去世后还在被研究。为什么会产生这么大的影响，主要原因有以下几个方面：一是该书旨在提出一种有别于逻辑经验主义与逻辑实证主义的科学观，这对当时一贯受逻辑经验主义主导的科学哲学造成了很大的冲击。二是对科学革命作出了新的解释，以前的一些学者对伽利略、牛顿等科学革命的研究与库恩的科学革命的研究截然不同，所以产生了轰动。三是范式、不可通约性及科学共同体等概念的提出，使得学界对其的把握不是很准确，各有各的理解。那么基于不同的理解就会有不同的解释，所以会引起很大的争论，甚至包括其本人也被卷入讨论之中，而不得不多次给予范式以多种内涵。

基于其巨大的影响力，该书是研究科学史和科学哲学的重要著作之一，它的出版，在西方哲学界、社会科学界乃至科学界都引起了巨大轰动，形成了一股世界性研究浪潮，开辟了科学哲学历史主义研究的新方向。所以，有人把该书列为21世纪最有影响的5本科学哲学著作之一。[1]

（3）《必要的张力：科学的传统和变革论文选》。该书出版于1977年，从题目上看就知道是要论述介于传统与变革间的一种张力，这种"张力"实质上是科学史学家在撰写科学史著作时的态度与方法，也就是说不仅在继承传统，同时也有所变革，不然就是对科学"真正工作的掩盖"。所以该书主要论述了科学史学家所面临的一系列"张力"，这种张力体现为科学史和科学哲学的关系问题，也体现为科学的思想史和社会史关系问题，同时还有科学的内部史和外部

---

[1] http://baike.baidu.com/view/1138781.htm［2015-4-6］.

史关系问题等诸多方面的张力。依据这样的逻辑认知，库恩通过对近代物理学的发展研究，以及物理学研究中的数学传统等领域的研究，并且用能量守恒概念的发展、测量在现代物理学中的作用论证自己的科学史观点，表明了其对科学史的态度是科学发展有其内部的动力，科学革命有内在的逻辑。所以说，这部著作实质上体现了库恩的科学史观，极大地影响了科学史与科学哲学的关系。全书的结构只分两篇共 14 章：第一篇共 6 章，主要是从编史学研究的角度论述了科学史和科学哲学的关系、物理学发展中的原因概念，以及物理科学发展中的数学传统与实验传统，这 3 部分组成了该书的前 3 章。第四章研究了作为一个案例的能量守恒定律，第五章对科学史的认知进行了概述，第六章从历史学的角度论述了历史和科学史的关系。在该书的第二篇，作者以科学史的元历史研究为出发点，论述了科学史的一些元理论问题，这些问题主要集中在以下几个方面：科学发现的历史结构、测量在现代物理科学中的作用、必要的张力；科学研究的传统和创新、思想实验的作用、发现的逻辑还是研究的心理学。这些内容构成了该书的第七至第十一章。在第十二章作者对其范式理论进行了再思考，这时也许是想到了当时出版《科学革命的结构》时柯南特给他的意见。第十三章作者对科学的客观性、价值判断和理论选择进行了研究，最后一章论证了科学和艺术的关系。关于这部著作的具体内容，请有兴趣的读者自行研究，在此不做过多的介绍。

在此，我们需要思考的一点是，现在看来是科学史的一些元理论问题，可在库恩看来却不一定是，而在库恩看来是元理论的问题，现在看来却不一定是，这就是一个语境的问题，在该书中库恩对他的一些科学史观进行了很详细的叙述。可以这样说，这本出版于 1977 年的书，基本上是库恩科学史观形成的标志。

（三）库恩的科学史观

库恩一生的著作不是很多，但是其思想却在科学史与科学哲学界引起了极大的影响。虽然他本人曾说过，一个人如果既是科学史学家又是科学哲学家就会陷入很危险的境地，但是他本人就是这样的人物，不过对其争论也是很多的。在此，对他的范式和不可通约等理论我们不做过多的分析，因为其主要是关于科学哲学的，这里只对他的科学史观进行介绍。

1. 非累积实证观

库恩的科学史观出现的一个语境，是在默顿引发学界进行科学社会史研究方兴未艾的时候，通过1962年出版的《科学革命的结构》体现了其独特的科学史观。这部书不仅在科学哲学界引起了极大的轰动，使之成为历史主义的代表人物，而且在科学史领域也产生了极大的影响。库恩不承认科学的发展是累积实证的，他认为科学的发展是以"前科学—常规科学—反常危机—革命—新的常规科学—新危机……"的模式发展的。为此，他构造了一个新的概念——"范式"。库恩认为新范式必须和旧范式有某种程度的相似，如至少具有旧范式那样的解题能力。① 在这里，虽然库恩用到了"解题能力"的说法，但其实他并不赞成把科学的发展看成就像一个人的数学能力一样，是一种累积的进步，而是以一种"危机"的方式发展的。但是当面对不同的科学发展，在没有一个规范的理论时，库恩不得不赋予范式以很多意义。他认为当科学发展到一定程度的时候，科学共同体是在一个范式下进行科学研究，而当出现危机时，这种范式不被科学共同体所认可，于是其被打破，发生革命，产生新的常规科学，在新的范式中又得到了一种平衡，所以说科学的发展不是累积实证的。

2. 反辉格式观

正是由于存在实证主义的科学史观，所以才会产生科学史的辉格式解释。这是因为科学的前提标准就是实证知识，那么没有实证的知识就不是科学，所以萨顿首先就把炼金术、巫术、占星术及盖仑的生理学理论等知识，一律作为非科学或是当作不利于科学进步的因素而忽略。这样做的原因是他认为这些不是实证的，就连对柯瓦雷也是这样处理的。那么这样做的后果就是人为地把科学与非科学进行了划界，而且这个划界还没有一个标准，只是从实证的角度出发而进行的。那么这种实证思想能不能得到大多数人的承认，却是有待考证的。所以前已述及，萨顿的这种科学史观遭到了一些学者的强烈反对，如巴特菲尔德等学者就对此提出了批评。不过巴特菲尔德虽然反对这种辉格式解释，可自己写的《近代科学的起源》却是一本很典型的辉格式解释的著作，从这里可以看出，要避免辉格式解释是很难的。库恩也看出了这种科学史解释方式的不合理性，他认为这种辉格式的科学史研究方法不可行，因为这样的解释是一种人为的"偏向"，会导致失去真实的历史。因而库恩在《必要的张力：科学的传统和变革论文选》中这样写道②：

较早的科学史的目标，是通过展示当代科学方法或概念的进化而澄清

---

① Alexander B. What is in a paradigm？. Richmond Journal of Philosophy，2002（1）：11.
② 库恩著，范岱年、纪树立译. 必要的张力：科学的传统和变革论文选. 北京：北京大学出版社，2004：108.

和加深对它们的理解。要实现这项任务,历史学家的典型做法是选择某一个已确立的学科或学科分支,并描述构成他那个时代主题和推断方法的各种因素是在何时何地并如何形成的。

所以说,在范式的框架下,库恩对科学史的辉格式解释提出了自己的看法,科学史辉格式解释的客观存在,正是因为科学史学家已具备了先前的知识,没有站在当时当地的语境下去思考问题,那么要克服这一点,就只有放弃以前的观点才能做到。因而如果要去研究以前的科学,我们就应该放弃自身已知的理论体系,针对年代久远的研究著作和文献资料,要剔除一些自己的主观臆断,唯有如此,方可从本质上理解科学史。所以,对科学思想史达到更好理解的途径是,站在当时当地的语境中去考察不同时期的科学,而绝不要将它们看作是现在科学的绊脚石。① 可以这样说,这其实已回归到科学史语境的范畴,"只有回到当时当地的语境中才能更好地理解科学史",正如他当时研究亚里士多德的物理一样。但是辉格式科学史的存在是有一定意义的,我们不能采取一票否决制,将其一票否定。从一定的意义上而言,历史事件都将是无可预知的,对于我们而言将是对其进行预测。因此,我们不能随便批判前人的研究成果,要站在他们研究的角度和时代背景下,进行客观分析,唯有这样才能使研究有意义。②

3. 科学史的内部与外部进路观

库恩科学史观的形成时期,正处于科学史的研究从内史转向外史的蓬勃发展时期。传统的科学史研究主张内史论,而在默顿科学社会学的影响下,科学社会史逐步表现出强大的生命力,越来越得到人们的重视。那么在内外史之间如何保持张力成为科学史理论研究探讨的核心问题。有人主张外史论,有人主张内史论,如鲁道威克认为纯内史的科学史是神秘的,它会导致科学失去赖以存在的社会基础,并主张科学史应该研究科学的社会性和科学史的社会性。③ 但是对于内史论来说,这样的主张是不可取的,因为外史研究有使科学史失去科学味的危险,所以应从科学史中剔除。④

面对这样一种态势,库恩依据自己对物理学史研究的理解,在对科学史的

---

① Sharrock W, Kuhn R R. *Philosopher of Scientific Revolution*. Oxford: Blackwell Publishers Inc, 2002: 8.

② 关洪. 哲学对科学和科学哲学. 自然科学史研究, 2005 (3): 276.

③ Clagett M. *Critical Problem in the History of Science*. Madison: University of Wisconsin Press, 1959: 203.

④ Gillispie C C. History of Science losting its science. *Science*, 1980 (207): 389.

内史与外史关系问题的处理上，主张内外史研究的有机结合。为此，他指出：科学历史发展过程与社会历史发展息息相关，针对科学历史的研究，必须要基于社会历史去考虑，对社会历史中的各类精神、思想、观念进行分析、总结和归纳，从而形成一套有利于科学历史发展研究的理论体系，唯有此，科学历史的研究才会获得新突破和新发展。① 基于这种认识，为了把这个问题处理好，库恩折中地认为，只有将"内史论"理解为科学史的"内部进路"，把"外史论"理解为科学史的"外部进路"，科学事实就是通过内部进路与外部进路相结合的方式进行研究，以达到对其的解释，从而把一种理论转化成为一种研究方法和主张，并主张"虽然科学史的内部进路和外部进路多少有些天然的自主性，其实它们也是相互补充的，直到它们实际上做到一个从另一个引申出来，才有可能理解科学发展的一些重要方面"②。所以，内部进路与外部进路有机地统一在一起就是要做到"一个从另一个引申出来"。那么这种"引申过程"就有一个谁在先、谁占主体的问题，因此，库恩虽然主张科学史内部进路与外部进路的有机结合，但他并不认为要将二者放在同等的地位，而是主张科学史的外部进路实际上是为内部进路服务的。所以，他认为，只有先从内史角度解释科学的发展后，外史才能发挥作用，展示诸如外部的、非科学的观念、利益等有可能影响科学发展的方面。③

从这里我们可以看出，库恩的观点有其合理性的一面，存在的问题是在内部与外部之间如何保持合理的张力才是最重要的，再者就是怎样才能回归到当时的语境中，也会依不同的科学史学家有不同的处理方法。这正如对于中国古代科学技术史的研究，中国学者的研究与李约瑟的研究有着很大的不同，李约瑟对于中国古代科学技术史的研究，有意或是无意体会了这种思想，这也说明科学史的研究出路在一个广阔的大语境中才可以真正地被理解。

4. 科学史与科学哲学的关系

对于科学史与科学哲学的关系问题，库恩也提出了自己的一些见解。有些学者认为这不是科学史观所属的内容，但笔者认为这应该是其科学史观的核心内容。因为对科学史与科学哲学的不同认识，会导致对科学史的处理方法、理论认知的不同。事实上，对于科学史与科学哲学的关系问题的处理是从事科学

---

① 王云霞、李建珊. 试论库恩科学史观. 北京理工大学学报（社会科学版），2007（2）：95.

② 库恩著，范岱年、纪树立译. 必要的张力：科学的传统和变革论文选. 北京：北京大学出版社，2004：11.

③ Sharrock W, Rupert R. *Kuhn: Philosopher of Scientific Revolution*. Oxford: Blackwell Publishers Inc, 2002: 9.

史或者科学哲学研究必须面对的问题,如果对这一问题没有一个很清楚的认识,则会陷入认识的误区而对所从事的研究没有一个清晰的把握,所以不论科学哲学界还是科学史界都很关注科学哲学与科学史的关系。

在库恩看来,科学哲学与科学史的关系是一种既有联系又有区别的关系,科学史与科学哲学作为两门不同的学科,它们具有一系列不同的特征。最一般而明显的,就是目标不同。大多数历史研究的最后成品是对过去特殊事件的一种叙述,一个故事……而哲学家的目标主要是明确的概括及范围广泛的普遍概括。① 这句话深刻表明了库恩对科学史与科学哲学关系的准确把握,科学哲学与科学史只是从不同的角度去研究科学,一个是基于历史的,另一个是基于哲学的,这是问题的核心之所在。所以说科学哲学是对科学发展的一种概括,而科学史是对历史的一种叙述与总结。用一句通俗的话说就是一个是"回头看",去总结科学是什么,另一个是"朝前看",去分析科学是什么,因此都是对科学的研究,只是目标不同而已。但是从科学哲学与科学史的研究来看,谁都不能离开谁,进而他论述到哲学像科学知识一样,是他们的基本工具,一个人若不能掌握他所研究时期和领域中主要哲学流派的关系,要想对科学史中的许多问题研究得好,那是不可能的。另外,科学史有助于填补科学哲学家和科学本身之间颇为特殊的空缺,可成为他们提出问题、提供资料的源泉……在哲学家可用于了解科学的几种可能方法中,历史提供了一种最实际、最有效的方法。② 这两句很好地阐释了科学史学家与科学哲学家在处理这二者之间关系时所应该采取的态度。

除目标不同外,科学史与科学哲学还有一个不同,就是对文献的选取不同。库恩认为,科学史学家和科学哲学家尽管可以面对同样的资料,但是处理它们的出发点会完全不同,这是由于其学科本身的规范所限。从其目标出发也可以看出,科学史与科学哲学关注的焦点不一样,科学哲学尽量站在科学发展的最前沿去反思科学,而科学史却要力争回到过去"去还原"科学的本来面貌。库恩很清楚地认识到了这一点,他用自己研究物理学、物理学史与物理学哲学的经历来说明这三者之间的差别。库恩在开始写物理学文章时,是建立在他的物理学研究已经结束,利用实验记录再结合文献从中挑选,然后用准确的文字表达出来就是物理学的文章;而写科学史的文章则要在写作之前进行大量研究,

---

① 库恩著,范岱年、纪树立译. 必要的张力:科学的传统和变革论文选. 北京:北京大学出版社,2004:4.

② 库恩著,范岱年、纪树立译. 必要的张力:科学的传统和变革论文选. 北京:北京大学出版社,2004:10

首先要阅读大量的原始文献，对文献进行分析、整理和论证，按照自己所列的提纲进行写作；而科学哲学的文章，则与科学史的文章有很大的不同，科学哲学总是审慎而巧妙地批评彼此和前人的工作，在批评别人观点的基础上建立自己的观点。从他的这些论述中我们可以看出，科学哲学在于对科学发展的反思，而科学史在于对科学的历史真实还原，这是科学哲学与科学史的本质差别。

所以，对于科学史与科学哲学的关系，库恩的理解有很大的合理性，因而引发了人们更多的思考。从科学发展的整体性来说，不论什么时代的科学，不论其发展得快慢，都是作为当时语境下的一个整体去发展的，而且与社会的各个因素有机地联系在一起，不可能出现脱离社会的科学，也不可能出现与文化或文明无关的科学。那么这些因素就是科学发展的不同语境，而科学发展的历程所表现出的一些特征、理性与人文精神等也是社会文化的另一种体现。所以，对于科学哲学与科学史的关系问题没必要进行争论，对它们的看法就停留在从不同的角度研究科学就可以了。

二、夏平的科学史观

如果说库恩是从历史主义的角度去实现科学史的重新架构的话，那么夏平的思想完全把科学史的研究引向了社会建构论的思潮中，而且他在 1982 年发表的文章《科学史及其社会学重构》，从理论角度论述了科学史如何实现社会学重构。[①] 这篇文章也代表了其科学史观的主要观点，以及其对科学史研究实践的理论性总结。

对于夏平对科学史的贡献，任定成教授是这样评论的[②]：

> 近 30 年，在以科学为研究对象的诸领域中，史蒂文·夏平是一个相当引人注目的人物：颜面术的卓有成效的倡导者和实践者，显著改变科学社会史研究路向的学者，标桩科学社会研究（social studies of science）特别是科学知识社会学实践成就的大家。根据 SSCI（《社会科学引文索引》）做的引证分析表明，在科学知识社会学鼎盛的 1973—1987 年间，夏平是这个领域单篇论文引证次数最多的作者。

从这段话中的"显著改变科学社会史研究路向的学者"，就足以看出夏平对科学史研究的作用和贡献了。不过因为夏平的主要工作还是在科学知识社会学

---

① Shapin S. History of Science and Its sociological reconstructions. History of Science, 1982 (20): 157-211.
② 任定成. 科学真理是如何被建构的. 中国图书商报·书评周刊，2003 年 3 月 7 日.

方面,所以本书在这里只对其科学史观进行关注,而对他的其他思想不做过多的讨论。

(一)夏平的成果

与传统的科学史学家不同的是,夏平没有把注意力集中在对科学发展作出突出贡献的"特殊人物"上,而是把研究建立在对没有得到专业认同的一般科学家上,创造出自己独特的"颜面术"的研究方法,从集体传记出发去研究具体的科学史事件,而不是从科学界的精英去研究科学史,这一科学社会史进路造就了夏平的成就。这些成果集中体现在以下3本很知名的著作(全部有中译本)中,分别是1985年出版的《利维坦与空气泵——霍布斯、波义耳与实验生活》(Leviathan and the Air-Pump: Hobbes, Boyle, and the Experimental Life, 与西蒙·谢弗合著)、1994年出版的《真理的社会史——17世纪英国的文明与科学》(A Social History of Truth: Civility and Science in Seventeenth-Century England) 和1996年出版的《科学革命》(The Scientific Revolution)。这3本书集中了夏平的主要思想,其中对于科学史或者说建构论科学史而言,影响最大的是《利维坦与空气泵——霍布斯、波义耳与实验生活》,这部书是一次建构论应用于科学史的成功操练,因而其意义深远。

(1)《利维坦与空气泵——霍布斯、波义耳与实验生活》。这部著作虽然出版于1985年,但是中译本却比其他两本书都晚,是于2008年由蔡佩君翻译,由上海人民出版社出版的。在科学史学界,对这部书的评价非常高,认为这是一本科学史与政治史从社会建构的角度进行交汇的经典著作。作者从一个完全有悖于传统研究风格的角度揭示了实验中关于科学知识诞生的过程,完全颠覆了以往科学史著作的研究主旨,同时颠覆了平常人看待科学与社会互动的方式,也颠覆了人们对实验验证与社会建构的关系的认识。

近代实验技术的发展致使人们对实验验证持一种肯定无疑的态度,大多数人认为只要能证实的就是科学的,因而对于从实验室出来的验证结果是不会怀疑的。这个结论的得出并不是一个简单的过程,而是在经历了备受怀疑的过程之后才有了今天的这种结果。本书把视线拉回到17世纪英国的实验室,从社会建构论的角度去还原当时波义耳是如何利用空气泵来演示真空存在的。更为重要的一点是,这部书向读者展示了真空研究的背后,科学家与政治家是如何联系在一起的。有时为了确保政治的和平,科学家会表现出一种非科学的态度。一般来说,科学是远离政治的,在实验室中科学研究理想接近真理,这是一个不争的事实。然而,科学研究却存在另一面,就是一些实验并不是简单地像科学家说的"以实验数据说话",而是与当时的政治需要相关,如"事实、诠释、实验"等概念,其实都是建立新政治秩序的基础,而且这些基础还是"必需"的基础。所以,作者得出的结论就是"对知识问题的解答,就是社会秩序问题的解答"。

基于科学争议,该书的两位作者没有从传统的角度去对原实验室的研究进行还原,而是从社会建构论的角度去"还原"一段被人们已定论的历史,这不能不说是建构论的一次成功尝试。该书的一些观点,得到了荷兰王室的认可,在 2005 年评拉斯莫斯奖时,评委一致认为"这两位作者全然改变了我们对科学与社会的观点",因而获得了 2005 年的该奖项,同时也成了普林斯顿大学出版社百年经典名著,也是从事科学史研究的经典著作。

其实,到目前为止,在科学史的研究实践中,社会建构论思想已深深渗透到其各个方面,从科学史"史论结合"的角度来说,不带社会建构思想的科学史论著是不可能的,尤其是科学社会史,都不同程度地被打上了社会建构的烙印。因为社会建构论彻底消解了内史论与外史论之争,社会建构论主张人类社会所取得的所有知识,我们都应该以"社会建构"的方式来对待,但并不是所有的知识都有效。在科学史研究中,建构主义的核心含义是"科学知识是人类的创造,是用可以得到的材料和文化资源制造的,而不仅仅是对预先给定的、独立于人类活动的自然秩序的揭示"①。

因此,可以说《利维坦与空气泵——霍布斯、波义耳与实验生活》将建构论的主张,运用于科学史的具体研究中,对波义耳和霍布斯的这场关于实验科学的争论,从科学家的群体、科学制造的场所、科学与政治的关系、社会文化语境等角度进行了系统的分析和研究。作为对于建构论科学史的一次成功实践,为我们从建构论的视角研究科学史提供了有意义的借鉴,也给我们研究科学史提供了一个可行的向度与进路。

(2)《真理的社会史——17 世纪英国的文明与科学》。对于这本著作,法国社会科学高级学院的雅克·里维尔在该书的推荐语中写道:《真理的社会史——17 世纪英国的文明和科学》这部书的书名就很刺激,因为我们过去如此习惯于将真理看成是普遍和永恒的。过去 15 年来,夏平一直是最有影响的科学史学家之一,肩负着对社会、文化和政治背景中的科学实践进行重新思考的任务。在他的这部重要作品中,夏平将学者的工作置于贵族社会的中心,他的这项成果

---

① Golinski J. *Making Natural Knowledge*:*Constructivism and the History of Science*. Boston:Cambridge University Press,1998:108.

是有权威性的。

由此可以看出该书的重要性与社会影响力。正因为如此，这是一本从事科学史研究的学者的必读书目之一。该书选取17世纪英国的科学作为研究内容，试图通过这一时期的科学发展，来解释现代科学为什么会发展成这样。的确，英国作为当时的科学研究中心，其科学的发展对世界产生了很大的推动作用，促进了世界科学技术的发展。因此，这段时期的科学发展获得了大量研究者的青睐，比如，默顿的著作就向我们打开了科学社会史研究的大门。而夏平的这部著作同样是研究17世纪英国的真理与社会的关系，但与默顿的研究截然不同，向我们展示了文明与科学并存中的真理是如何被建构的，或者说真理是如何传播的。

该书主体内容共8章，开篇就在大文明的语境下，论述了信任、真理与道德秩序之间的关系，为后期的真理社会史研究做了铺垫；第二章以谁是绅士的反问方式，基于英国早期的诚实和文雅认同展开真理的社会认同。以下是从第三章到第八章的题目，从题目中我们就可以看出这部书的写作风格与以前的一些研究有很大的不同：

第三章：讲真话的社会史：知识、社会实践与绅士的可信性。

第四章：波义耳是谁？实验身份的产生和呈现。

第五章：认识论规范：事实证言的实践操作。

第六章：认识人与认识事：科学可信性的道德史。

第七章：确定性与文明：数学与波义耳的实验对话。

第八章：无形的技师：主人、仆人与实验知识的制造。

从这几章的题目也可以看出，该书讨论的一个核心问题之所以是真理的成立和传播，主要靠的是社会的信任。在这些章节中，作者还是以波义耳为核心人物进行研究，通过对波义耳与霍布斯的争论过程的解读，深刻说明了一个事实：波义耳能够从争论中胜出，并使得霍布斯的"自然哲学家"的称号渐渐被人们所遗忘，靠的并不是像真理这样的知识，而是社会对他的"绅士身份"的信任，这种信任也使当时还很弱小的"实验知识"取得了合法化的地位。也就是说，你的真理能够传播就是因为社会对你的信任，而不是你知道了真理就可以传播，如果没有这种社会信任真理也是不会被传播的。所以说，这部著作其实就是《利维坦与空气泵——霍布斯、波义耳与实验生活》的延伸，是对其的进一步说明，同时也把夏平的科学史观表现得更加突出，值得从事科学史研究的学者去品味。

（3）《科学革命》。关于科学革命的研究，论文和著作非常多，据国内外的不完全统计，不下300篇，但是像这部著作的写法，却是很少见的。书的开篇就讲"根本就不存在唯一确定的科学革命这回事",可以说这一句就足以引发读者的很多思考。因为从传统的角度考虑的话,科学革命的概念已在人们心中根深蒂固,如果没有科学的话,类似于库恩的《科学革命的结构》等经典也将不复存在,那么谁合理,谁的观点能得到学界的认可则就尤为重要了。不难理解,夏平所著的 3 部书,题目都很新颖,而且大多数题目是一般学者不会用到的。在这部著作中,作者的篇章题目更吸引人。在正文中,作者用"何者已知"、"如何得知"与"知识何用"这三个反问句作为三章的题目,在内容设计上,可以说从古希腊讲到了现代科学的发展。① 以这样的方式为出发点,作者试图从社会建构论的角度,对传统的以科学思想史为主体的科学史对科学革命的解释进行重新注解,以期提供另外一种可替代原有解释,并且更接近科学史真实境况的历史描述。夏平通过其预设的"不存在科学革命"这样一个大前提,对当时当地实际发生的科学事件进行系统论证,以达到自己所论述的目的,可以说破坏了传统学界对科学革命的解释,同时也对传统的科学史观进行了消解。

  在这部著作的序言中,夏平首先表明了自己的科学史观和编史学思想,他从四个方面陈述了自己的思想,也为全书定了基调。现根据其主要观点整理如下:其一,科学是处于历史语境中的社会活动,这个定义的前提是科学具有社会性。因此,要研究科学的发展只有把它放在当时发生的语境中才能理解。其二,从社会学的角度研究科学史,或是有社会学倾向的历史学家,他的任务就是把知识的产生和知识的拥有展示为社会过程。其三,不能将科学的社会学研究等同于科学的外部因素,这是不合理的,应该采取的态度和方法是,在科学家的实验室内部和外部有同样多的社会因素,这些因素对于科学知识的作用同样很大,而这种过于简单的"二分法",事实上也正是 17 世纪的文化产物,是一种社会建构。其四,根本不存在 17 世纪科学革命或者是 17 世纪科学革命的"本质",因此,在科学史学家所描述的故事中,不可避免地存在某种我们的痕迹。这里的"我们的痕迹"显然是指科学史学家的前提预设,其中包括科学史学家的立场、观点、思想、语境、情感、意志等个人因素,所以这是科学史学家无法逃脱的困境。换言之,历史说到底就是讲故事,不同的故事版本取决于历史学家的选择。②

---

  ① 史蒂文・夏平著,徐国强、袁江洋、孙小淳译. 科学革命:批判性的综合. 上海:上海科技教育出版社,2004:序言.
  ② 史蒂文・夏平著,徐国强、袁江洋、孙小淳译. 科学革命:批判性的综合. 上海:上海科技教育出版社,2004:序言.

关于这种思想，其实早在1963年的阿伽西就提出来了，他认为科学史应该写一个个迷人的故事，那么在这里，夏平用3本书的篇幅向我们展示了他的思想。科学就是一种社会建构，科学史也是一种社会建构，不同的科学史学家写就的科学史是不同的，完全取决于当时科学史学家的选择，这样的思想不免有一种为辉格式解释和辩护的意味，但是从夏平本人的著作来看，他却是反对辉格式的科学史的，这是由其所处的社会语境决定的。

（二）夏平的科学史观

其实，从上面对夏平的3部著作的分析中，我们基本已得到了他的一些思想，在此，针对他的思想进行提炼，可以作出如下一些判断，这也是其科学史观或编史学思想的核心。

第一，科学是一种社会建构，科学史也是如此，主张建构论科学史，这是其科学史观的核心内容。

夏平坚持社会建构论，认为科学知识就是一种社会建构的结果，作为真理的知识传播也是基于一种社会信任，而不是真理本身。尤其是他对科学革命的重新解释，更体现了其这一科学知识社会思想。基于这样的认识，他提出了科学史的社会学重建，就是要像他对科学革命的描述一样，把以前的科学史研究推倒，重新以社会学的角度去撰写。

第二，科学史的历史观。对于科学史的属性，不同的学者有不同的看法。有些学者认为科学史的属性是科学，有些学者却主张科学史的历史属性，还有些学者认为二者兼而有之。夏平认为，科学史首先坚持的是其历史属性，这是科学史研究的出发点。而且科学史同政治史一样有着相同的研究范围。夏平有一段话是这样陈述的[①]：

> 首先，科学实践者们创造、选择和维持了他们活动于其中的制造智力产品的制度体系；其次，在这一制度范围内制造的智力产品已经成为国家政治行为的一个组成部分；最后，在科学实践者使用的制度与更广泛的制度之间存在一种有条件的联系……

在这里，我们可以看出，夏平把科学活动放在一个制度体系中去加以考察，这是其一切问题研究的出发点。那么这个制度的制定就与政治有不可分的关系，

---

① Shapin S. *Leviathan and the Air-Pump: Hobbes, Boyle, and the Experimental Life*. Princeton: Princeton University Press, 1985: 332.

所以说科学史与政治史一样是属于历史的。这里需要说明的一点是，科学史是历史的，具有历史属性的一切共性，但科学毕竟是一些特殊人物在特殊制度下的一种职业活动，尽管科学发展的自身逻辑说明其与政治、社会、经济、文化的关系很大，但科学史不能等同于政治史那样去研究。

其实从社会建构论的角度来看，夏平对科学史的整体研究是把科学史作为社会历史的一个分支，具有一定的合理性。通常而言，科学史就是对社会历史一个领域发展历程的研究，传统的实证主义科学史观就是这样认为的，而夏平却认为，真理的发展史即是真理的社会史。他把真理的发展放在社会史的角度去考察，从而得出了与以前大不相同的观点，在其《真理的社会史》一文中，他明确提出了这样的观点①：

> 对任何共同体来说，什么被认为是真知识是一项集体事业和一项集体成就。……简言之，真理是一种社会体制，因而是社会学家研究的适当主题。

这就是说，研究科学史就是研究真理史，研究真理史就是研究一种社会建制史。但是，如果从真理是一种社会体制这一角度去研究的话，正如他所说，是社会学家研究的主题，那么科学史学家研究什么呢？这也正是其缺陷所在。具体来说，他的科学史观存在以下几个方面的不足。

首先，夏平的科学史观无法消解相对主义的影响。从夏平及其著作中我们只能读出其相对主义立场，而失去了科学史的独特个性，前已所述正是科学不是一般人所能从事的职业才有了科学与其他学科的区别。尤其是面对科学的实证特征，使得当代的科学理论越来越趋向于能够"证实"才叫科学，否则是不会成为理论的。基于此，科学与政治间的距离就会越来越大，所以科学史不能用相对主义的立场去解释其属性，更不能把科学史与政治史或文艺史等同起来，也不可能像夏平所陈述的那样科学史与政治史有着相同的研究范围。

其次，正是上述的相对主义立场，使得夏平的科学史观有失去科学的危险，即夏平的科学史观会失去科学性，这是其科学史研究很致命的缺陷。一般来说，科学史的研究是在历史的维度上去研究科学的发展，这是学界公认的事实。可以这样说，从社会的角度理解科学是没有错误的，但是把真理的发展史理解为社会史就有了一定的局限性。真理就是实证的科学知识，也具有一定的相对性，从社会学的角度去理解真理的产生与发展，其本身并没有错误，但是把真理史

---

① 史蒂文·夏平著，赵万里等译. 真理的社会史. 南昌：江西教育出版社，2002：4.

等同于社会史,就走向了另一个极端,是一种强社会学纲领所致,所以是不合理的。

最后,夏平没有正视科学的客观性。自诞生之日起,科学无不是对自然规律的一种发现,它的对象是客观的物质世界,那么科学也就具有了客观性。尽管科学理论在表述上是依靠语言和符号来表示的,但是其内容是客观的,是不以人的意志为转移的。那么在社会建构论的主张下,科学成了社会建构的产物,既然是社会建构,就是人为的,而不是客观的。依据这样的逻辑思路,科学自然就失去了其客观性,那么没有客观性的科学,怎么会走到现在?

就拿夏平对真理的态度来说,他在基于将科学理解为一种与人类其他活动一样的实践活动的基础上,认为真理就是一种社会体制,而且其传播是基于大众对提出真理人的信任,而不是靠真理本身的客观性。这样定会回避真理中与自然界相符合的成分,而只看到了真理的主观性。所以说,夏平的科学史观在处理科学、真理等知识的客观性方面存在很大的缺陷,他虽然没有明确地彻底否定科学的客观性,但其有意无意地对科学客观性的回避,在客观上造成了对科学理性光芒的遮蔽。他将科学知识看成是人类活动的产物,片面强调科学知识中包含的社会因素,忽视了自然界在科学知识中的作用。[①]

从科学史发展的角度来看,库恩与夏平自20世纪60年代以降,对科学史的发展产生了很大的影响,可以说是实现了科学史由内史向外史的转向。这样的结果导致了科学史研究的主流路径、研究风格等发生了一系列的变化,而且科学史的学术价值、学科性质也受到了一定程度的冲击。在以上两位学者的影响下,一些从事科学史研究的学者,都在不同的时间、不同的场合提出了自己的一些观点,只是没有对科学史学界产生重大的影响或者说其科学史观不成体系,但是他们的一些思想却值得我们去深思,所以在本书中不得不提及这些科学史学家的一些科学史观。

三、其他学者的科学史观

( ) 伊姆雷·拉卡托斯的科学史观

伊姆雷·拉卡托斯(I. Lakatos,1922—1974)是现代著名的数学哲学家和科学哲学家,是历史学派的主要代表人物之一。可以这样说,拉卡托斯是到目前为止唯一一个从数学哲学走向科学哲学的学者。尽管他的研究是基于数学哲

[①] 刘海霞. 简论夏平的科学史观. 齐鲁学刊,2007(3):124.

学和科学哲学的，但是其一些思想却与科学史的研究有很大的关系。其最为出名的一本专著是由他的 5 篇学术论文合成的《科学研究纲领方法论》。①

该书收入的拉卡托斯的 5 篇学术论文，集中体现了其科学观、科学史观和科学研究方法论。这本以科学哲学研究为主体的书籍，集中批判了波普尔的证伪主义方法论与库恩的非理性主义科学心理学，在批判的基础上提出了一个理论演替的合理且动态的科学发展模式，以"硬核"替代库恩的"范式"。他的科学发展模式主张以科学史检验科学方法论，并倡导以典型历史实例进行"案例研究"的方法。这样的思想改变了传统的逻辑经验主义只注重抽象的文本分析的研究风格，而忽视了科学史的那种脱离实际的做法，形成了既注重科学史也注重文本分析的研究方法，体现了科学史研究的一个有希望的向度，因此对于科学史研究有很大的启发。

该书的 5 章就是 5 篇独立的学术论文，尽管其他的几篇论文看起来是科学哲学的文章，但是其内容在很大程度上也是科学史的。尤其是第二章，直接以"科学史及其合理重建"为题②，体现了他对科学史研究的深入思考。这篇论文曾于 1970 年在一个科学哲学的学术会议上宣读，是基于他自己的科学哲学的认识，从历史主义的角度提出了如何实现科学史的合理重建，其思想有很大的新颖性。这篇论文的开篇则以"没有科学史的科学哲学是空洞的，没有科学哲学的科学史是盲目的"为首句，深刻表明了他对科学史与科学哲学关系的认识，这也成了其科学史观的基础，进而提出了自己的科学史观，以实现科学史的合理重建。其主要内容有以下几个方面。

1. 科学哲学与科学史关系的理性观

前文已述，科学哲学与科学史的关系已经成了这两个学术阵营学术论争的主要问题，对这个问题的不同认识会导致不同的学术立场。拉卡托斯论文的导言中表明，"科学史学与科学哲学应该怎样相互学习"。他认为科学哲学为历史学家编写科学的历史提供了规范的方法论，而科学史可以作为各种方法论指导的合理重建的检验，合理重建在这里成了联系科学哲学和科学史的重要纽带。③那么对于科学哲学如何指导科学史的研究，拉卡托斯认为，科学史学家会选择和构建自己的理论框架，这个理论框架要受到科学哲学观点的影响，从而影响

---

① Lakatos I. *The Methodology of Scientific Research Programmes*. Philosophical Papers Vol. 1. Cambridge：Cambridge University Press，1978：126.

② Lakatos I. *History of Science and Its Rational Reconstructions*. PSA：Proceedings of the Biennial Meeting of the Philosophy of Science Association. 1970：91-136.

③ 伊·拉卡托斯著，兰征译. 科学研究纲领方法论. 上海：上海译文出版社，1986：141.

到科学史的合理重建，所以对科学史的重建意义重大。在这里，拉卡托斯其实很强调科学哲学对于科学史的作用，其实从理论的角度来讲，科学编史学正是介于科学哲学与科学史之间的过渡学科，是科学哲学与科学史的桥梁。只是由于科学编史学的学科发展还没有一个成型的规范，还没有真正实现这一作用。所以，在这样的语境下，科学哲学对于科学史的指导就显得尤为重要，那么怎样实现这一指导作用，拉卡托斯着重分析了四种思想——归纳主义、约定论、方法论的证伪主义、科学研究纲领方法论对科学史合理重建的指导方法。

那么从另一面讲，拉卡托斯认为科学史具有对科学哲学方法论进行检验的功能。这是以前一些科学史学家没有提到的一种观点，也是其科学史观的创新提法。拉卡托斯把科学史作为一种工具，用它来检验科学哲学方法论合理与否，这种工具论与以前对科学史与科学哲学间关系的看法有很大的不同。他认为，科学史学家所遵循的任何方法论，都可按照其同科学史的符合程度来检验科学史的合理重建的程度，这种重建程度就可以用来评价科学哲学方法论本身的价值。基于这样的认识，拉卡托斯在其《科学研究纲领方法论》中写到，所有的方法论都起编史学（或元历史的）理论（或研究纲领）的作用，因而，可以通过批评它们所指导的合理的历史重建来评论这些方法论。[①]

2. 科学的内史与外史的理性区分观

科学史有内史与外史之争，是科学史学家都在寻求答案的一个问题。拉卡托斯从他的科学研究纲领方法论的角度，对这一问题重新进行了诠释，并合理地区分了它们之间的关系，这是他对科学史研究一个较大的贡献。事实上，拉卡托斯从主次之分去理解科学史的内、外史之间的区别。首先，他比较客观地认为，不同的科学史观指导下的科学内史与外史的分界不同。这句话也可以这样理解，不同的科学观导致科学史观不同，科学史观不同导致科学史学家选取文献的角度不同，导致对科学的理解不同。所以说科学史学家首先重建客观科学知识增长的这一部分，按科学发展的内在逻辑去揭示科学的内史，这是主要的，但是这个科学内史是由什么样的内容构成的则取决于他的科学哲学。事实上，从科学发现来看，真实的科学历程肯定要比任何人"建构"的科学史都丰富，而且更迷人。但在具体的实践研究中，科学史学家对材料的高度选择性会导致他忽略一切不符合自己要求的东西，从而使得还原的真实性难以实现。

然而，科学的外史对内史能起到补充作用。拉卡托斯认为，内史是第一位

---

① 伊·拉卡托斯著，兰征译. 科学研究纲领方法论. 上海：上海译文出版社，1986：196.

的，外史是第二位的，内史在一定程度上决定外史的选择，外史对理解科学原则上是无用的。因为外史只能在内史不好解释的科学事件的速度、地点和方向等问题上提供非理性说明。科学史越来越成为解释科学事件发生与发展的文本，由于科学发展与社会的互动关系，对于科学内史解释不了的问题，科学史学家不得不把解释的视野放到外史中去，从而使科学史的外史也得到了一定的发展。但是，拉卡托斯认为，外史是属于经验类的，是从心理的、社会的条件等方面解释非理性的因素对科学发展的影响。因此，科学的外史尽管是补充性的，但并非可有可无，有时是必需的。从这一点我们可以看出，拉卡托斯在这一点上的认识有其合理性的一面，这样的处理使我们认识到，科学的外史研究是科学史研究的充分条件，而非必要条件。

3. 科学史的标准观

对于这一点认识，可以说其他的科学史学家几乎没有提到过。这是因为对于一个以文本为主的研究，如何评价其合理性的标准是很难的一件事。拉卡托斯却在他对科学史的合理性重建中深刻论述了这一点。他认为，评价不同方法论的优劣，应以它"发现新颖的历史事实，将越来越多充满价值的历史重建为合理的"即以它们的"内部历史"所容纳的历史事实的多少为标准，这句话深刻表明历史学家能够将科学史中更多的实际基本价值判定解释成合理的。[①]

这样一来，以一篇文章为例的话，对一个科学事件的解释，要以你占有原始文献的多少、文章中多少是科学发展的内在逻辑发展为考察量，去衡量你的科学史的重建是不是合理的标准。这个标准的制定不仅没有把外史排除在外，更没有否定科学内史的核心地位，因此有很大的合理性，对科学史的理性重建有很大的指导作用。

（二）李约瑟的科学史观

作为一名从事中国古代科学技术史研究的权威人物，李约瑟的科学史观是从事科学史研究的中国学者必须了解的。李约瑟是英国近代生物化学家和科学技术史专家，他的科学史观主要体现在他的多卷本巨著《中国的科学与文明》（即《中国科学技术史》）中，这套著作对现代中西文化交流的影响深远。正是在这部巨著中，他提出了著名的"李约瑟难题"，吸引了相当的一部分学者去解答这一难题。在此，本书对此不做更多的讨论，只对李约瑟的科学史观做一介

---

① 伊·拉卡托斯著，兰征译. 科学研究纲领方法论. 上海：上海译文出版社，1986：183.

绍和分析，以期对从事中国古代科学技术的学者有所启迪。总体来说，李约瑟的科学史观集中体现在以下几个方面。

1. 科学史的文明语境观

李约瑟对中国古代科学技术史的研究之所以与其他一些学者不同，是基于一种文明语境观。他把中国古代的科学技术放在了中国古代广博的文明语境中去理解，这是别人没有想到的一点。因此，他把书名定义为"中国的科学与文明"，而没有用"中国的古代科学技术史"为书名正是他这一思想的集中体现。所以他的这一文明语境观应该是其科学史观最核心的内容，没有这样的思想作为指导，其宏大计划是难以完成的。他认为科学史是文明史的一部分，所以他非常欣赏萨顿的科学史观，而且对萨顿的科学史研究也大加赞赏。他在《中国的科学与文明》的第一章序言中指出："现在，已经有越来越多的人认识到，科学史是人类文明史中一个头等重要的组成部分。"① 正是李约瑟把科学史放在了头等重要的位置，才使得他的立场和出发点是科学的发展会影响人类文明的进程，所以科学史也会影响文明史的发展，同时也受文明史的制约。那么研究科学史就必须将其放在统观人类文明的广阔视野中才能达到全新的理解，才能使科学的发展与人类的文明有机地统一起来。

2. 科学史的多面性

从李约瑟的中国科学科学技术史研究可以看出，他的科学史观主张从多维的角度去揭示科学事件的发生与发展，以内史为主，但是倾向于外史，而且他的思维也是一种发散思维，并不是一种收敛。这一点正如他的助手鲁桂珍博士提到的，李约瑟的特点之一就是"多面性"，就在于他从不肯从其生活中摈除多种形式的人类经验的任何一个方面。② 所以其性格的多面性，也使得他的科学技术史研究是多面的，他由自然科学研究转向科学史的内史研究，又转向外史研究。不过这也与他的研究经历有很大的关系，他获得了两个博士学位，一个是哲学的，一个是科学的。所以，他作为一位生物化学家，也撰写了很多专业的文章；作为一名科学史学家，也撰写了一些专史，后又转向通史。这种经历，使得他认为科学史是沟通文、理的桥梁，这与斯诺的思想是一致的。

3. 科学史的比较观

在李约瑟看来，科学技术史不仅仅可以实现科学与人文的沟通，而且更重

---

① 李约瑟著，袁翰青、王冰、于佳译. 中国科学技术史（第一卷导论）. 北京：科学出版社，上海：上海古籍出版社，1990：1.
② 李国豪、张孟闻、曹天钦主编. 中国科技史研究. 上海：上海古籍出版社，1986：1.

要的是，可以搭建东西方文化的桥梁。从表面上看，《中国的科学与文明》是研究中国古代科学技术史，但是其中蕴含了对东西方文化的比较研究，或者说充满了对东西方哲学的比较研究，通过科学史搭建了一座沟通东西方文明的雄伟的桥梁。例如，对中国古代有机论自然观与原子论自然观的比较等内容，通过这些内容的研究，实际上李约瑟向世人展示了中国古代丰富的自然科学知识，诠释了"近代科学实际上包含了旧世界所有民族的成就"，"不同文明的古老的科学细流正像江河一样奔向现代科学的汪洋大海"①。

所以说李约瑟的科学史观充满了比较的内容，正是他把科学技术的发展放在广阔的文明语境中，以问题为线索，在比较的基础上，形成了其宏伟巨著。对于这一点，他在谈到该书的写作动机时坦言："我们试图回答这样一个问题：在历史上各个世纪中，中国人对纯科学和应用科学究竟作出了什么贡献。"② 今天站在当时的语境下看的话，李约瑟对于科学发展的欧洲中心论存在一定的质疑，他认为中国古代应该是有科学的，并不像冯友兰所论证的中国古代没有科学。正是带着一系列的问题，李约瑟从比较学的视野开始了他的中国古代科学史研究。所以说李约瑟的科学史观充满了比较学的内容。

关于李约瑟的科学史观，其核心内容就是这三个方面，当然了本书只是做了简单的介绍，对于他的科学史观还可以进行细化，进行深入的研究，这需要在今后的工作中不断完善。

（三）其他一些科学史学家的科学史观

在科学史的研究中还有一些科学史学家，甚至是一些科学哲学家，他们在论著的字里行间对科学史的研究提出了一些令人深思的观点。虽然一些观点不是很系统，但是很有见地，很值得我们去思考，以期在科学史的研究中借鉴。

1. 劳埃德的新科学史观

劳埃德（Lioyd，1933— ）爵士在其《古代世界的现代思考：透视希腊中国的科学与文化》一书中③，结合自己的科学史研究实践，提出了新的科学史观。他的科学史观可以说与其他学者的科学史观有很大的不同，很值得我们在今后的研究中借鉴，所以本书对其做一简单介绍，以期引发更多的学者去思考

---

① 潘吉星主编. 李约瑟文集. 沈阳：辽宁科技出版社，1986：195.
② 李约瑟著，袁翰青、王冰、于佳译. 中国科学技术史（第一卷导论）. 北京：科学出版社，上海：上海古籍出版社，1990：41.
③ 劳埃德著，钮卫星译. 古代世界的现代思考：透视希腊、中国的科学与文化. 上海：上海科技教育出版社，2009.

和研究。

劳埃德在这部书的序言中总结了四条方法论意义上的原则性,这四条原则实质是他从事科学史研究的最佳心得,因此也可以说是他的科学史观的核心内容。尽管他在"竺可桢讲席"作为首任讲席教授做报告时,用三个命题来概括他的新科学史观,即"好的史学研究能解决哲学问题、古人不是今人、古人并不蠢"。但是,从总体的研究来看,就这四个原则的提炼应该就是他的科学史观。

1) 立足古代的理解方式

劳埃德认为,对于科学史的研究,应该是尽可能使用当时科学研究时参与者的方法,而不能利用我们现在的思想方法去考察过去的科学,这一点与库恩的思想有很大的相近之处。所以这一点启发我们在从事古代科学技术史的研究时,要站在古代人的思想、环境、社会去理解他们自己当时的工作内容、目的与研究方法或方式。

2) 科学事件描述的理论相关性

劳埃德认为,在科学研究中一直存在着观察渗透理论,所以科学史的描述就与理论相关,不存在与理论无关的历史描述。在这里其实隐含了一个前提,就是他本人很赞同科学哲学对科学史的指导,认为科学史离不开科学哲学的指导。他认为在从事科学史的研究中,先把理论偏见搞清楚,然后仔细分析这些偏见是如何产生的,最后要论证科学发展中理论渗透的程度,这样的科学史才是比较合理的描述和解释。

3) 科学史结论的不确定性

劳埃德认为,我们不能期望科学史的结论是确定的,一切结论都是处于待修正状态中。这一点其实非常好理解,因为从语境论的角度讲,科学事件是一定语境下的产物,科学史同样是基于一定语境的产物,那么随着语境要素的不断丰富,结论会出现新的变化。当然,在这时讨论科学事件结论的不确定性并不是说我们就无法去研究科学史了,这其实正是我们研究科学史的价值,科学史就是要寻求科学事件的确实答案,在不断修正中发展。

4) 尽量避免科学史语义的两分法

关于这一点,劳埃德是从语言学的词项上分析其单义性的。他认为大多数哲学和科学使用的术语都有非常显著的语义延伸,因而不是一种理想的单义限制,这种语义延伸是我们应该在科学史的描述中尽量避免的,以防止造成语义歧义的产生。

最后,从劳埃德的科学史研究中,可以看出他的观点主要集中在两个方面:

一是他认为在科学史上没有一条科学发展的唯一之路；二是没有完全不可通约的两种思想体系。这给我们的启示是，对于科学史的研究，中西方是在不同的语境下发展的科学体系，不可能追求一种完全等同的科学发展之路。

2. 安德鲁·皮克林的科学史观

安德鲁·皮克林（Andrew Pickering）作为社会建构论者、爱丁堡学派早期的核心人物，于20世纪80年代发表了一系列高能粒子物理学发展史的文章，对一些高能物理学中的典型问题进行个案研究，并在此基础上于1984年出版了他的社会学博士论文《构建夸克：粒子物理学的社会史》。这部科学社会史的著作，阐述了夸克模型与规范场论的发展过程，并以物理学的发展史作为参照对象，提出了其科学发展史的"历史解释"。他认为如果人们对"科学世界观是如何建构的"这一问题感兴趣，那么涉及它的最终形式——循环自我拆台；在选择是如何进行的论述中，对真实的选择的解释根本看不到。① 这种思想引起了科学哲学界、科学社会学界及科学史界很大的争论，也使他成为20世纪90年代"科学大战"的核心人物。

后来在1995年出版的《实践的冲撞》（The Mangle of Practice）中，对他以前的研究进行了更进一步的说明，他在以前的利益模式说明科学的发展的基础上，提出用"作为实践的科学"来代替"作为知识的科学"，同时要从动态的、开放的角度去研究科学史；并以"后人文主义"（post humanism）的观点来阐述科学实践中人与物的关系。在科学实践中，人的因素体现在计划、目的、目标及文化背景和制度等方面，而物的方面则包括工具、仪器设备、现象等方面，在研究科学史时，就要充分考虑到这些因素对科学发展的影响；皮克林还主张科学实践实质上是一种"文化延展"，并以"目标模式"来说明科学文化的延展过程。②

除此之外，皮克林还主张科学哲学、科学史与科学社会学的大综合，他认为这三个方面的研究是可以合在一起的，这样的合并可以实现科学与人文的更大融合。关于这方面的思想已不属于科学史观的范畴，所以在此暂不做考虑。

3. 劳丹的科学史观

劳丹（Laudan, 1941— ）是美国科学哲学家，他的主要著作有《进步及

---

① Pickering A. *Constructing Quarks: A Sociological History of Particle Physics*. Edinburgh: Edinburgh University Press, 1984: 403-404.

② 王延锋. 科学史与后人文主义——析皮克林的后人文主义科学史观. 广西民族学院学报, 2005 (4): 26.

其问题——关于科学增长的理论》（1977）、《科学与假说》（1981）、《科学与价值——科学的目的及其在科学争论中的作用》（1984）。劳丹也是新历史主义的代表人物之一，在《进步及其问题——关于科学增长的理论》一书中，他在分析科学史与科学哲学关系的时候，提出了对科学史的分层原理，这是他对科学史的一大贡献，具有本体论与方法论意义。

科学哲学与科学史的关系问题是这两个学科都面临的问题，长期以来一直存在着逻辑上的困境。大多学者认为科学哲学之所以能指导科学史，是因为科学史预设了一种需要的科学哲学，但是在实践研究层面却不一定能达到应有的效果。劳丹认为，要解决这一问题就要对科学史进行分层研究。即可以把科学史分为科学史本身和科学史著作两个层次，科学史本身可用 HOS_1 来表示，科学史著作可用 HOS_2 来表示。这样划分的意义在于，科学史本身是一种历史实在，可以说科学史著作可以无限接近，但不可能还原。科学史著作是由科学史学家写就的，是一种实际的科学史，是可以不断修正的史学文本。对于这个层次的文本，又可以分为两个层次：一是历史描述的层次；二是历史说明的层次。劳丹认为描述性科学史主要着眼于科学事件的演变过程，是对科学家曾经想了些什么，说了些什么，做了些什么的记录、收集、整理和编纂。而说明性科学史所注意和思索的则是科学家如何去想，如何去说，如何去做。它所要回答的不是"是什么"的问题，而是"为什么"、"何以是"的问题。[①]

以上是对一些主要科学史学家科学史观进行的归纳。在批判理性的发展阶段，还有一些科学史学家提出了一些科学史观，只是由于篇幅的关系不能穷尽，有待以后的进一步研究。

第三节 批判理性科学史观的语境分析

从科学史的历史来看，科学史的发展在不同阶段有不同的研究内容，同时也表现出了不同的特征，但是对于科学史的内在逻辑发展是不应该变化的，不论什么阶段的科学史都应该做到语境的、历史的、逻辑的统一。也就是说，从本体论的角度讲，科学史研究的本体不变。但是，从认识论与方法论的角度来讲，不同的发展阶段因为科学史学家对科学史的认识不同、采取的方法不同，科学史观就会产生很大的不同，都是一定语境下的产物。可以这样说，进入20

---

① 刘凤朝. 科学史的层次划分及其编史学意义. 自然辩证法通讯，2002（1）：34.

世纪 50—60 年代的科学史研究，其科学史观表现出很明显的批判理性特征，不同的科学史学家之间互相批判，各自指出对方的不合理性，试图说明自己科学史观的合理性。这种态势的出现，有其独特的语境条件，现从语境的角度对此进行分析和评述。

一、批判理性科学史观的社会语境评述

从语境的角度讲，之所以出现批判理性发展阶段的科学史观，是因为科学史研究外史的大门被打开之后，科学思想史的局限性逐步显现在人们的面前，科学发展的速度、方向、内容等方面与社会的发展有很大的关系，那么科学史的研究绝对不能只关注科学发展的内在规律，而应该从社会、政治、经济、文化及军事等各个方面去研究。所以，这一阶段的科学史观，直到现在都是从人类的理性主义出发，一方面主张科学的客观性，科学的发展是人类理性研究的成果；另一方面，又认为科学史对科学客观的反映在很大程度上失去了理性，从而导致科学史学家试图从不同的角度，结合自己的案例研究，提出合理的科学史观以指导科学史的实践。

20 世纪 40 年代后期，伴随着第二次世界大战的结束，科学界、社会学界、历史学界等都对科学技术的发展开始了深入的反思，人们开始思考科学技术的发展方向。通过战争人们深深地认识到了科学技术的双面性，它不仅可以给人们带来利益，也可以用于战争。尤其是到 20 世纪中叶以后，一些西方发达资本主义国家出现了严重的环境污染和能源危机，面对环境污染应该如何解决，从哪个角度去解决，摆在了科学家与社会学家的面前。面对人类的环境危机，如果任其发展和蔓延而不予制止，人类不仅谈不上发展，更重要的是会面临生存危机。所以说当时的社会问题是刺激科学发展的直接动力。在科学发展的同时，科学史也在以同步的速度发展，人们试图从以前的科学技术发展中寻求未来科学的基础。

在科学史的研究中，当时的社会语境迫使人们在不断地反思一系列的问题，诸如科学技术将把人类带往何处？从对人类有益的角度讲，人类应如何控制科学技术的发展，或是应该如何控制科学技术的发展方向？怎样阻止科学技术向对人类产生危害的角度发展？怎样才能做到对科学技术的合理应用？这些社会问题的产生与科学技术的发展有很大的关系，科学技术与社会的关系不再是一种单纯的互动关系，而是越来越复杂。这样的社会语境一方面刺激了以科学技术为研究对象的科学社会学、科学哲学及科学史的发展；另一方面，更理性地刺激了怎样对科学进行编史，所以各种科学史观在不同的语境下出现了。

二、批判理性科学史观的科学语境评述

没有科学技术的极大发展,科学史也就不会有很大的发展,因为不论什么时代,科学技术都是科学史研究的核心内容。所以,科学技术的发展本身就是科学史观产生的一个很大语境,20世纪50年代,第二次世界大战结束后,当时应用于军事技术的研究,逐步转向民用研究,极大地促进了社会文明的进步和科学技术的变革,人类的思维观念得以转变,使得学科研究日益成熟化,并且相当一部分学科实现了跨领域发展,新型的交叉学科应运而生,比较典型的交叉学科有生物化学、物理化学等。随着交叉学科的出现,科学界发生了翻天覆地的变化,伴随而来的便是各类学科思想、观念的形成。20世纪60年代以后,随着科学界新理论、新成果的不断出现,冲击了人们的传统观念,更加注重社会文化对科学发展的导向作用,对科学史观的再语境化提供了科学基础。

战争结束以后发生了源于美国的第三次科技革命,技术条件——在思维技术方面,美国的实用主义哲学开始形成;实验技术以军民结合、理工结合为特色;生产方面以电力技术和航空技术领先。物质条件——美国有优越的自然资源和人力资源,国内市场广大,有利于规模生产。制度条件——美国是第一个资产阶级民主宪政国家。文化条件——美国人来自世界各地,融合了各民族的文化传统;第二次大战前后涌入一批优秀的欧洲科学家,如爱因斯坦、冯·诺伊曼等;建立了各种学会组织,科研体制多元化。[①]

20世纪70年代以后,人类进入了第四次科技革命时代,这次以系统科学的兴起到系统生物科学的形成为标志。系统科学、计算机科学、纳米科学与生命科学的理论与技术整合,形成了系统生物科学与技术体系,包括系统生物学与合成生物学、系统遗传学与系统生物工程、系统医学与系统生物技术等学科体系,将导致的是转化医学、生物工业的产业革命。[②]

所以这些科学技术的发展,无不为科学史的研究带来了前所未有的发展机遇,更多的是为科学史的理论研究带来了新的契机。科学史学界在思考传统科学史研究不足的基础上,试图从理论上构建如何实现科学史的合理重建。这才出现了库恩的范式理论、拉卡托斯的科学研究纲领方法论,以及夏平的社会学重构等相关理论,科学史观呈现出纷繁复杂的局面。

---

① http://www.baike.com/wiki/ [2015-4-7].
② http://baike.baidu.com/view/69209.htm [2015-4-7].

三、科学哲学语境的影响

前面已多次提到科学哲学对科学史的影响。在后现代思潮的影响下，科学哲学对科学的理解致使科学史对科学发展的解释由一元化向多元化发展、由平面描述向立体说明发展，科学史的研究不再走以往以内史为主的路线，而是走多元解释的道路。这一切的根源就是1962年库恩的《科学革命的结构》的出版，这部书可以说大有推翻传统逻辑经验主义、逻辑实证主义的研究格局，重新建立新的格局。事实上，自此以后，也的确形成了历史主义科学哲学，实现了科学哲学的转向，几乎与此同时科学史界也出现了响应历史主义的呼声，历史主义的科学史也出现了，实证主义科学史受到了很大的冲击。

20世纪60年代以后的科学哲学，历史主义科学哲学思潮逐渐流行，可以说这是科学哲学发展中的一场"革命"。在对许多问题的处理上，历史主义都与逻辑经验主义有很大的不同，历史主义不再以文本为研究核心，而是以描述科学发展实际为核心，以研究科学家的所作所为为目的，这样的研究一是体现了人的价值；二是注重科学的发展历史过程，从而使得科学哲学的规范研究受到了质疑。图尔明、库恩、费耶阿本德等都是历史主义的代表人物，他们的一些思想极大地影响了科学史的研究，从而形成了对于科学史观的一个科学哲学语境，后期又出现了劳丹和夏佩尔等。劳丹的科学分层理论也为科学史的发展注入了新的活力，或者说为科学外史的研究寻找到了新的辩护。

特别是库恩的"范式"和"不可通约"理论的提出，公认他为历史主义学派的开创者。他在研究物理学史的基础上，把科学史的研究放在整个人类活动的大语境下考察。尤其是库恩的"范式"概念，作为他的科学哲学思想的核心观点，提出了新的科学发展模式：前科学→常规科学→科学革命→新常规科学。这个发展模式，很好地对应了20世纪60年代以前的科学发展，彻底打破了实证主义科学史关于科学是累积实证知识的发展模式，因而得到了人们的认可。再者，从科学哲学出发，库恩又提出了很多对于科学史新的看法和观点，在前文已述，在此不做重复，但是其对科学史的影响非常大，为科学社会史打开了更大的门。

科学史观的丰富与科学观的丰富有很大的关系，随着科学研究的不断深入，科学成果越来越远离人们的主观经验，越来越向理性发展，这种传统的理论认知，把科学看成是人类的理性活动。费耶阿本德提出了认识论与方法论的无政府主义，对传统的科学观提出了批评。他认为不应该把科学神圣化，认为经验与理论可以不一致，科学理论是多元的，科学与非科学之间没有严格的界线，在科学发展中不仅仅是理性在起作用，也存在非理性的因素。他的这一思想可以说对外史的研究也起到了推波助澜的作用，刺激了一些学者的科学史观由内史向外史的转向。

在历史主义发展后期，可以说非理性主义达到了泛滥的程度，不仅冲击了科学哲学的主流研究，而且也极大地影响到了科学史的研究，比如，对科学史与科学哲学的关系问题，不同的学者有不同的理解，出现了一些不可理解的现象。为了解决这些问题，劳丹和夏佩尔等科学哲学家在继承历史主义传统的同时，结合自身的研究提出了一些新的思想，形成了所谓的"新历史主义"学派。这些"新人"也对科学史观的新建提出了自己的看法，比如，劳丹的科学史理论，也对科学史的研究产生了深远的影响。

四、科学史观自身的发展语境

在其他语境作用于科学史观的同时，科学史观的发展也有其内在的逻辑性，不同时期的科学史观代表了当时对科学史的总体看法。所以说，科学史观是透过科学史的实践操作而得到了理论综合，是对科学史透过现象看本质的理性思考。

科学史观的发展离不开科学史的实践研究。从这一时期稍往前看一点，我们知道默顿作为萨顿的研究生，并没有遵循导师的研究路径，没有从实证主义的进路去研究科学史，而是将科学技术置于黑箱中去研究影响它的社会诸因素。所以说虽然萨顿强调人性化的科学史研究，主张累积实证的科学史，然而默顿却将社会学引入科学史的领域，通过对前人研究和文献资料的总结、分析、归纳，形成了属于自己的一套理论研究体系。

可以这样说，默顿为科学的发展提供了一幅社会语境的图景，这对经过萨顿不懈努力使之成为独立学科的科学史研究，形成了一种从"外围"研究的图像，这与萨顿形成的"规范"研究、一切应该以守成的态度去建立学科的态势形成了鲜明的对比。所以说，默顿的科学史观有很强的批判理性色彩，在实证主义占主导地位的当时，能够想到这一点，是非常伟大的。他的研究思想由内史转向外史，不仅仅是研究方法的转变，其实质是研究范式的转变，是一个"再语境化"的过程，他的研究已脱离了原来的语境，在一个新的语境下建立了自己的学术规范。当然，他的这一思想在当时的语境下，确实是为科学史的研究打开了一扇大门，但是由于他过分地从社会学的研究方法去进行科学史的研究，难免会导致对科学发展内在逻辑的冲淡，使这样的科学史失去"科学"的味道。默顿的科学史研究最大的问题是不关注科学是什么，而从科学史的本体论讲，研究科学史不知道什么是科学，则是无用的科学史。因为我们知道，科学史需要注意的一点就是历史和逻辑的统一，逻辑是在历史基本确证的情况下的逻辑，不是理性的推理。因此，仅仅关注科学发展的外部逻辑与机制是不够的，而且会导致解释的偏差，应该真正统一的是语境。

我们再回归到夏平的科学史观，夏平的科学史观除了上述提到的不能把科学史与政治史等同起来，其还有一个缺陷就是失去了科学性，忽视了科学史的科学维度。科学知识社会学的理论立场使得夏平在理解科学史所应包含的维度时，过于侧重科学史的社会学维度，强调科学史是一门历史学科，是对人类活动的记录，而忽略了科学史的另一个重要维度——科学。[1] 因为科学史的研究应该是在科学发展的历史长河中去回答科学是什么。那么在科学的发展过程中，虽然科学不一定是真理，但真理肯定是科学，如果把真理当作社会制度，由社会学家去研究，那么科学史学家去研究什么？这显然是一个悖论。

从语境分析的角度来看，上述科学史观的主张是建立在一个共同的语境基底上的，这个语境就是人们普遍认为科学发展的内在逻辑决定不了科学发展的方向、速度等。虽然科学具备一定的客观性，但是科学史不一定就具有客观性。科学发展的目的就是为了进行本质、规律和模式的探索，在这一探索过程中，必须考虑科学研究的主体人的主观性，这是语境分析出发的前提。语境分析很注意对科学研究主体的立场、观点和知识结构进行分析，这一点正如库恩本人所说的，要理解亚里士多德的物理学就要回到当时当地的语境一样，因而他的"范式"理论，也是建立在古希腊物理学研究的语境上，从科学革命入手去研究科学是如何发展的，得出了与前人完全不同的观点，彻底打破了传统科学史的研究格局。

---

[1] 刘海霞. 简论夏平的科学史观. 齐鲁学刊, 2007 (3): 124.

第五章 科学史观语境化的认识论意蕴

对科学史观的演进进行分析研究，并基于语境分析方法，对不同时期的科学史观进行评述，可以深刻认识到不同科学史观的合理性与不足或弊端。从另一个方面讲，研究科学史观的历史演进，也是在研究科学史的历史变迁，通过透视这两个方面的演进过程，我们会发现在不同的时期科学史受科学哲学的影响很大，在科学哲学没有出现以前，科学史的研究是一种"多彩的"专科史，而且是由科学家所写的。其实历史地讲，通过本书的研究可以看出，正是科学家在写学科史的过程中才理解了科学的发展，从而促进了科学哲学的产生，科学哲学产生后又对科学史的研究提出了理论指导。所以说在语境下，科学史与科学哲学是一起发展的学科，相互之间有依赖关系，科学史观与科学观是基于语境的一种统一，科学史观的语境化分析有其很深的认识论意蕴。

第一节 语境及其分析法

所谓的历史就是"时过境迁"的事，普通历史是这样，科学史也是如此。研究科学史就是要回到过去的"境"去看"当时"的事，这里的"境"就是"语境"，"回到语境"就意味着回到历史发生时的场景，发现历史的真实面貌，所以说科学史的研究离不开语境，正如科学离不开语境一样，离开语境去谈科学事件是无意义的。就如库恩所说的要从当时当地的语境中去理解古代科学一样，从事科学史研究也必须要回到语境中，不然的话一些科学的东西就会从科学史的材料中被人为地剔除出去，从而成为不完全的科学史。从这层意义上说，科学史观走向语境化是逻辑的、历史的必然。那么，语境分析方法为何用于对科学史观的分析可行？这要从语境论的研究内涵、基本原则及其与科学史的关系进行分析。

一、语境的定义及其历史演进

"语境"一直是一个众说纷纭的概念，主要原因就是语境要素难以确定，也就是说构成语境的要素没有一个统一的界定，所以要对语境下一个准确的定义非常困难。一般来说，从"context"一词的本真意义出发，它本身就有两个方面的含义，一是上下文，二是背景（环境）。所以，语境的概念自然地就可以分为两种，一是言内语境（就像现场交流时的语言使用），对应于上下文，二是言外语境（就像日常所说的话外音），对应于"context"的第二层次含义。这两层含义都是在一定程度上对"事件本身"的描述及对其"意义"的揭示。那么从语境揭示的意义来看，语义学角度的"意义"就是指按照一种语言的规则，通过符号来表达的独立于语境之外的意义，而语用学角度的意义是指在特定条件下，所表达的取决于语境的话语意义。对于科学史来说，描述事件就是在语义学层面上的文本，解释事件就是在语用层面上的文本，这两种层面是一个有机的统一体，对应着语境概念本身的两层含义。

语境的使用一直伴随着语言的具体运用，语言也一直处于意义与语境编织的网中，没有语境的语言是无意义的语言。比如，在古希腊，一个学说的建立往往是靠演说者的演讲水平，如果一个天文学家发现了什么理论，他首先要做的事就是演讲，讲完后看能有多少门徒跟随他。这与中国古代的情形有很大的不同，中国古代是以朝廷的取向为核心的，不是个人想做什么就做什么。而古希腊这样一个演讲要想把自己的思想讲好，就要考虑以下几个因素：一是演说内容；二是听众层次；三是互动关系。演讲者与听众就构成了一个语境，在这个语境中语言的使用就是言内语境，而与听众的互动就是言外语境，那么通过什么方式可以打动听众，使得语言更具说服力，就需要在语言中表达适当的情感，"要是谈到不恭敬或是可耻的行为，措辞就应显出难堪和谨慎；要是谈到可赞颂的事物，就应有喜悦的措辞"[1]。所以说，在一个特定的语境中，只有言内语境与言外语境相结合才能反映真正的意义，这正如对科学史进行的内史与外史研究。

语境作为情景的概念理解，早在1885年德国语言学家维格纳在其方言学的"情景理论"研究中就有所阐述，只是当时他没有使用语境的概念，而是从"明显情景"和"记忆情景"两种情景出发去研究，这两种情景其实与上述语境的两层含义本质上是相同的，只是用词不同而已。直到英国人类学家马林诺夫斯基（Malinowski，1884—1942）在为《意义的意义》一书所写的补录中，才首次使用"语境"的概念。他在对语言的实地调查中发现，对于原始语言的理解不能仅仅依靠语言本身，必须将其与相应的社会和文化相联系，并将语境创新性地分为"情景语境"和"文化语境"，目的是为了解释语言活动和人类活动之

---

[1] 苗力田. 亚里士多德全集（第九卷）. 北京：中国人民大学出版社，1994：198.

间的关系。尽管马林诺夫斯基提出了"语境"的概念,可他并未提出一套完整的语境理论,没有进一步论述语境由什么构成,语境具有什么样的功能和性质,语境如何构建等一系列的理论问题,但他的工作是开创性的。

作为语言学家的弗斯(Firth,1890—1960),部分地继承了马林诺夫斯基的思想,提出了关于意义的语境理论(contextual theory of meaning),这便是后来被广泛使用的"语境论"。至此,语境由过去的"语言与语境的文化性"发展到了"人们的话语不能脱离它在其中起作用的那个社会复合体"①。这样一来,语境便由语言环境发展到与社会、文化等人类活动的其他范畴,成了一个社会的复合体。后来,由于对语境研究的切入点不同,研究的视角不同,对语境概念的解读也就不同,人们将影响语言的主观与客观的、历史与现实的、逻辑与演绎的等诸多因素掺杂起来,构成了繁杂多样的语境理解,语境的概念也变得越来越宽泛起来。但不管怎么样,"一切语境,不管政治的、经济的、社会的、心理的、历史的、还是神学的,都成为文本间的关系,传统成为互文性"②。这里的"互文性"用在科学史的研究上就是"科学史的文本"与"社会文化诸要素"的相互关系,"语境作为一个多向度的科学知识背景,它是几个文本间的相互阐释或是相互消解的构成要素"③,这正是科学史研究中能将语境作为各种学术争论平台的基本理论诉求。

二、语境分析方法的优势

从语境的基底出发去解释或理解一个科学事件,形成语境论的科学史观,其方法论主张语境分析方法,其本体论倡导科学史的语境实在,其认识论主张科学史的语境综合,这样的科学史观为科学史的合理重建打通了逻辑通路。基于这样的认识,语境论题关涉到如何在科学史多元化中解释模式的产生,建构一个新的对话平台。近年来,科学史学界越来越强调"语境中的科学史",以期对一些科学事件得到"语境理解"。语境论的分析方法归根到底是语义分析方法的综合化或整体化,即充分展示语义分析方法的意义分析。④那么,将语境分析方法作为一种科学方法论全面引入科学史的研究,构建一种新的科学事件理解

---

① Firth J R. *Papers in Lingustics*:*1934-1951*. London:Oxford University Press,1951.
② 转引自萧莎. 德里达文学论与耶鲁学派的解构批评(人大复印资料). 文艺理论,2003(2):35.
③ 苏勇. 质疑"真实的语境". 涪陵师范学院学报,2006(5):57.
④ 殷杰、安军. 21世纪科学哲学的关键词:语境、科学理性与形式化. 中国社会科学报,2011年12月27日.

方式，具备很强的分析和理解优势。

1. 对科学概念的分析优势

科学史是由一个个的科学事件组成的，一些科学事件因其内在规律的一致性而相关，虽然表面似乎不相关，但其实质是相关的，有时还可以统一在一起。比如，牛顿-莱布尼茨公式，通常也被称为微积分基本公式，揭示了定积分与被积函数的原函数或者不定积分之间的联系。它表明：一个连续函数在区间 $[a, b]$ 上的定积分等于它的任一个原函数在区间 $[a, b]$ 上的增量。从公式来看，好像是牛顿和莱布尼茨两个人是在一起研究的成果，但事实上完全不是那么回事，这个公式是他们两个人在不同的时间、不同的地点研究出的相同结果，因此把它们合在一起用两个人的名字定义了这个公式。

科学理论离不开概念，概念是组成科学理论的最基本单元，在一定意义上说，概念是人类的智力对所认知的自然规律的理解。理解自然历史的过程，也是理解创造概念的历史。首先，对概念进行分析就要基于其创造时的语境去分析，柯瓦雷的概念分析法正体现了语境分析的优势，连他本人也说，要理解科学就要深入到当时作者的喜好与偏见中去理解，对概念的语境分析首先是对知识主体的分析，即文本的语境分析；其次，在此基础上进行思想分析，以哲学思想、宗教思想作为重要语境，还重视人物（重要人物与次要人物、科学共同体、史学家）的语境分析；最后，是对产生思想的相关因素进行研究，如社会因素、政治因素等。① 由此可以看出，语境分析方法与其他一些研究有很大的不同，是一种较为全面的分析方法，体现了其对概念分析的相对优势。

2. 对科学原理的分析优势

科学概念形成了科学原理，科学原理组成了科学理论。科学概念是语境相关的，那么科学原理也一定是语境相关的。任何科学原理都离不开其独特的语境，在当时的语境下是成立的。例如，在化学革命发生前的"燃素说"，指物质为什么能燃烧，是因为其中含有一种叫燃素的东西。那么燃素就是这个原理的核心概念，由这一概念引出来的"说"就是一种理论，这个理论在当时的语境下，"科学合理"地解释了一切燃烧现象，因此人们都认为这是一个真理。但是随着"氧化说"的诞生，这个理论不仅从理论上阐明了燃烧的基本原理，也重新解释了燃烧现象，比以前的理论更科学、更合理。那么在新的语境下，"氧化说"代替了"燃素说"，这个替代的过程就是一个"去语境化"后实现"再语境

---

① 范莉、魏屹东. 语境分析方法在科学史研究中的应用. 自然辩证法通讯，2007（4）：57.

化"的过程。那么在写作科学史的时候，我们已经从科学的角度明确了"燃素说"是一个错误的理论，按实证主义的科学史观，"燃素说"不是科学理论就应该从科学史中被剔除，但这显然是不合理的，所以语境分析法主张的语境论科学史观从语境的角度将这一科学原理的发现过程保留下来，这样的科学史才完整，这也正是语境分析法的优势之所在。

3. 对社会诸因素分析的优势

语境分析可以有效地消除科学史的内史与外史之争。语境分析方法主张以一种开放的、动态的、全面的态势去研究科学事件，可以把科学史分拆成一个个的科学事件独立地去研究，然后组合在一起就是完整的科学史研究。这样化整为零的方式，可以对科学事件作出更好的解释，真正达到立体网状的解释和说明。因此，对于科学发生的内在逻辑来说，可以从科学的最基本概念入手去一步步地分析科学发展的内在历程；对于科学发生的外部因素来说，可以从不同的语境去分析科学产生的基础和发展方向等。因此，在语境分析被引入科学史观之后，科学史的内外史划分将得到消解。语境分析对科学之外的因素分析主要在以下几个方面展开。

（1）政治语境分析。正如柯瓦雷在对柏拉图关于知识与道德、哲学与政治的研究后，认为知识推理是通往真理的唯一道路，而诡辩只是诡辩论者的工具，然而他们都被卷入政治之中。[①] 这其实也揭示了科学发展中的一个事实，即科学的发展与政治有很大的关系。比如，在第二次世界大战，由于军事技术的需要，很多科学家投入到为提高军事技术的研究中，当时的雷达技术、制导技术、航空技术等都是战争时期发展起来的，后来在和平时期逐步转向民用技术。而现在我们处于和平时期，科学技术的发展方向则是在政府的主导下，向怎样能为人民提供更便捷服务的方向发展，比如，现在智能手机的发展就证明了这一点。因此，对于科学的发展史研究是离不开政治语境分析的。

（2）文化语境分析。当一些学者把科学看作是一种文化去研究时，这充分说明文化对科学发展的影响比较大。不同的文化会使科学家有不同的信仰，不同的信仰会对一个研究者的研究取向产生很大的影响，不同文化更替的复杂过程会对科学思想产生不同的影响，只有在文化语境中对科学事件的发生与发展进行分析，才能解释科学思想的来源及其广泛影响，在此基础上上，实现对文化的语境分析。

---

① Elkana Y. Alexandre Koyré: between the history of ideas and sociology of disembodied knowledge. *History and Technology*, 1987 (4): 115-148.

（3）思想语境分析。科学思想史不论在科学哲学还是在科学史领域都被包含，这是一个很独特的现象，以致现在对科学思想史是属于科学技术史领域还是科学哲学领域已没有明确的界线。从这一点就可以看出"思想"对科学发展的影响，当然这个思想已不再局限在科学史范围内，而是一种广博的思想。这些思想包括哲学思想、宗教思想、社会思想等，针对不同的科学事件从不同的思想语境去分析。

语境分析方法一个很大的优势是，并不会局限于具体的语境去分析一个科学事件。而是采取灵活的方式从不同的语境去全面地看待一个独立的科学事件。这些语境分析的基点是对科学家或科学共同体的分析，只有这样的处理才不会是一幅冰冷的、静态的科学史画面，而是一幅生动的、理性的科学史图景。语境分析方法的独特优势使得科学史观走向语境化是合理的选择。

第二节　科学史观语境化的合理性

基于上述对语境分析方法的考察，回顾科学史观的历史演进，通过透视科学史的历史发展，我们会发现，"语境"在科学的整个发展历程中无处不在，无时不有。任何学科的发展必有其独特的语境，这个语境是基于社会的，或许是基于政治的，或许是基于文化的，还有可能是基于宗教的。不论是什么样科学的发生与发展，都是在一定的语境基底上具有合理性，离开那个语境，其合理性将不复存在。科学的发展离不开语境，那么描述科学的历史发展更离不开语境，离开语境谈科学史相当是无源之水。因此，综合传统的科学史观，我们不难理解，科学史观走向语境化是历史和逻辑的必然，因而形成语境论的科学史观也是必然的。语境论科学史观不仅可以在理论上探讨科学史重建的合理性，还可以在实践层面进行科学史研究，其具体表现在下几个方面。

一、科学史实践研究的合理性

科学史的研究不能像科学哲学一样，在某种意义上去进行综合的抽象分析，而是要依靠具体的科学史实践去完成，这种实践研究最好的办法是将科学史分拆成一个个独立的科学事件。任何科学史学家都不敢说科学是由诸多的科学家"商量"好去完成不同内容的研究，然后组合在一起的结果。这也就是说，每个学科从建立到完善再到今天成为教材等，都是后人根据不同的逻辑结构编辑完成的，任何学科在形成之前都是以科学事件出现的，并没有系统性或逻辑性。

因此，前文已述，语境论科学史学主张科学史研究应该以实际的科学事件为基础，在尊重科学史文本的基础上，对现有的文本进行分析，并加以修正，以达到对科学的理解和说明，这是科学史的最终目的。那么科学史的文本就应该为我们提供一个关于科学实际发展的全景式的、立体的、一致的解释与说明，能够达到这一目的的理论就是合理的理论。

所以，语境论科学史观主张要从方法论、认识论与本体论层面去探究科学史研究面临的一系列理论问题和实践问题，并非简单地凌驾于科学史研究的实践之上对其进行指导，规定其具体的方法论策略，而是要对科学史有一个更深的、更清楚的认识，在科学史实践的基础上规范科学史的研究，使之达到对科学事件诠释的目的。这里的科学史实践主要是指不同科学史学家编纂科学史的人为实践活动，是已写就的科学史文本，按照劳丹的观点其对应于科学史的第二个层次，即科学史著作。由于不同科学史学家的立场和观点不同，对同一科学事件的认识不同，就会形成不同的版本。不论是夏平的"科学史的社会学重构"① 还是拉卡托斯的"科学史及其理性重建"②，这些文章所阐述的观点，实质都是对科学史实践研究的理论探讨，其实它们都是特定语境下的产物。

事实上，如果科学史忽略了对其本身进行历史的、逻辑的语境思考，那么就不能被称为真正意义上的科学史。因为一个学科如果没有对自己本身发展的反思，就不会有相关的理论产生，没有理论支撑的学科就没有生命力。而真正意义上的科学史研究，始自 1837 年，到目前也只有百余年的历史，科学史的研究走向规范，正是由于其后期是在理论的不断更新中发展的。尤其是在 20 世纪 50 年代后期，各种思想层出不穷，每种思想都是对其他科学史实践基础上的一种思考，都有一定的编史学意义。那么，从科学史的本身实践研究出发，其研究成果要得到科学史学界或科学界的认可，"就必须研究不同科学的进化，仅仅研究一个或多个具体学科是不够的，必须从总体上研究所有科学的历史"③。这里"所有科学的历史"实际指的是具体学科史的"历史语境"，也就是说可以从具体学科的历史中抽象出具有共性的科学史。那么，具体学科的历史也可以表述为科学史的学科史实践，这与科学史实践不仅不矛盾，而且与基于共同的历史语境紧密联系在一起。所以，科学史学家希望他们能够通过对科学的说明符

---

① Shapin S. History of Science and its sociological reconstruction. *History of Science*. 1982（20）：157-211.

② Lakatos I. History of Science and its rational reconstructions. *Proceedings of the Biennial Meeting of the Philosophy of Science Association*，1970：91-136.

③ 劳丹著，方在庆译. 进步及其问题. 上海：上海译文出版社，1991：164.

合真实的科学实践才能令各界感到满意,如果科学史学家不了解真正的科学实践,就对科学是如何发展的作出断言,那么这样的科学史对科学发展的历程说明与实际的科学发展就会不相符,就会导致科学界和科学史学界无法接受这样的科学史。

例如,实证主义关于科学本质的说明,在某种程度上会造成与真实的科学实践相冲突的哲学立场,实证主义似乎用研究自然科学的方法去解决学科史中出现的问题,尽管有些时候是合理的,但是由于其科学的标准是建立在累积实证的知识基础上,所以在诸多情形下会遭到来自各个方面的批判,不仅在科学界受到批评,在科学史界也是如此。之所以会出现这样不合理的情形,就是因为科学史的研究不是一种主观臆断,而是一种符合逻辑的、历史的判断,而且完全要以实际的科学实践为基础,在一个共同的语境平台上,形成对话与交流,使科学史的研究不断完善,这才是语境论科学史观所采取的态度。所以,从语境论的角度讲,尽管认为科学史必须是实证的研究方式已经不能适应当代科学史的发展,但"如果认识到内史论只不过是由历史学家们为其自身的目的和方便而发明的一种分类的话,那么作为一种非教条的方法,内史论仍将在科学史中继续作为一种必不可少的传统"[①]。这里的"非教条"也充分强调了科学史的内在逻辑性与历史性,这与语境论强调实践的逻辑性与历史性是一致的。也就是说,语境论科学史观强调科学史实践的过程中并不排除其他一些合理的理论,语境论科学史观对其他一些理论是以"扬弃"的方式处理,因而较为合理。诚然,当前外史论观点也受到了一些科学史学家的推崇,直到目前这两种方法的争论一直没有平息,"但在当代的科学编史学中,社会史似乎提供了最有影响的研究方法,也就是说,众多的历史学家相信社会史提供了通向实在的最佳途径"[②]。这里的"通向实在"可以理解为真实的社会语境。所以说,语境论是在综合已有理论的基础上,强调科学发展的实践,反对相对主义、基础主义与本质主义等思想,认为科学发展的历程是一种语境实在,以语境分析方法作为解决一切科学史实践问题的基本方法。

二、科学事件动态解释的合理性

不难理解,"所有的经验和知识都是相对于各种语境的,无论是物理的、历

---

① Bynum W F. *Dictionary of the History of Science*. Princeton: Princeton University Press,1981:211.

② Jones R. *The Historiography of Science: Retrospect and Future Challenge*, in *Teaching the History of Science*. Shortland M, Warwick A. British Society for the History of Science,1989:85.

史的、文化的还是语言的，都是随着语境而变化的"①。所以，科学的不断变化和发展的基本特征与文献资料不断更新的现状，决定了科学史也是动态的而非静态的，是随着语境而变化的。只有从语境的多要素出发去揭示科学的动态历史才能避免任何静止的、绝对的和不变的关于科学事件本质及其意义的解释和说明。事实上，从以萨顿为代表的实证主义一直到夏平的社会建构论，都强调应该关注科学事实，尤其是关注变化着的事实，这是合理的，因而把科学事件归为静态去处理就显得不合理了。比如，在牛顿建立经典物理学大厦时，人们并没有意识到牛顿的意义之所在，只有将其放在历史的长河中，人们不断挖掘才发现其真正的意义，这就是后来被称为牛顿革命的物理学事件，其意义已远远超过了物理学本身，是一种观念的变革，并对科学的发展具有很大的启发作用。因此，只有在动态的历史描述中，一个科学事件才能显示出其意义。

　　语境论突出强调语境的动态性，语境论科学史观指导下的科学事件解释就是一种动态解释。梅耶认为，"语境是动态的，它不是静态的概念，从最广泛的意义上说，它是言语交际时不断变动着的环境"②。再者，从哲学意义上讲，万物皆动，因此就没有严格意义上的静态，静态是相对的，动态是绝对的。一个科学事件发展的不同阶段就是在语境化与再语境化的过程中实现的，科学革命发生的实质就是一个去语境化与再语境化的过程。因此，对科学发展的描述，实质就是用语言描述和说明一个动态的事件，所以说动态性是语境最本质的特征。对一个科学事件的说明，既要有静态的分析，以说明科学事件的内在逻辑性，是对写作者的基本要求，也要有动态的考察，这是对科学事件解释和说明层次的社会诉求，是对写作者的客观要求。语境论科学史观突出强调从动态性的视角审视科学事件并进行合理解释：其一，科学史应该注重科学发展的动态实践，科学知识并不是确定的，科学真理也不是永恒不变的，语境不同，科学知识的内涵也不同；其二，现代的科学史研究是在科学哲学的论辩中不断发展的，是一个动态的发展，这与实证主义框架下的科学史的静态研究有很大的不同，语境论的科学史学强调在更深层次上对科学事件进行立体的、多角度的说明和解释；其三，科学史不是一种语言分析或逻辑推理，其有自身的发展逻辑。这种逻辑不以主体的意志为转移，而是要受到动态语境的制约，语境的变化影响着科学发展的速度、方向和内容。因此，语境的动态性可以与科学研究过程

---

① 郭贵春等. 当代科学哲学的发展趋势. 北京：经济科学出版社，2009：7.
② Mey L J. *Pragmatics*：*An Introduction*（Second edition）. Beijing：Foreign Language Teaching and Research Press，2001：40.

的动态性有机地结合，为科学事件的发生与发展提供一个合理的解释与说明。

三、科学史解释语言规范的合理性

达到科学事件的合理解释目的是科学史文本的核心目的。要实现这一目标，只有在特定的语境，对科学事件所描述的语言进行语义分析，不能使之产生歧义。从语言学的角度讲，语境就是语义、语形和语用的集合，因此，语境可以有效地制约语言歧义的产生。语言歧义的产生就是因为失去了一定语境的制约，或者说是为了产生另一种意义而有意构建了一种"特定的语境"，如历史的辉格解释就是在一种自我营造的语境中实现的。事实上，在科学史的发展历程中，对同一事件的不同解释一直存在。就拿科学革命来说，从库恩、科恩到夏平，他们的认识有很大的不同，前二者承认有科学革命，可是夏平却几乎不承认存在严格意义上的科学革命，造成这种认识不同的主要原因就是语境歧义。从语义分析来说，歧义就是指同时至少有两种不同解释的语言结构。[①] 这里的歧义是指对同一个科学事件而言，不同的人作出的解释不同。从语境实在来讲，同一科学事件的语境要素是一样的，那么得到的解释也是一样的，之所以出现不同的解释，就是因为解释者没有在特定语境下制约语言歧义的产生。

从理论上讲，语义是语言的意义内容，用于科学史的研究中，是指科学史学家对科学事件或科学现象的整理、记录、叙述和说明。在一定的语境下，对于同一个科学事件，语义具有相对的稳定性，这种稳定性就是通过语境的制约来实现的，稳定性体现了制约性的结果。从语言学的角度讲，语义可分为词汇意义、语法意义和修辞意义三种。词汇意义是语言单位的理性意义，它具有客观性、概括性、相关性和民族性；语法意义是在词汇意义基础上的更大的概括和抽象，是一整类语言单位所具有的抽象的关系意义，语法意义又分为语法单位意义、语法功能意义和句法结构意义；修辞意义是语言单位的主观评价的感情意义，有褒贬之分，包括表情色彩、语体色彩和联想色彩，它一方面表现为语言单位的修辞分化；另一方面表现为语言环境中形成的语境意义。[②] 语境主要通过制约词汇意义、语法意义和修辞意义这三个核心要素来实现对语义的制约。

第一，语境通过制约词汇意义实现对科学事件解释的规范处理。语义单位是由义项（义位）、义素等要素所构成的，其核心要素是义项，而义项是由词汇

[①] 周礼全. 逻辑——正确思维和有效交际的理论. 北京: 人民出版社, 1994: 64.
[②] 何超兰. 语境制约与语义理解. 安徽工业大学学报（社会科学版）, 2005 (1): 79.

形式表示的独立、概括、固定的语义单位，这是语言学中对语义单位的定义。概括地说，其核心就是词，而语境决定了一个词在特定句子中的意义。我们知道，不论何种语言，其词汇中都有大量的单义词、多义词、同义词和反义词，在不同的语境中它们所表达的意思和色彩也有所不同。为避免科学史学家由于使用不同的词汇对同一事件的不同解释，就需要回到当时、当地发生的特定语境中去理解、解释、说明。因此，语境可通过制约词汇意义实现对科学事件解释的规范处理。

第二，语境通过制约语法意义达到对科学事件意义的明确表达。语法意义所包含的三种形式——语法单位意义、语法功能意义和句法结构意义，都是在一定语境下才具有真正的意义，尤其是句法结构意义。最简单的例子，对于一句话用反问的表达方式与陈述句的方式会得到不同的意义。比如，"牛顿是一位物理学家"，这本是一个陈述句，意义非常明确，表明牛顿就是一位物理学家，这是一个命题，而且是一个真命题。但如果我们改为"牛顿是一位物理学家？"这样的一种反问，就使得我们对牛顿这位伟大的物理学家产生了一定的怀疑——也许他不是一位物理学家？也许他不仅仅是一位物理学家，还是一位数学家？在一个特定的语境中，反问有时表示肯定，有时表示否定或疑问。所以，用什么样的句式去表达一个事件的意义，是由当时具体的语境决定的，脱离了当时的语境是没有意义的。人们说牛顿是一个物理学家是由于他的物理学成绩远远大于其数学成果，或是说他的很多数学成果没有被别人发现，因此在当时看来他只是一个物理学家，而随着学界的不断研究，发现他的数学发明也不少，称其为数学家也是可以的，这种变化就是在语境下实现的，只是在不同的语境中，有不同的认识。

第三，语境通过对修辞意义的限定实现对科学事件意义的理解。在对待科学事件的意义处理上，有时很难对其意义进行直观表达，因此科学史离不开修辞，修辞意义有时在科学史研究中占有重要地位。在修辞过程中，描述科学事件的语言会因事件对象具体情况的变化而变化，所以语境因素必须制约语言的组织和建构，否则就会导致异样解释。语境分析方法要求言语理解要联系具体的语境，包括时间、地点、场合、人物，以及实际对象的心理和立场。因此，在修辞过程中，修辞行为要和各种语境要素相一致。另外，语境在决定修辞的语言组织和结构的同时，也决定着修辞手段的选择过程。修辞手段的选择和运用，都是在具体的语境中进行的，也要受到语境因素的制约。在形成科学史文本的时候，为了更好地理解科学事件的意义，不会仅仅用一种修辞形式，而是会综合运用各种修辞方法，在具体语境的制约下，通过对词语的选择、句子的选择和辞格的运用来实现对科学事件意义的整体说明。比如，隐喻在科学史研究中的应用，库恩在其《科学中的隐喻》一文中指出："隐喻在建立科学语言与世界的联系中发挥着基础性的作用，然而这些联系并不是被一次全部给予的。理论是不断转换的，尤其是一些相关隐喻及通过附属于自然术语的相似性框架之对应部分的转换。"[①] 在科学史的研究中，隐喻语言对科学概念及范畴的重构（再概念化）、新的理论术语的引入乃至整套科学理论的构建和发展，发挥着重要的、不可替代的作用。例如，在化学中"熵"（entropy）是一个描述系统状态的函数，可作为系统无序度的度量，人们用隔离系统中的熵增原理来判断一个自发过程的方向与限度。现在把化学上的"熵"通过隐喻修辞为一种世界观[②]，并在信息论、生态学、社会学、经济学等学科中大量使用，因而熵的概念随着不同的语境而出现了新的内涵，例如，信息熵表示信息量，生态熵增表示生物多样性，等等。

四、科学史整体理解的合理性

语境论科学史观认为，将不同时期的科学事件连接在一起，就形成了科学史的整体内容，要理解这个整体内容就需要在广义的历史语境中去理解。这与传统的累积实证的科学史有很大的不同，也与社会建构论科学史主张的从社会建制的角度考察科学事件有很大的不同。这正如李约瑟当初把中国古代的科学技术史放在了中国整个科学-文明史的言外语境中才更好地理解了中国古代科学技术的发生与发展，从深层次理解了为什么中国没有产生近代科学。那么从科学史的整体性出发，科学史学家所要从事的工作就是如何把科学置于当时的语境，用现代的语言进行解释和说明，而不是单纯地将古代语言变为现代语言并书写出来这么简单。

由于语境论的根隐喻是"历史事件"，所以语境论的核心研究方法就是语境分析方法。语境不是人为构造的，而是基于当时当地的文化、历史与逻辑的实在。在语境实在的基底上，科学所产生的知识都受到不同条件的语境限制。语境论洞见的语境是一切人类行为思维活动中最具普遍性的存在，具有了世界观的特征，因而"语境论世界观的硬核是：实在世界是一个相互作用和相互渗透的网络。存在是按照在其语境中实体的关联定义的，即存在被定义为语境中实

---

① Kuhn T S. *Metaphor in Science*, *Metaphor and Thought*. Cambridge：Cambridge University Press，1993：539.

② 里夫金、霍华德著，吕明、袁舟译. 熵：一种新的世界观. 上海：上海译文出版社，1987：21.

体的关联,真理是依赖于历史语境的。一句话,任何事件都是在社会的、历史的环境即语境中发生的"①。这种社会的、历史的就是强调科学事件语境关联的整体性,从这一点我们就很好理解,虽然不同的科学家在从事不同的研究,最终却可以形成逻辑性很强的教材,而之前他们从没有过任何约定。所以,语境论的整体性原则使我们能更好地理解科学的发展历程。因此,可以说语境论通过将对科学发展过程的说明统一到关于世界的整体认识中,能够使关于对科学知识产生过程的说明和人类知识的获得相一致。从而"语境"概念的整体性不仅体现在具体事件的层面上,而且在语言层面确定事件的具体意义,反对一切绝对主义、本质主义、基础主义和普遍主义的哲学态度和说明,强调关注科学事件的动态分析,重视语境在科学事件中的作用,从而阐述科学史在人类发展进程中真正的意义。

第三节　科学史观语境化的特征及意义

在本书的前言中已提到,对科学史观的演进用语境分析的方法进行评述,旨在分析传统科学史观的合理性与弊端,在此基础上结合近 200 年来规范科学史的研究实践,提出一种全新的科学史观,用来指导今后的科学史实践,这是本书的核心目的,也是本书的期望之所在。科学史观的历史发展,以不言而喻的事实和理论昭示着科学史学界,科学史观的语境化综合可以达到对科学史的整体理解,基于语境去分析科学事件的产生与发展,用语境分析方法可以从容应对来自相对主义、基础主义、社会建构论等的各种质疑,因此其具有鲜明的本体论特征,并具有"语境范式"的认识论意义。

一、科学史观语境化的主要特征

科学史观语境化的特征,是指科学史观在长期的演进发展过程中,所表现出来的内在的理论属性,是一种内化的特征。可以这样理解,科学史的语境化会形成语境论科学史观,语境论科学史观通过采用语境论中语形、语义的特点,将科学历史发展看作一个语境环境,借鉴修辞学和解释学的分析方法,动态地重构科学发展过程中的历史事实,描述在不同历史背景情况下,科学事件发展过程中文化、社会等对其的影响,阐明在发展过程中,科学研究的主体与客体

---

① 魏屹东.世界观及其互补对科学认知的意义.齐鲁学刊,2004(2):64.

之间的相互作用与相互影响，为科学史研究提供客观统一的实在图景，构建具有明显特性的、新的认识论与方法论基础。基于这样的认识线索，语境论科学史观具备如下特征。[①]

（一）语境实在的本体论特征

对科学事件的说明和解释是科学史研究的核心内容，只有放在特定的时间和空间中才能被客观理解。特定的时间和空间就是当时当地的历史语境，它是一种历史实在，表现在语境上就是一种语境实在。科学史观的语境实在性，主要指任何科学事实都是在当时的语境下产生的，研究科学史就是重现当时的语境实在。

1. 语境实在是科学发展中动静态合一的统一体

科学的本质是揭示人类认识世界的发展规律。这种认识是用语言的方式来表达的，语言本身首先是构成交流、传达信息的词语，比如，语言本身的意思、上下文关系等，这些是静态的；使用语言的环境要素，即语言自身词语之外的、影响语言的各种环境要素，以及言外之意，是动态的。语境实在是这种动态和静态的统一体。这样的语境实在，使科学史的研究不仅仅停留在记录科学事件的线性描述阶段，而且是在此基础上达到"何故、何如"，去解释"何事"。至此，科学史的研究才具有了意义层面的内涵，只有将要阐述的科学事实放置在其特定的语境环境下，才能真正理解其所要表达的思想与意义，如果没有语言环境，任何对于科学事件的研究都会变得毫无意义。

无论采用什么样的方式，科学的概念和定理最终都与语言一样，都是采用命题的形式来表达，描述一种特定的事态。因此，对于任何科学事件的理解，只有将其放在特定的历史环境中，也就是我们所说的语境中，才能够被更好地理解与解释。所以，任何脱离了语境的科学史研究都是无意义的，也不会从根本上理解科学发展的目的。综上所述，科学史观的语境性主要表现在从静态和动态两个层面对于科学史中特定事态的研究，静态事件主要是指科学事件出现的原因，动态事件主要是指科学事件产生的意义。

2. 科学发展是语境实在的更迭和递进，是可错、可修正的

科学发展的初始，并没有一个检验其正确与否的标准，从没有一个人为科学是正确的制定标准，只是通过观察觉得能够解决人们发现的问题，就认为是

[①] 王维东. 语境论科学史观研究. 山西大学硕士学位论文，2010.

科学的。这就像"地心说","地心说"是"科学",简单地讲它很好地解释了白天和黑夜的更替,这个理论与人们观察到的现象是一致的。但是"日心说"替代了"地心说"之后,就发现"地心说"是错误的,这样的变化就是语境变了。所以,科学知识的正确与否,是由其语境(适用条件)决定的,在一定条件下正确的知识,在另一种条件下就不一定正确。比如,在同一平面内垂直于同一条直线的两条直线平行,这是正确的。如果把"同一平面内"的限定条件去掉,这句话就变得不正确。同样,相对论规定的条件下所描述的时光倒流,在经典物理学的环境中就不成立。综上所述,对于相同的科学实践可能会在不同的语境中产生对立的结果,人们对于科学事件的认识,取决于其存在的语境环境,语境决定了科学的客观实在性,科学史本身就是一部真理史,是人们探索未知、追求真理的过程,语境与其客观实在之间有着相互递进与必然的联系。这种递进与联系,从语境论上来说,即对于每一个语境来讲,都具有相对的独立性和真理性,其所描述的递进与联系正体现了科学发展过程中的"容错性"和"修正性",从某种意义上讲,更符合科学发展的客观规律。

3. 科学史的描述与实在之间的镜像只能无限接近,不可能完全一致

科学史的主要任务不仅仅是记录什么时间,谁取得了什么成果,而是要以此为基础,探究科学史观发展的历程。科学史观不可避免地要受到当时科学观的影响。传统的科学史观认为,科学实质上是一个探求真理的过程,是对科学世界的客观反映。而语境论科学史观认为,科学是人类认识客观世界规律的道路,这条道路只能不断逼近真理,而不能最终达到。在牛顿取得经典物理的成就后,多数科学家认为物理学已经发展到了尽头,但随着爱因斯坦相对论的提出,物理学又打开了一片新的天地,进入到了一个认识世界更高的层次。又如,在原子核被发现之前,人们的普遍认识是原子是组成世界的最小的不可分割的粒子,但随着卢瑟福对于原子核的发现,更新了人们对于世界组成的观点。后来,随着科学技术的不断发展,人们又发现了质子、中子、电子、夸克等,曾经一度人们认为夸克就是构成世界的最小物质。特别是到了20世纪末,随着人类可以在欧洲建设更为复杂的粒子加速器,通过粒子碰撞发现,人们正在努力寻找比夸克更小的粒子——希格斯玻色子。于是科学家们相信,发现—不断深入—又有新的发现,这种不断深入前进的方式,是一条逐渐迈向真理的基本路径,但它只是一种不断的逼近,而非终极结果。语境论所揭示的就是一个复杂的,以一定条件存在的,依赖于人类自身的认识工具与认知能力的世界状态。因此,语境实在与语境论科学史观揭示了同样的世界观核心特征。

(二)语境范式的认识论特征

人类对于知识的本质与基础进行了长时间的研究与摸索,并将其作为哲学的核心问题,摆在了非常重要的位置。世界不是自明的,不同事物的存在,都有其各自存在的理由,对客观实在的看法不同,从而形成了基于不同背景条件、不同思想体系、不同认识范畴的认识论的语境范式。语言的本质是人类的生产实践,人们通过对语言学的不断研究,在思维上普遍意识到,实在依赖于语言,从着重研究语言的起源与认识,逐步转向着重研究语言的意义和本质,实现了从语义到语用的认识路径的转变,逐步形成了语境论的范式。语境范式以语言作为判断命题的基准,构建了一种动态的、语境化的研究环境,将所有研究问题归于历史或科学的维度,借助语境化的科学语言对科学理论进行合理的重建。语境论在融合传统认识论的基础上,逐步形成独特的认识论特征,主要体现在学科的性质、学术的结构、研究的对象等几个方面,其主要特征表现如下。

1. 研究对象的语境性特征

科学史的研究对象是随着语境的变化而演进的,内史论科学史的研究对象主要是科学事件本身,其主要任务是站在中立的立场上,通过精确的语言,对科学事件进行客观、正确的描述,这是"语言语境"下的研究。外史论科学史的研究对象是科学事件本身之外的社会、文化、政治、经济、军事等外在因素对科学的影响,这是"言语语境"框架下的研究。

语境论科学史观认为,只有对科学史研究对象在"语言语境"和"言语语境"共同的语境框架下进行全面研究,才能使构成科学事件的各个语境要素之间的相互联系,形成一个有机的统一整体,从而达到对科学史研究对象的认知。

2. 学科性质的语境性特征

语境论科学史观促进了人们对科学史学科性质的认识。内史论科学史认为,科学史就是书写、记录人们认识和认知世界的历史,只要记录好科学事件本身,就完成了任务。从外史论开始,人们开始关注外界因素(如政治、经济、文化)对于科学事件的影响。人们似乎寻求到了一种更好的、更加合理的解决科学史研究的方法,其实这两种方法只是不同语境下的研究,并没有回答科学演进的内在逻辑,即科学是如何真正逼近对客观世界的真实程度的还原。

语境论科学史观认为,科学史的学科性质既是历史的,也是科学的,科学史就是研究不同学科在其学科研究的语境背景下,将外在因素与内在逻辑联系起来,对学科本身进行理解,描述人类对于整个世界认识的过程,表现科学发展过程中的历史特性,表明了科学史发展过程中从单纯研究科学史的历史特性,逐步转变为关注科学本身发展的内涵,从单纯的科学或历史,逐步转变为在科学和历史的结合,展现了语境研究的学科特征。

3. 学术结构的语境认识性

每一个学科的核心问题就是学术的结构问题,科学史学科的学术结构问题,主要是研究如何把科学的历史描述记录得更为合理,如何编排和叙述历史,这其实就是语言的组织问题,是语形、语义和语用的问题。科学实在是科学事实的本质,而任何科学实在都离不开语言的支持,人类正是通过语言描述了科学实在的含义。也就是说,科学实在实质上就是如何用最合适的语言组织和描述问题,对科学事件达到最准确的表现。要实现这个效果,就只有将科学事件放在社会、文化、历史的语境下进行重新构建。

因此,语境论科学史观下的科学史的学术结构,是对科学事件的文本之外的东西作出更多的考察,这首先要有一个前语境,即言语语境,主要表现在语用层面,也就是说,在事件发生前的语言和话语及其在语境背景下对于科学事件的影响与意义。这样一个个的独立由语境解释的科学事件构成了科学史的整个文本。

(三)语境分析的方法论特征

对科学事件进行语境分析,其核心主旨是将科学事件产生与发展的语境要素充分展示出来,从表现上看来似乎是没有关系的事件,其语境却是相互关联的。科学史语境分析的基点是通过对原始文献的考证,从中分析出当时当地的各种语境要素,这是前提和基础。然后,在此基础上,通过逻辑与历史的分析和判断对科学事件作出解释,这种语境解释就是科学事件发生与发展的方法论辩护。语境分析方法主要有以下几个方面。

1. 语境分析方法是语形、语义和语用分析的统一

一般来说,语境分析构架包含四个方面:社会与时空的框架结构;对话过程中当事人身体与行为的应用;对话过程中当事人的即时语言;当时人所处的社会背景与生活环境的社会架构。在这样的构架下构成的语境要素,我们在前面已叙述过了,这里不再重复。这样就形成了一种动态的、全面的、客观的语境分析环境,不仅包括语言、自然环境、社会背景,当事人的心理和认知描述,还包括当事人所处的社会与生活环境。语境分析法注重从语义的角度分析科学事件的内涵,以从语形到语义再到语用的分析模式,旨在排除科学中的歧义性

与任意性，从而使得科学事实具有一定的意义与价值。

语境分析方法还表现为以案例分析、史料取舍与语境相结合，对科学史进行考证，从而实现对科学事件的客观阐述。这种阐释方法需要注意的是既不能考虑因素过多，导致判断问题无所适从，即把语境泛化，也不能只考察极端典型案例，从而导致结论偏颇。而应该提供一种科学史研究的普适方法，这样使语境分析方法具有可操作性，这种可操作性在理论层面可以使科学史家运用释义的方法，在实践层可以合理地利用科学的测量方法。

2. 语境分析的制约性

语境分析方法的制约性主要表现在两个方面：一是要求科学史家不能站在现在的立场去考察过去的历史，否则就是辉格式的解释。语境分析方法从静态和动态两个层面研究历史与传统对科学事件的影响与意义。二是语义分析要受到语境的制约。语言只有在特定的语境下才有"真正的意义"，只有将科学事件放在特定的语境下，解释其逻辑结构，分析其语义要素，才能真正客观地得到对科学事件的解释。描述放在其特定的语义背景，解释其逻辑结构，才能真正客观的、真理的得出，这正是语义分析方法的本质。因此，科学事件的意义是建立在语境分析基础上的，没有语境分析，就无法得到科学事件的确定意义。

二、科学史观语境化的意义

将语境论研究的哲学方法引入科学史研究领域，实现科学史观语境化，进而形成语境论科学史观，对于科学编史学和科学史的研究具有深远的理论和实践意义。在语境论科学史观视野下的科学史研究，可以有效地克服传统科学史观的不足，达到对科学史的合理性重建。其意义主要表现在以下三个方面。

1. 从本体论层面对科学史的研究进行深刻的反思，为科学史的合理重建提供基础认知

对于科学史的本体是什么这样的元理论问题，可以说到今天也没有一个标准的答案。之所以科学史是这样的，是因为科学哲学对科学的认知就是这样的，科学哲学对科学的认知到目前为止，没有一个标准的、确定的定义。从理论上讲，科学哲学对科学史存在指导作用，这种作用是通过科学观对科学史观的影响和指导实现的。这就是说科学哲学对科学的研究决定了科学史对科学发展历程的研究。不可回避的一个事实是，任何学科的发展都有其内在的逻辑规律，这种内在的逻辑规律是不一样的，这正如化学的发展规律不能用物理的发展规律去解释是一样的。那么作为抽象具体学科为统一体的科学，它所揭示的规律

是具体学科规律的共性。所以，从理论上讲，想用一个统一的科学史替代学科史是无法实现的。那么，这样是不是科学史的本体就无法认识了，答案很清楚，可以认识，但是要建立在语境的基础上。离开语境就无从认识，因为不论哪门学科的发展，都离不开其产生和发展的各种语境。物理学和化学的交叉，就是物理化学，这个交叉就是物理化学产生的语境，没有这个语境共性就不会产生物理化学这个学科。

基于更好地解释科学发展，科学史出现了内、外史，内外史的出现是近几十年的事，在萨顿时期都不存在这样的划分。而在其出现之后，的确对科学事件的解释提供了一些解决方案，但同时也对科学史的本体造成了认知的混乱，以致人们对科学史的属性是历史的还是科学的都产生了怀疑。所以说，科学史观的语境化没有简单地把科学史归结于内史或外史，而是基于语境去分析，这一点已经越来越成为科学史学界的共识。因而，把对科学史的研究放在其具体产生发展的语境中去探视科学发展的真正内涵，可以揭示科学发展的历程，为科学史的合理重建提供支撑。

2. 从认识论角度应对科学史学科的一系列元理论问题

通过前几章的研究，可以看出科学史在学科史阶段，几乎没有人对科学史是什么进行过研究和分析。在形成综合史的最初几十年，几乎也没有什么学者进行过类似的理论研究，直到在20世纪50—60年代以降，科学史的理论探索才开始兴起，所以说，科学史的发展阶段或发展脉络是非常清楚的。可以这样说，在最近的50—60年，科学史的格局发生了很大的变化，对科学史的反思才得以加强。特别是科学哲学对科学史研究的不断渗透，在进入后现代以来，科学观内涵的不断丰富，致使科学史观的内涵不断扩张，导致科学史研究原有的主流路径、基本旨趣和研究方法都产生了很大的变化，不同的学术思想主张不同的编史风格。那么在21世纪，如何形成一个统一的认识论基底，去认识、审视和解决科学史的一系列元理论问题，就显得尤其重要。科学史观的语境化科学合理将语境论引入科学史的研究，形成语境论科学史观，在语境论科学史观的视野下，采用语境分析的方法，来认识和回答"科学史的学科属性是什么"、"科学史研究的内容是什么"、"科学史研究为了什么"、"科学史研究做了什么"、"科学史研究怎么做"，旨在解决科学史研究本身及其与相关学科的关系等基本问题。

3. 从方法论基底为科学史的合理重建提供方法体系

20世纪70—80年代，拉卡托斯与夏平先后提出了科学史的重建问题，科学史学界也在深入探讨科学史是走内史的道路，走外史的道路，还是走综合史的道路。好像以前的科学史著作都存在着一些问题，在批判理性的影响下，似乎找到一个合理的理论势在必行，所以一些科学史学家都从不同的科学史研究实践总结相关理论，以对科学史的合理重建提出构想。对于这些相关的理论，前几章已进行了较为详细的论述，都存在一定的不合理性。在这种大背景下，语境分析方法并不是从科学史的内外史出发去界定科学史的研究内容，也不会单就科学发展的影响因素进行分析论证，而是在语境基底上，既强调主体的作用，也强调科学的客观性，把科学发展中涉及的各种语境要素，都放在其赖以生存的语境下去研究，从而形成一套行之有效的语境论科学史观视野下的方法体系，推动科学史的研究向"还原"科学发展的真实语境的目标逼近。

总之，科学史观的语境化，是一个集本体论、认识论与方法论于一身的理论化过程，这个过程形成的语境论科学史观是一个全新的科学史观，不仅维护了科学的客观性，更突出强调了研究主体的主观性。没有科学研究的主体就没有语境，没有语境就没有科学的发展，没有科学的发展就没有科学史。语境论科学史观不再去谈论科学史的内史与外史、社会史与思想史，而是在语境的平台上，去研究世界的客观性与研究者的主体性的有机结合，为探究科学演进的历史进程、趋势定位和理性重建，提供了理论和方法的支撑。语境论科学史观会给科学史界带来一个科学史研究的全新视野，是充满魅力的，值得去深入研究的。

参考文献

一、中文文献

（一）中文专著

安德鲁·皮克林编著，柯文、伊梅译．作为实践和文化的科学．北京：中国人民大学出版社，2006．

丹皮尔著，李珩译．科学史及其与哲学与宗教的关系．桂林：广西师范大学出版社，2001．

郭贵春．语境与后现代科学哲学的发展．北京：科学出版社，2002．

郭贵春．走向建设的科学史理论研究．太原：山西科学技术出版社，2003．

郭贵春、成素梅．当代科学哲学的问题研究．北京：科学出版社，2009．

郭贵春、成素梅．科学哲学的新趋势．北京：科学出版社，2010．

赫尔奇·克拉夫著，任定成译．科学史学导论．北京：北京大学出版社，2005．

江晓原．多元文化中的科学史．上海：上海交通大学出版社，2005．

江晓原．多元文化中的科学史（第十届国际东亚科学史会议论文集）．上海：上海交通大学出版社，2005．

姜振寰、苏荣誉．多视野下的中国科学技术史．北京：科学出版社，2009．

杰伊·A．拉宾格尔、哈里·柯林斯主编，张增一、王国强等译．一种文化？：关于科学的对话．上海：上海科技出版社，2006．

库恩著，李宝恒、纪树立译．科学革命的结构．上海：上海科学技术出版社，1980．

劳埃德著，孙小淳译．早期希腊科学：从泰勒斯到亚里士多德．上海：上海科技教育出版社，2004．

劳埃德著，钮卫星译．古代世界的现代思考．上海：上海科技教育出版社，2008．

李树雪．语境论科学编史学研究．山西大学博士学位论文，2011．

李约瑟著，陈立夫译．中国古代科学思想史．南昌：江西人民出版社，2006．

林自新．科技史的启示．呼和浩特：内蒙古人民出版社，1988．

刘兵．克丽奥眼中的科学——科学编史学初论．济南：山东教育出版社，1996．

帕特里克·加登纳著，江怡译．历史解释的性质．北京：文津出版社，2004．

萨顿著，陈恒六、刘兵等译．科学史与新人文主义．上海：上海交通大学出版社．2008．

萨顿著，刘兵、陈恒六等译．科学的历史研究．上海：上海交通大学出版社．2008．

史蒂夫·福勒著，刘钝译．科学的统治．上海：上海科技教育出版社，2004．

史蒂文·夏平、西蒙·谢弗著，蔡佩君译．利维坦与空气泵．上海：上海世纪出版集团，2006．

史蒂文·夏平著，徐国强、袁江洋、孙小淳译．科学革命：批判性的综合．上海：上海科技教育出版社，2004．

王维东．语境论科学史观研究．山西大学硕士学位论文，2010．

魏屹东．广义语境论的科学．北京：科学出版社，2004．

吾淳．古代中国科学范型．北京：中华书局，2002．

邢兆良．中国传统科学思想研究．南昌：江西人民出版社，2001．

亚历山大·柯瓦雷著，刘胜利译．伽利略研究．北京：北京大学出版社，2008．

亚历山大·柯瓦雷著，张卜天译．从封闭世界到无限宇宙．北京：北京大学出版社，2008．

亚历山大·柯瓦雷著，张卜天译．牛顿研究．北京：北京大学出版社，2003．

伊姆雷·拉卡托斯著，兰征译．科学研究纲领方法论．上海：上海世纪出版集团，2005．

袁江洋．科学史的向度．武汉：湖北教育出版社，2002．

约瑟夫·阿伽西著，邬晓燕译．科学与文化．北京：中国人民出版社，2006．

赵强．西方科学史观演进的语境分析．山西大学硕士学位论文，2014．

（二）中文期刊

毕文胜、杨晶．历史解释与语境论——兼评覆盖律模型在历史解释中的应用．云南社会科学，2008．

蔡贤浩．试论柯瓦雷的科学史观．长江大学学报（社会科学版），2005．

曹天予．对科学史后现代主义观的反思．自然辩证法通讯，1993．

陈光．科学史的几个理论问题关于对象与结构．大自然探索，1992．

陈炜．拉卡托斯科学编史学思想评述．科学技术与辩证法，2006．

成素梅．语境论的科学观．学术月刊，2009．

成素梅．走向语境论的科学哲学．科学技术与辩证法，2005．

成素梅、郭贵春．语境论的真理观．哲学研究，2007．

杜严勇．SSK与科学史．南京社会科学，2004．

杜严勇．SSK与科学史．哲学研究，2004．

杜严勇．科学史的合理重建与社会学重构——拉卡托斯与夏平科学编史学思想之比较．科学技术与辩证法，2007．

杜严勇．社会建构主义与科学史．科学技术与辩证法，2005．

樊春良．科学编史学的意义——《克里奥眼中的科学》评介．民主与科学，1998．

郭贵春、康仕慧．走向语境论世界观的数学哲学．科学技术哲学研究，2009．

郭贵春．"语境"研究的意义．科学技术与辩证法，2005．

郭贵春．科学史学的若干元理论问题．科学技术与辩证法，1992．

郭贵春．语境分析的方法论意义．山西大学学报（哲学社会科学版），2000．

郭贵春．语境分析的方法论意义．山西大学学报（哲学社会科学版），2003．

李树雪．论语境论科学史学的合理性．科学技术哲学研究，2014．

李树雪．语境论对传统科学史观的反思与消解．科学技术哲学研究，2013．

李树雪．语境论科学编史思想初探．科学技术哲学研究，2009．

李铁强、邢润川．科学史研究中的比较方法．科学技术与辩证法，2001．

李铁强、邢润川．试论科学史计量研究页方法的几个基本问题．科学技术与辩证法，1998．

李醒民．皮尔逊的历史研究和编史学观念．自然科学史研究，2002．

林德宏．科学技术史学研究的意义．科学技术与辩证法，2004．

刘兵．从科学哲学看科学史．自然辩证法研究，1986．

刘兵．关于科学史研究中的集体传记方法．自然辩证法通讯，1996．

刘兵．科学编史学视野中的"科学革命"．自然辩证法通讯，1992．

刘兵．科学史研究中的"地方性知识"与文化相对主义．科学学研究，2006．

刘兵．若干西方学者关于李约瑟工作的评述——兼论中国科学技术史研究的编史学问题．自然科学史研究，2003．

刘凤朝．20世纪的科学编史学：文化背景和思想脉络．科学技术与辩证法，1995．

刘凤朝．科学编史学的思想源流与现代走向．自然辩证法研究，1993．

刘凤朝．科学史的层次划分及其编史学意义．自然辩证法研究，2002．

刘凤朝．拉卡托斯科学编史学思想析要．科学技术与辩证法，2002．

刘凤朝．劳丹科学编史学思想析要．自然辩证法研究，1994．

刘凤朝．历史主义学派对科学编史学的贡献．自然辩证法通讯，2003．

刘高岑．科学发现与理论评价的语境分析——以现代地学革命为例．科学技术与辩证法，2003．

刘海霞．简论夏平的科学史观．齐鲁学刊，2007．

刘海霞．浅析实践科学观的编史学意义．理论学刊，2008．

刘军大．科学史研究方法的重大改进——评拉卡托斯的"科学史的理性重建方法"．西南交通大学学报（社会科学版），2002．

刘魁．当代科学与宗教关系研究述评．国外社会科学，2004．

卢卫红．科学史、人类学与"跨文化比较研究"．自然辩证法研究，2006．

琴勇. 美国科学研究信念的历时性考察——一种语境论的分析. 自然辩证法研究, 2007.

饶异、刘鹤玲. 世纪之交的科学史学——再论美英科学史研究的学术走向. 华中师范大学学报, 2003.

任军. 科学编史学的科学哲学与历史哲学问题. 社会科学管理与评论, 2004.

任晓丽、李树雪. 近年来国内科学编史学研究的发展及其意义. 科学技术哲学研究, 2010.

山郁林. 简论胡塞尔对柯瓦雷科学史编史的影响——以《牛顿综合的意义》为例. 科学·经济·社会, 2006.

石丽琴. 从解释学的观点看拉卡托斯的科学编史学. 科学技术与辩证法, 2007.

石丽琴. 拉卡托斯科学编史学研究纲领与认识论解释学. 华南师范大学学报（社会科学版）, 2007.

宋正海. 科学编史学是提高科学史整体水平的重要途径之一. 自然辩证法研究, 1997.

苏玉娟、魏屹东. 继承与超越：科恩的科学史研究特征. 科学技术与辩证法, 2009.

苏玉娟、魏屹东. 科恩的科学编史学方法新探. 自然辩证法通讯, 2009.

苏玉娟. 科恩的语境论科学编史学. 自然辩证法研究, 2009.

王大明、郭继贤. 走向开放的科学史研究——关于科学史学科性质的思考. 自然辩证法研究, 2002.

王电建. 语用学和语境论析. 长春师范学院学报（人文社会科学版）, 2008.

王晴佳. 科学史学在近代日本和中国的兴起及其异同. 中华文史论丛（第 77 辑）.

王延锋. 科学形象的历史描述——皮克林的批判编史学及有关争议之分析. 自然辩证法研究, 2009.

魏屹东. 20 世纪科学史的三次转向. 自然辩证法通讯, 1999.

魏屹东. 从历史语境看科学理论的形成. 洛阳师范学院学报, 2005.

魏屹东. 概念变化、科学革命与再语境化. 科学技术与辩证法, 2003.

魏屹东. 科学发展的文化语境解释. 山西大学学报（哲学社会科学版）, 2003.

魏屹东. 科学社会学方法论：走向社会语境化. 科学学研究, 2002.

魏屹东. 科学史研究的语境分析方法. 科学技术与辩证法, 2002.

魏屹东. 科学中心转移现象的社会文化语境分析. 科学技术与辩证法, 2001.

魏屹东. 论科学的社会语境. 科学学研究, 2000.

魏屹东. 美国科学史学会专业化的历史经验. 中国科技史杂志, 2007.

魏屹东. 社会语境中的科学. 自然辩证法研究, 2000.

魏屹东. 探索科学编史学的开拓之作——《克丽奥眼中的科学——科学编史学初论》. 科学技术与辩证法, 1997.

魏屹东. 作为世界假设的语境论. 自然辩证法通讯, 2006.

文剑英. 科学史的重构及其方法选择的影响因素. 西南交通大学学报（社会科学版），2007.

邢润川、郭贵春. 历史语义分析方法在科学史研究中的重要作用. 科学技术与辩证法，1990.

邢润川、孔宪毅. 论自然科学史的科学属性与人文属性. 科学技术与辩证法，2002.

邢润川、孔宪毅. 论自然科学史研究的层次. 科学技术与辩证法，2002.

邢润川、孔宪毅. 论自然科学史与自然科学的区别与联系. 科学技术与辩证法，2000.

邢润川、李铁强. 科学史研究的方法论原则. 自然辩证法研究，2001.

殷杰. 视域与路径：语境结构研究方法论. 科学技术与辩证法，2005.

殷杰. 语境主义世界观的特征. 哲学研究，2006.

袁江洋. 科学史编史思想的发展线索——兼论科学编史学学术结构. 自然辩证法研究，1997.

袁江洋. 科学史的向度. 自然科学史研究，1999.

袁影、罗明安. 语境论与阐释学. 苏州大学学报（哲学社会科学版），2004.

张德昭、张丽. 解释模式：科学与人文的交汇点. 科学技术与辩证法，2005.

张明雯. 科学史的辉格解释与反辉格解释. 自然辩证法研究，2004.

张明雯. 米库林斯基及其综合论. 辽宁师范大学学报（社会科学版），2007.

张明雯. 米库林斯基与科学编史学. 自然辩证法研究，2005.

张之沧. 费耶阿本德对科学史的诠释. 山东科技大学学报（社会科学版），2003.

章梅芳. 后殖民主义、女性主义与中国科学史研究——科学编史学意义上的理论可能性. 自然辩证法通讯，2006.

章梅芳. 人类学与女性主义：科学编史学层面的同异研究. 广西民族大学学报（哲学社会科学版），2008.

赵乐静. 科学争论与科学史研究. 科学技术与辩证法，2002.

赵万里. 多重视角中的科学主义及其编史学问题. 科学技术与辩证法，1998.

赵万里. 建构主义与科学社会史. 南开社会学评论，2005.

赵万里. 科学知识的社会史——夏平的建构主义科学编史学述评. 科学文化评论，2004.

朱发建. 科学观的歧义与中国近代科学史学的多重意蕴. 史学月刊，2007.

诸大建. 科学革命编史学的若十问题. 同济大学学报（人文社会科学版），1993.

二、英文文献

（一）英文专著

Agassi J. *Science and History：A Reassessment of the Historiography of Science*. Published by Springer, 2008.

Barnes B, Edge D. *Science in Context: Readings in the Sociology of Science*. The Open University Press, 1982.

Bonelli M L, Righini, Shea W R. *Reason, Experiment, and Mysticism in the Scientific Revolution*. The Macmillan Press Ltd, 1975.

Bowman S. *Science and the Past*. British Museum Press, 1991.

Chattopadhyaya D P. *Anthropology and Historiography of Science*. Ohio University Press, 1990.

Chemla K. *History of Science, History of Text*. Published by Springer, 2004.

Crombie A C. *Scientific Change: Historical Studies in the Intellectual, Social, and Technical Conditions for Scientific Discovery and Technical Invention, from Antiquity to the Present*. Basic Books, 1963.

Dixon B. *What is Science for?* Penguin Press, 1976.

Doel R E, Söderqvist T. *The Historiography of Contemporary Science, Technology, and Medicine*. Published by Routledge, 2006.

Finocchiaro M A. *History of Science as Explanation*. Wanyne State University Press, 1973.

Gavroglu K, Christianidis J, et al. *Trends in the Historiography of Science*. Kluwer Academic Publishers, 1993.

Giere R N. *Understanding Scientific Reasoning*. Holt, Rinehart and Winston, 1979.

Gribbin J. *Science in History*. Penguin Press, 2002.

Habermas J. *The New Conservatism: Cultural Criticism and the Historians, Debate*. Cambridge: Polity Press, 1989.

Iggers G. *Historiography in Twentieth Century*. Wesleyan University Press, 1997.

Kearney H F. *Origins of the Scientific Revolution*. Cox & Wyman Ltd, 1964.

Kragh H. *An Introduction to the Historiography of Science*. Press Syndicate of the University of Cambridge, 1987.

Lggers G. *Historiography in the Twentieth Century from Scientific Objectivity*. University Press of New England, 1997.

Maincola J. *Authority and Tradition in Ancient Historiography*. University of Cambridge Press, 1997.

Momigliano A. *Study in Historiography*. Ebenezer Baylis and Son Ltd. The Trinity Press, 1966.

Momigliano A. *The Classical Foundation of Modern Historiography*. University of California Press, 1992.

Roller D H D. *Perspectives in the History of Science and Technology*. The University of Oklahoma Press, 1971.

Rousseau G S, Porter R. *The Ferment of Knowledge: Studies in the Historiography of Eighteenth-century Science*. Cambridge University Press, 1980.

Schlagel R H. *Contextual Realism*. Paragon House Publishers, 1986.

Sharma T R. *Historiography: A History of Historical Writing*. Ashok Kumar Mittal, 2005.

Shuttleworth K C. *The Limits of Historiography: Genre and Narrative in Ancient Historical Texts*. Brill, 1999.

Wiener P P, Noland A. *Roots of Scientific Thought*. Basic Books, 1957.

(二) 英文期刊

Agassi J. Towards an historiography of science. *History and Theory*, Studies in the Philosophy of History, *The British Journal for the Philosophy of Science*, Vol. 17, No. 3, 1966.

Alonso P. On the role of mathematical biology in contemporary historiography. *History and Theory*, Vol. 38, No. 4, 1999.

Ankersmit F R. Historiography and postmodernism. *History and Theory*, Vol. 28, No. 2, 1989.

Bailyn B. The challenge of modern historiography. *The American Historical Review*, Vol. 87, No. 1, 1982.

Becker C. What is historiography? *The American Historical Review*, Vol. 44, No. 1, 1938.

Bela K K. Modern Hungarian Historiography. *The American Historical Review*, Vol. 82, No. 3, 1977.

Bernstein H R. Marxist historiography and the methodology of research programs. *History and Theory*, Vol. 20, No. 4, Beiheft 20: Studies in Marxist Historical Theory, 1981.

Borsody S. Modern Hungarian historiography. *The Journal of Modern History*, Vol. 24, No. 4, 1952.

Bouwsma W J. Three types of historiography in post-renaissance Italy. *History and Theory*, Vol. 4, No. 3, 1965.

Brush S G. Scientists as historians osiris. *Constructing Knowledge in the History of Science*. 2nd Series, Vol. 10, 1995.

Burke J G. Reviewed work (s): the ferment of knowledge: studies in the historiography of eighteenth-century science by G. S. Rousseau, Roy Porter. *The History Teacher*, Vol. 15, No. 4, 1982.

Carpenter R H. Reviewed work (s): historiography in the twentieth century: from scientific objectivity to the postmodern challenge. *The Journal of American History*, Vol. 85, No. 1, 1998.

Chang K C. Archaeology and Chinese historiography. *World Archaeology*, Vol. 13, No. 2, Regional Traditions of Archaeological Research I, 1981.

Charles A B, Alfred V. Currents of thought in historiography. *The American Historical Review*, Vol. 42, No. 3, 1937.

Cohen I B, Harrington, Harvey. A theory of the state based on the new physiology. *Journal of the History of Ideas*, Vol. 55, No. 2, 1994.

Cohen I B. A sense of history in science. *Science and Education*, 1993.

David R S. Do we need a feminist historiography of geography. And if we do, what should it be? Transactions of the Institute of British Geographers. *New Series*, Vol. 16, No. 4, 1991.

Dear P. Cultural history of science: an overview with reflections. *Science, Technology, & Human Values*, Vol. 20, No. 2, 1995.

Dekosky R K. The history of science in a history department. *The History Teacher*, Vol. 13, No. 3, 1980.

Fahndrich H E. The Wafayat al-Ayan of Ibn Khallikan: a new approach. *Journal of the American Oriental Society*, Vol. 93, No. 4, 1973.

Freitas R S D. What happened to the historiography of science? *Philosophy of the Social Sciences*, Vol. 32, No. 1, 2002.

Glenn O E. Mathematics and historiography. *Mathematics Magazine*, Vol. 26, No. 4, 1953.

Goodman R S. Data dredging or legitimate research method? Historiography and its potential for management research. *The Academy of Management Review*, Vol. 13, No. 2, 1988.

Greenfield K R. The historiography of the risorgimento since 1920. *The Journal of Modern History*, Vol. 7, No. 1, 1935.

Halecki O. Problems of polish historiography. *Slavonic and East European Review. American Series*, Vol. 2, No. 1, 1943.

Harrigan P J. A comparative perspective on recent trends in the history of education in canada. *History of Education Quarterly*, Vol. 26, No. 1, 1986.

Hevia L J. Postpolemical historiography: a response to Joseph W. Esherick. *Modern China*, Vol. 24, No. 3, 1998.

Hodges D C. The Dual character of Marxian social science. *Philosophy of Science*, Vol. 29,

No. 4, 1962.

Hutton P H. The role of memory in the historiography of the french revolution. *History and Theory*, Vol. 30, No. 1, 1991.

Iggers G. The decline of the classical national tradition of German historiography. *History and Theory*, Vol. 6, No. 3, 1967.

James W M. Theory-assessment in the historiography of science. *The British Journal for the Philosophy of Science*, Vol. 37, No. 3, 1986 (9).

Jordanova L. Gender and the historiography of science. *The British Journal for the History of Science*, Vol. 26, No. 4, 1993.

Jr Gondos V. Army historiography: retrospect and prospect. *Military Affairs*. Vol. 7, No. 3, 1943.

Knowlton B C. History and historians: a historiographical introduction by Mark Gilderhus. T. *The History Teacher*, Vol. 32, No. 4, 1999.

Korfu. International conference: contemporary trends in the historiography of science. *Historia Mathematica*, Volume 19, Issue 2, 1992.

Lakatos I. History of science and its rational reconstructions. *Proceedings of the Biennial Meeting of the Philosophy of Science Association*, Vol. 1970.

Listick I S. History, historiography, and political science: multiple historical records and the problem of selection Bias Ian S. Lustick. *The American Political Science Review*, Vol. 90, No. 3, 1996.

Lloyd G. The potential of the comparative history of pre-modern science. *Science in Context*, Vol. 18, No. 1, 2005.

Lloyd R S. Charles A. Beard and German historiographical thought. *The Mississippi Valley Historical Review*, Vol. 42, No. 2, 1955.

Lorenz C. Comparative historiography: problems and perspectives. *History and Theory*, Vol. 38, No. 1, 1999.

Mandelbaum M. Causal analysis in history. *Journal of the History of Ideas*. Vol. 3, No. 1, 1942.

Mandelbaum M. Concerning recent trends in the theory of historiography. *Journal of the History of Ideas*. Vol. 16, No. 4, 1955.

Mayr E. When is historiography whiggish? *Journal of the History of Ideas*, Vol. 51, No. 2, 1990 (4).

Megill A. Fragmentation and the future of historiography. *The American Historical Review*, Vol. 96, No. 3, 1991.

Megill J. Rusen's theory of historiography between modernism and rhetoric of inquiry. *History and Theory*, Vol. 33, No. 1, 1994.

Melhado E M. On the historiography of science: a reply to Perrin. *ISIS*, 1990.

Murray O. Most politick historiographer. *The Classical Review*, Vol. 18, No. 2, 1968.

Nelson J S. Tropal history and the social sciences: reflections on struever's remarks. *History and Theory*, Vol. 19, No. 4, 1980.

Nolte E. The Relationship between "Bourgeois" and "Marxist" historiography. *History and Theory*, Vol. 14, No. 1, 1975.

Paul H H. The Interrelations between the philosophy, history and sociology of science in thomas kuhn's theory of scientific development. *The British Journal for the Philosophy of Science*, Vol. 43, No. 4, 1992.

Pocock J G A. The origins of study of the past: a comparative approach. *Comparative Studies in Society and History*, Vol. 4, No. 2, 1962.

Preston J H. Was there an historical revolution? *Journal of the History of Ideas*, Vol. 38, No. 2, 1977.

Rayward W B. The history and historiography of information science: some reflection. *Information Processing & Management*, Vol. 32, No. 1, 1996.

Romein J. Theoretical history. *Journal of the History of Ideas*, Vol. 9, No. 1, 1948.

Roth M S. Historiography in the twentieth century: from scientific objectivity to the postmodern challenge by Iggers. G. G. *The American Historical Review*, Vol. 103, No. 4, 1998.

Rupert A H. Reviewed work (s): the ferment of knowledge. Studies in the historiography of eighteenth-century science by G. S. Rousseau. *Roy Porter The English Historical Review*, Vol. 98, No. 388, 1983.

Schlozer A L. On historiography [1783]. *History and Theory*, Vol. 18, No. 1, 1979.

Schmidt H D. Schlozer on historiography. *History and Theory*, Vol. 18, No. 1, 1979.

Schneider A. Between Dao and history: two Chinese historians in search of a modern identity for China. *History and Theory*. Vol. 35, No. 4, Theme Issue 35: Chinese Historiography in Comparative Perspective, 1996.

Schwiedrzik S W. On Shi and Lun: toward a typology of historiography in the PRC. *History and Theory*, Vol. 35, No. 4, 1996.

Shapin S. History of science and its sociological reconstructions. *History of Science*, 1982.

Smocovitis V B. Contextualizing science: from science studies to cultural studies. *Proceedings of the Biennial Meeting of the Philosophy of Science Association*, Vol. 2, 1994.

Spiegel G M. Political utility in medieval historiography: a sketch. *History and Theory*,

Vol. 14, No. 3, 1975.

Stuurman S. On intellectual innovation and the methodology of the history of ideas. *Rethinking History*, No. 3, 2000.

Teng S Y. Chinese historiography in the last fifty years. *The Far Eastern Quarterly*, Vol. 8, No. 2, 1949.

Wertz S K. Hume and the historiography of science . *Journal of the History of Ideas*, Vol. 54, No. 3, 1993.

Wolff K H. Sociology and history, theory and practice. *The American Journal of Sociology*, Vol. 65, No. 1, 1959.

Wood J M M, Nezworski T. Science as a History of corrected mistakes. *American Psychologist*, Vol. 60, Issue 6, 2005.

Zagorin P. Historiography and postmodernism: reconsiderations . *History and Theory*, Vol. 29, No. 3, 1990.

后　　记

　　产生研究科学史观的想法与真正实践是两回事：首先得有写作思路，然后要把自己的想法付诸实践，直到真正完成，才能体会到其中的辛酸苦辣。本书的写作充分体现了这一点。写作提纲是在一年前就构思好的，细致到每一章、每一节的题目都基本确定，后来在写作前又进行了仔细修改，所以后续的写作相当于做简答题。但是在写作过程中，才发现还有很多问题等着你：首先是资料问题，由于身在美国，外文资料的取得有很便利的条件，但是中文资料的获得却成了问题，只好托国内的朋友帮忙；其次是资料的分析、整理和取舍问题，书的体量是有限的，要想写得全面、系统，就会面临深度不够的问题，而太深却又会面临广度不足的问题，于是删繁就简，尽量以全面、系统为主，只在某些观点上进行深入挖掘。

　　非常感谢山西大学给了我出国访学的机会，使我有了相对完整的时间静心治学。在美国两年，真正执笔写书稿却始于2014年12月。此前，我利用一年半的时间写了8篇论文，其中4篇分别投到了国内核心学术期刊，到开始写书时已有2篇文章见刊，另有2篇待发，其余4篇论文有待以后投稿。这些成果给了我最大的安慰，从而使我全力去写这部书稿。半年来，每天至少要写1000字，同时还要看很多资料，边分析边写。最初的进度很快，但到了后期，常常经过一夜的思考后，会在第二天删除前一天的工作，全部重写，实际下来，每天的工作量远不止1000多字。通过这样的经历才真正明白写作是一件苦差使，但其中也充满着乐趣，看着一行行的文字在键盘上被敲出，是对自己心灵的一种安慰和充实。

　　索伦是一个不足2万人的北方小镇，气候寒冷，而我租住的公寓是西朝向的，几乎终日不见阳光，对于我这种爱阳光的人来说，无疑是一种痛苦。尽管室温可以达到20度，但总感觉阴冷，4个多月长时间伏案工作，导致左胳膊肘关节开始疼痛，一个月后，右胳膊肘关节也开始疼，虽然坚持锻炼，但还是不得不减少伏案时间，多看资料，多分析、思考，以最短的时间完成撰写后，再重新审视所写内容，进行修改，借此缓解疼痛。当看着自己的书稿字数以万为单位逐渐增加时，即使痛，但内心还是充满快乐的。

寂寞是每个访问学者都不可避免的。想象中的美国生活应该是像电视或电影中表现的那样，大家可以经常聚在一起聊天或是探讨一些问题，但现实完全不同。我访学的是一所美国知名大学——凯斯西储大学的哲学系，隶属于文理学院，加上我全系只有7位教师，平时除了上课或听学术报告外，都各自做着自己的工作，很少能碰面。我周围也几乎没有中国人，所以寂寞是难免的。也许正是寂寞这种动力，才促使自己能集中精力去思考和写作，顺利完成书稿。当我在写作中没有思绪，无人讨论深感烦躁时，爱妻便会用QQ语音和我聊一会儿天，缓解压力，抑或开着语音不说话，我写作，她备课或写论文，就像我们在一起一样，使我不会感觉寂寞。儿子虽然和我在一起生活，却听话、懂事、学习努力，从不打扰我的工作。所以，我很感谢妻儿对我的支持！国内的朋友和同事也很关心我，我也经常和他们交流在美国的生活和学习，以了解国内、学校发生的变化。在此，不一一提及名字，但对他们的关心和支持也表示感谢！

伴随着书稿的完成，我也即将完成在美国的访学。仔细品味近两年的学习和生活，特别是写作的感受，苦中有乐，乐中有痛，真可谓是"痛，并快乐着"。苦是一种做学问的艰苦，乐是找到了自己喜欢做的事情，看到了自己的思想通过文字流淌在文本中的欣喜，痛是感觉到自己似乎知道了怎样去做学问，却越来越感到自己什么都不懂，知识面、知识结构还不是很健全，以及由于自己出身于化学专业而在哲学理念上表现出缺憾。此时，忽然想起国学大师王国维先生在他的名著《人间词话》中提到的做学问的三个境界："昨夜西风凋碧树，独上高楼，望尽天涯路"，此第一境也；"衣带渐宽终不悔，为伊消得人憔悴"，此第二境也；"众里寻他千百度，蓦然回首，那人却在灯火阑珊处"，此第三境也。我是哪一境界呢？也许还在上高楼之中吧。不过，通过本书的写作至少知道了做学问要静心平气，要做到一丝不苟，不得有一点马虎。

尽管书稿已算完成，但内心却是惶恐的。仔细看来，还有很多需要改进的地方，只是时间和精力的关系，不能再做进一步的深入研究。比如，书中的一些语言的精练，书中一些观点、论证过程的提法是否合适等。尽管自己努力想做到最好，但也不敢确保书中没有疏漏和不足，所以还有待于同行和学者提出批评。

总之，希冀自己有一种"非淡泊无以明志，非宁静无以致远"的心态，同时也希望自己能够路漫漫其修远兮，吾将上下而求索！

李树雪
2015年5月于美国索伦